DISCOURS

ET

CONFÉRENCES

SUR

LA SCIENCE

ET SES

APPLICATIONS

PAR

Charles MOUREU
De l'Académie des Sciences et de l'Académie de Médecine
Professeur au Collège de France

PARIS

GAUTHIER-VILLARS ET Cⁱᵉ, IMPRIMEURS-ÉDITEURS

55, QUAI DES GRANDS-AUGUSTINS, 55

—

1927

DISCOURS

ET

CONFÉRENCES

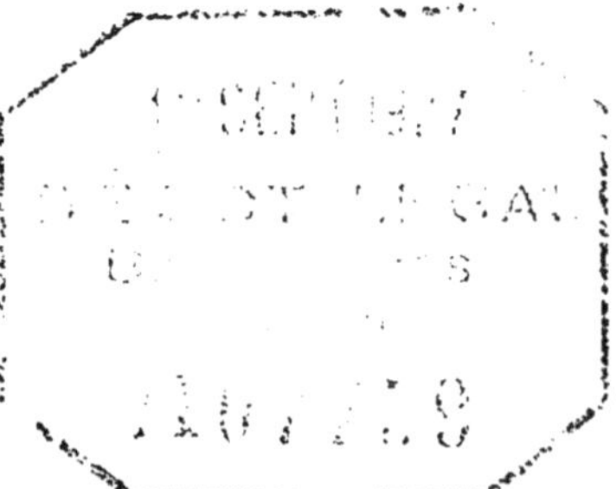

PARIS. — IMPRIMERIE GAUTHIER-VILLARS ET Cⁱᵉ,

55 Quai des Grands-Augustins (VIᵉ).

79888

DISCOURS

ET

CONFÉRENCES

SUR

LA SCIENCE

ET SES

APPLICATIONS

PAR

Charles MOUREU

De l'Académie des Sciences et de l'Académie de Médecine
Professeur au Collège de France

PARIS

GAUTHIER-VILLARS et Cᶦᵉ, IMPRIMEURS-ÉDITEURS

55, QUAI DES GRANDS-AUGUSTINS, 55

—

1927

AVANT-PROPOS.

Le présent volume rassemble des discours et des conférences sur différents sujets de Science pure et appliquée.

Dans ces études, ainsi que dans quelques autres qu'on y trouvera sous forme d'articles, je me suis efforcé de mettre en relief le rôle de plus en plus important de la Science dans la vie moderne et jai insisté sur la nécessité d'encourager la recherche scientifique, d'où découlent, en dernière analyse, tous les progrès de l'Agriculture, de l'Industrie, de la Médecine, de l'Hygiène.

Les seuls titres des sujets, d'ailleurs présentés dans l'ordre simplement chronologique, en diront assez la variété.

Le point de vue national a été souvent envisagé, et nombreuses sont les pages inspirées, après les rudes leçons de la Guerre, par le souci de notre puissance matérielle, condition première de la sauvegarde de la Paix et de la sécurité du Pays.

Ch. M.

juin 1927.

DISCOURS

ET

CONFÉRENCES

SUR

LA SCIENCE ET SES APPLICATIONS.

UN DEMI-SIÈCLE DE MERVEILLES (¹).

MESSIEURS,

En me confiant la mission de faire entendre ici en son nom la voix de la Science, M. Paul Flat (²) m'a fait un honneur insigne, dont je tiens tout d'abord à le remercier. J'en aperçois le caractère vraiment exceptionnel, en même temps que j'en redoute la lourde charge, quand je promène mes regards sur l'assemblée d'hommes si éminents réunis autour de cette table, et que je songe combien je suis inférieur à la tâche qui m'incombe d'évoquer, en un raccourci rapide, cinquante années de merveilleuses conquêtes scientifiques et des noms qui sont la gloire de l'Humanité.

(¹) Discours prononcé au banquet du cinquantenaire de la *Revue Bleue* et de la *Revue Scientifique* (*Revue rose*), le 12 juin 1912.

(²) Directeur de la *Revue Bleue* et administrateur des deux *Revues.*

1863-1912. Entre ces deux dates, dont l'intervalle est infime lorsqu'on l'envisage du point de vue de l'Histoire, que d'efforts dépensés à la poursuite de l'inconnu, quelle magnifique floraison d'invraisemblables découvertes !

Vers le milieu du siècle dernier, de nombreuses et grandes lois de la Nature étaient connues. En dehors des Mathématiques pures, ces « racines nourricières » de toutes les Sciences, qui ont toujours été cultivées par des esprits supérieurs dès la plus haute antiquité, les auteurs de ces décrets imprescriptibles s'étaient appelés : Galilée, Képler, Newton, Buffon, Linné, Lavoisier, Laplace, Bichat, Berthollet, Lamarck, Volta, Dalton, Gay-Lussac, Avogadro, Cuvier, Haüy, Davy, Ampère, Sadi Carnot, Berzélius, Dumas, Magendie, Kirchhoff et Bunsen, Robert Mayer, Liebig, Gerhardt, Faraday, Élie de Beaumont, pour nous en tenir à quelques-uns des plus grands.

Toute vérité porte en elle le germe d'une application. Les temps étaient mûrs pour la mise en valeur. En entrant résolument dans la voie de l'utilisation pratique, la Science, qui d'ailleurs continuera toujours de légiférer et d'ouvrir de nouveaux horizons, allait transformer de fond en comble les conditions de la vie des individus et des sociétés.

Si le grand mouvement qui se dessinait laissait la foule indifférente, il captivait les érudits, avides d'apprendre, de comprendre et, à l'occasion, de profiter. Il leur fallait un guide sûr et un aliment sain. C'est ce que ne manqua pas de discerner, avec son rare sens de l'opportunité, Odysse Barot. Sa conception première était de rapprocher, en quelque sorte, notre Enseignement Supérieur, jusqu'alors isolé, de la classe instruite

de la Nation, afin de les stimuler l'une par l'autre.
Dans une simple feuille hebdomadaire, appelée *Revue
des Cours scientifiques*, parallèle à sa sœur jumelle la
Revue des Cours littéraires, il publiait les leçons ou
conférences les plus marquantes qui se donnaient, en
France et à l'Étranger, sur la Physique, la Chimie,
la Biologie, la Géographie, etc.

Eugène Yung, en prenant bientôt après la direction
des deux publications, s'assurait, pour la partie scientifique, la collaboration d'Émile Alglave. Alglave devait
donner au nouvel organe, durant quinze années, un
développement continu, qui fut remarquablement
heureux.

De même que Barot, il sut, dès le début, faire la
place qui leur revenait aux grandes questions du jour.
Le transformisme faisait alors l'objet de discussions
passionnées, et l'on sait de quelle féconde influence a
été, pour la Science, l'idée d'évolution introduite par
Lamarck et Darwin. Au même moment, l'épopée pasto-
rienne inaugurait son cours majestueux par une discussion célèbre avec Pouchet sur les générations spontanées : la théorie des germes remportait sa première
grande victoire; l'Hygiène, la Médecine et la Chirurgie
modernes en recueillirent par la suite les inappréciables
bienfaits. C'était aussi l'époque des expériences classiques de notre grand physiologiste Claude Bernard;
celle encore des recherches capitales de Berthelot sur
la Synthèse chimique, qui établirent définitivement
l'identité des forces de la Nature vivante avec celles
de la Nature morte.

La Guerre vint changer, avec une soudaine brutalité,
le caractère des travaux de nos savants. La Defense
Nationale leur dut nombre d'initiatives aussi utiles que

hardies. Leur génie n'alla pas, hélas ! jusqu'à faire du blé, et Paris dut se rendre.

Après la défaite, la préoccupation de tous les esprits fut de rechercher les causes de nos désastres et les moyens de nous régénérer. La Science avait joué un grand et terrible rôle dans les revers que nous venions de subir. Les découvertes d'Ampère, celles de nos mécaniciens militaires, avaient été cruellement utilisées contre nous. Et l'on disait avec raison, de tous côtés, que c'est par la Science que nous avions été vaincus. C'est donc par elle surtout qu'il fallait tendre au relèvement de la Patrie. La Société moderne n'est-elle pas d'ailleurs basée sur les applications de la Science ? Celle-ci devait donc concentrer désormais la meilleure part de l'attention publique.

Un des premiers actes par lesquels s'affirma la clairvoyance de l'élite intellectuelle de notre pays fut la création de l'Association française pour l'Avancement des Sciences, cette œuvre qui a tant contribué à répandre parmi nous l'amour du progrès scientifique, le goût des fortes études et des connaissances solides.

Le courant de patriotisme éclairé qui secoua la France avait fait surgir, dans toutes les branches de l'activité, un désir universel d'innovation et de rajeunissement.

Yung et Alglave n'eurent qu'à persévérer dans leurs desseins pour prendre leur part de cette sorte d' « entreprise civique »; ils le firent délibérément. La *Revue des Cours scientifiques* subit de telles modifications dans sa forme et son importance qu'un nouveau titre s'imposa : celui, désormais définitif, de *Revue Scientifique.*

Dès lors, l'ambition de la *Revue* sera, non seulement de vulgariser la Science, mais aussi, et peut-être plus encore, d'en faire connaître les méthodes. « Il ne suffit pas, écrivait Alglave, de divulguer les connaissances scientifiques, qui se faussent bien souvent dans les intelligences mal préparées et mal dirigées : il faut, avant tout et surtout, répandre l'esprit scientifique. »

La *Revue Scientifique* n'aura plus, dans l'avenir, pour unique objet, de publier « les études scientifiques en les prenant à leur source la plus haute, les chaires publiques ». En dehors de l'Enseignement Supérieur, qui se cantonnait encore presque exclusivement dans le domaine de la spéculation, elle examinera les rapports de la Science avec l'organisation économique et sociale, les grandes industries, les arts militaires, etc.

La mission élargie qu'elle se donna, la *Revue* s'y consacra en toute conscience. A côté des leçons magistrales et des conférences, elle publia des articles d'intérêt actuel et souvent pratique, écrits par des hommes d'expérience et de compétence ; et elle y ajouta toute une série de documents variés, qui est allée en se développant sans interruption jusqu'à nos jours.

Toutes les disciplines scientifiques eurent bientôt leurs rubriques dans nos livraisons : depuis l'Astronomie jusqu'à l'Anthropologie, en passant par la Mécanique, la Chimie, l'Hygiène, le Commerce, la Statistique.

La *Revue* publia des articles retentissants des grands savants de l'époque, notamment de Tyndall, Darwin, Williamson, de Quatrefages, Pasteur, Claude Bernard, Dumas, Berthelot, H. Saint-Claire Deville, Wurtz, Friedel, Janssen, Marey, Vulpian, de Lapparent, Virchow, Helmholtz, auxquels s'ajouteront plus tard, pour ne citer que certains noms illustres parmi ceux qui ne sont plus, Van't Hoff, Raoult, Moissan, Duclaux,

Grimaux, Cornu, Hertz, Giard, Mendeleef, Becquerel, Curie, Lister.

L'idéal de Yung et Alglave était atteint. Antoine Bréguet et Charles Richet, leurs successeurs immédiats (¹), trouvèrent une *Revue* qui, parvenue à la maîtrise, après une heureuse croissance, jouissait de l'estime universelle.

Ils n'eurent garde de la détourner d'une voie tracée avec tant de sûreté. J'ajoute que son cadre, d'une extrême souplesse, n'a pas changé depuis, non plus que son esprit ni sa méthode. Observer dans son ensemble le mouvement général des découvertes matérielles et des doctrines; faire le départ de l'important et du secondaire et discerner les grands courants; apprécier le degré de maturité des problèmes en cours; solliciter et accueillir toutes les véritables compétences; assurer l'impartialité des jugements dans la pleine indépendance des juges; montrer, enfin, la Science telle qu'elle est, et s'adresser aux seuls hommes capables de monter jusqu'à elle, sans chercher à la mettre au niveau de ceux qui ne veulent pas ou ne peuvent pas monter, telles sont toujours nos idées directrices.

Messieurs,

Les cinquante années qui viennent de s'écouler ont vu des miracles sans nombre. Et c'est, assurément, une destinée privilégiée, pour un organe scientifique,

---

(¹) Les directeurs successifs de la Rédaction de la *Revue Scientifique* furent : Odysse Barot (1863-1864); Émile Alglave (1864-1880); Antoine Bréguet (1880-1882); Charles Richet (1880-1902); J. Héricourt (1902-1903); Toulouse (1904-1907); Ch. Moureu (depuis 1907).

d'avoir vécu à une telle époque et d'avoir inscrit dans ses colonnes, archives fidèles du Progrès, tant et de si prodigieuses choses !

Quel admirable sujet de méditation pour le philosophe qui arrête un instant sa pensée sur les merveilles réalisées ! Quel sentiment d'orgueil l'anime quand il mesure l'étendue de son pouvoir et de son savoir !

La Nature matérielle et les forces qui la gouvernent n'ont plus de secrets qui ne lui soient accessibles. Son intelligence a pour domaine l'Univers, dans le temps comme dans l'espace : *Naturam amplectitur omnem.*

Il assiste aux premiers âges de la Terre. Il connaît l'état civil des Alpes, des Pyrénées et de leurs rivales. Il voit les populations que la Planète a successivement nourries.

Il voit naître et évoluer les Mondes, depuis la nébuleuse confuse jusqu'à l'étoile brillante. Il assigne à chaque astre sa place et la courbe suivant laquelle il est tenu de se mouvoir. Il pèse le Soleil, et, en disséquant sa lumière, il peut dire les substances qui le composent. Il sait aussi de quoi sont formées les millions d'étoiles qui peuplent les cieux, celles mêmes dont les rayons, en dépit de leur inimaginable vitesse, cheminent durant des siècles à travers l'infini avant d'atteindre son observatoire.

Il joue avec les forces naturelles et transforme à son gré, en l'une quelconque d'entre elles : chaleur, électricité, lumière, magnétisme.

Il dompte la foudre et désarme le ciel.

Il convertit la force des torrents en flots d'énergie, qui portent au loin, dans les contrées les plus désolées, la force, la richesse et la vie.

Il voyage, à sa volonté, dans les airs, dans l'épaisseur

comme à la surface des terres, dans les profondeurs comme à la surface des océans.

Par la vitesse, il s'affranchit de l'espace et du temps.

Sa pensée, le son de sa voix et jusqu'aux traits de son visage, courent le long d'un fil léger, ou volent à travers l'espace, avec la rapidité de l'éclair, jusqu'au bout du monde.

Les rayons du soleil sont ses instruments dociles de dessin, d'impression, de gravure, de peinture.

Il enregistre le mouvement et la parole, et à son gré les reproduit identiques.

Telles barrières opaques prennent, quand il lui plaît, la transparence du cristal.

Il fond et gazéifie le granit; il liquéfie et solidifie l'air.

Il pèse et compte, un à un, les myriades d'atomes qui forment la goutte d'eau et le grain de sel. Il divise l'atome lui-même, condamné à démentir son étymologie et à renier son nom, en une poussière de sous-atomes.

Il convertit les uns dans les autres les composés de la Chimie. Il imite la Nature et souvent la surpasse : il fabrique une gamme d'odeurs et de couleurs plus riche et plus variée. Il crée de la matière explosive, et, en déchaînant la force qu'il y accumule, il coupe les isthmes, perce les monts, et lance à des distances fabuleuses les plus lourds projectiles.

Il décuple la fertilité du sol.

Le sous-sol livre à sa main indiscrète tous ses multiples trésors.

Il lit, dans l'organisme animal, le rôle du sang qui circule, du cœur qui bat, du poumon qui respire, du cerveau qui commande, du nerf qui porte l'ordre, du muscle qui obéit, de l'estomac qui digère, du chyle qui rajeunit le sang épuisé.

Il tue la douleur. Il donne un calme sommeil au malheureux dont il fouille les chairs.

Il tient en échec les grandes épidémies. Il permet au scalpel toutes les audaces.

Son esprit embrasse dans une vue d'ensemble les phénomènes du monde animé, depuis les premières palpitations de la vie jusqu'à ses manifestations les plus hautes. Il voit, dans un cycle en perpétuelle activité, la terre et, grâce aux rayons du soleil, l'air, nourrir les plantes, les plantes les animaux, et la dépouille des animaux, devenue la proie des infiniment petits, restituer au règne minéral ce qu'il avait perdu.

Et notre philosophe, rapprochant le passé du présent, se dira qu'il a, en fait, connu « deux existences terrestres » distinctes : celle de nos jours et celle de son enfance, beaucoup plus dissemblables, sous bien des rapports, que si, en d'autres temps, elles eussent été distantes de centaines et de milliers d'années, et il aura l'impression d'avoir vécu comme s'il était réellement né deux fois à de longs siècles d'intervalle.

Mais, de même que l'horizon s'élargit à mesure que l'on gravit les sommets, de même la Science, dans son ascension continue, nous ouvre des perspectives toujours plus vastes. Et l'imagination prend son vol !

Quelles grandes conquêtes nos fils réaliseront-ils ? Quelles surprises nouvelles les attendent ? Que leur réserve la Radioactivité ? Parviendront-ils à libérer et capter l'énergie colossale incluse dans l'atome ? Opéreront-ils la transmutation du cuivre en argent, du plomb en or ? Réussiront-ils à apaiser les éléments déchaînés ? Sauront-ils prévoir et diriger les phénomènes atmosphériques ? Pénétreront-ils le mystère de l'Électricité, de la Gravitation, dont nous ignorons toujours l'essence ? Résoudront-ils, enfin, le problème de la Vie ?

L'homme qui pense voit surtout des énigmes autour de lui. Et quand il compare ce qu'il sait et ce qu'il peut à tout ce qui lui échappe, l'orgueil, alors, fait place dans son esprit à la modestie.

Qui sait cependant ? Peut-être nos rêves seront-ils dépassés ? Et n'en aurions-nous pas volontiers « l'illusion féconde » si l'expérience de chaque jour ne nous apprenait ce que valent parfois les prévisions et les espérances? Une chose est sûre : c'est que le champ de l'inconnu est sans bornes, en surface comme en profondeur, et que notre science n'égalera jamais notre curiosité.

MESSIEURS,

Dans une de ces pages admirables comme il en a tant écrit, Lamartine, toujours lyrique, a défini la Presse : « Cette explosion continue de la pensée humaine ». Une telle force est aussi une grande responsabilité.

Il ne dépendra pas de nous que la part qui nous en échoit ne continue à servir, dans le choc incessant des faits et des idées d'où naîtront les découvertes futures, l'intérêt exclusif de la Science et du Bien général qu'elle engendre.

Votre empressement à répondre ce soir à notre appel couronne avec éclat nos cinquante années d'efforts communs. Il est d'un heureux présage pour l'avenir, auquel il assure encore le concours de tous vos talents.

A LA CHAIRE DE MARCELIN BERTHELOT [1]

MESSIEURS,

En cet instant, je ressens une émotion profonde, et il ne serait pas en mon pouvoir de la dissimuler.

La confiance dont m'a honoré l'Assemblée des professeurs du Collège de France et, après elle, l'Académie des Sciences, en me désignant au choix de M. le Ministre de l'Instruction publique pour occuper cette chaire, illustre entre toutes, est un des témoignages d'estime les plus flatteurs dont un savant puisse être l'objet. Et je me sens pénétré d'une infinie gratitude, et aussi d'une réelle confusion. A ces sentiments se mêle irrésistiblement, je dois vous l'avouer, un véritable serrement de cœur : de même que chacun de mes deux prédécesseurs fut invité à résilier ses fonctions à l'École Supérieure de Pharmacie, je quitte à mon tour cette grande maison, où s'est déroulée jusqu'ici toute ma carrière, entouré de collègues éminents et d'amis dévoués, et je m'éloigne ainsi, avec le plus affectueux regret, d'une corporation qui me prit sous ses auspices dès le berceau et qui m'a tant donné, depuis ma propre vocation scientifique jusqu'aux moyens matériels de la poursuivre.

---

[1] Allocution extraite de la leçon inaugurale du Cours de chimie organique, Collège de France, 2 février 1918.

Et comment vous dépeindre le trouble qui me saisit quand je songe aux circonstances dans lesquelles je suis appelé à l'une des premières chaires scientifiques de notre Haut Enseignement? Nous sommes au centre du plus grand drame de l'Histoire, et de son issue dépendra pour de longs siècles le sort de l'Humanité. Dans cette guerre titanesque, où chaque peuple jette dans la balance du destin, selon la formule si pleine d'un grand philosophe (¹), « la totalité de ses forces matérielles et morales », les Sciences et leurs applications jouent un rôle primordial, et nul ne contestera que, dans l'immensité de l'effort général, la Chimie se détache avec un relief sans pareil. Jamais les Chimistes ne durent aborder des problèmes aussi graves, aussi urgents et aussi imprévus; jamais ils n'eurent à prendre des initiatives aussi hardies et aussi terribles de conséquences; bref, jamais ils n'assumèrent d'aussi effroyables responsabilités. Dans cette œuvre de mort et dans cette œuvre de vie qu'ils doivent accomplir, la tâche des Chimistes est véritablement écrasante. Si tous ont leur devoir tracé dans la vaste collaboration, combien redoutable est celui que la destinée a dévolu à quelques-uns ! A ceux-là il appartient, après avoir mesuré toute l'étendue et la gravité de leur mission, après avoir consulté et médité, quand le temps leur en est laissé, il appartient d'agir et d'agir résolument, sans souci des obstacles et dédaigneux de la critique, ayant devant soi le but à atteindre, et pour soi l'espoir de bien servir le Pays. Si ardent que puisse en être le désir, si fermement décidé que l'on soit à toujours aller jusqu'au bout de son devoir, qui oserait se targuer

---

(¹) Henri Bergson.

d'être toujours égal à sa tâche et de ne jamais connaître la défaillance ?

Messieurs, en considérant, du point de vue de cette chaire, le passé, le présent, et surtout l'avenir — car n'est-ce pas uniquement pour un avenir meilleur que nous menons le terrible combat ? — vous saisissez, j'en suis sûr, tout le caractère exceptionnel des réflexions et des sentiments qui m'agitent si profondément à cette minute. Votre affection et vos conseils, chers amis et chers élèves, seront pour moi le soutien le plus précieux. Appuyé sur vous et fort de la confiance qu'on veut bien m'accorder, la route me sera légère à parcourir. Ensemble nous irons droit notre chemin, ensemble nous continuerons à travailler avec passion pour la victoire et, après la victoire, pour le progrès scientifique et pour la grandeur de la Patrie.

MESSIEURS,

Si je me conformais à la tradition, je devrais maintenant retracer devant vous la carrière et les travaux de mes prédécesseurs. Certes, je n'aurais eu garde, en des circonstances tout autres, de me dérober à cette naturelle et pieuse tâche. Mais, pour célébrer Marcelin Berthelot, pour écrire des pages dignes d'Émile Jungfleisch, il eût fallu des loisirs prolongés. Et quel chimiste conscient de son rôle a pu disposer de loisirs depuis que nos ennemis, violant les engagements internationaux, ont déchaîné la guerre chimique ? Force m'a été, Messieurs, de renoncer à remplir un devoir sacré, et je me permets d'espérer qu'on voudra bien admettre les raisons de cette abstention.

Une pensée, au surplus, me tiendra encore lieu

d'excuse. Tout a été dit et écrit sur Berthelot, sur cet homme prodigieux, qui n'est pas seulement le créateur de la Synthèse Organique et l'auteur de découvertes fondamentales dans le domaine de la Thermo chimie, de la Chimie biologique et de la Chimie des substances explosives, mais dont le génie fut, en outre, capable de féconder tous les champs de l'activité humaine. Ses cendres reposent au Panthéon national, et, à deux pas d'ici, sur une place qui porte son nom, la reconnaissance publique vient d'ériger à sa gloire un monument impérissable.

Sur son principal collaborateur et son successeur dans cette chaire, Émile Jungfleisch, depuis près de deux ans que nous déplorons sa perte, différentes études, très complètes dans leur ensemble, ont été publiées par des collègues, des élèves ou des amis. Et, à supposer que j'en eusse le temps, il me serait difficile, en vérité, d'ajouter quelque chose de réellement intéressant à l'exposé si lumineux qui a été fait des classiques recherches de Jungfleisch sur la synthèse totale des corps doués du pouvoir rotatoire, pour n'évoquer que cette partie de son œuvre très riche et très variée qui, pour tous les Chimistes, fait corps avec l'histoire même de la Chimie. Et je ne saurais davantage louer en termes nouveaux la vaste érudition que ce savant accompli mettait si généreusement au service de tout et de tous, son caractère élevé, sa conscience haute et fière, qui dès longtemps avait imposé sa personnalité à l'estime et au respect universels, son clairvoyant patriotisme, enfin, en vertu duquel il a, que de fois et avec quelle force ! mis en garde nos chimistes et nos industriels contre l'emprise germanique, à laquelle un trop grand nombre semblaient se résigner.

Au surplus, si le maître et le disciple ne sont pas
célébrés en ce jour comme ils eussent dû l'être, nous
aurons souvent, dans la suite, à nous appuyer sur leurs
travaux, dont certains mêmes serviront de bases à
des leçons entières. Et peut-être cette manière indirecte
d'honorer la mémoire de Berthelot et de Jungfleisch
ne sera-t-elle pas, à tout prendre, la moins recomman-
dable par son efficacité.

MESSIEURS,

Avant d'aborder le sujet de nos leçons, j'ai à vous
présenter encore d'autres excuses.

L'ouverture du Cours avait été annoncée pour le
5 janvier. Vers cette date, je fus chargé d'une mission
urgente à l'Étranger, et, au retour, il fallut se préoccuper
de donner immédiatement à cette mission tout son
effet utile. Il en est résulté un retard de quelques
semaines.

Il vous paraîtra singulier qu'un cours de Chimie
soit professé dans une salle comme celle-ci, nullement
aménagée à cet effet. La raison en est que l'amphithéâtre de Chimie du Collège de France est entièrement
hors d'état de vous abriter : on y est aussi peu protégé
contre la pluie que contre le froid; bref, il y pleut et
il y gèle. Sous ce rapport — et la connaissance de ces
détails ne vous trouvera pas indifférents — l'amphithéâtre est à l'unisson de nos propres laboratoires, dont
l'état de délabrement — mon excellent collègue et ami,
le professeur Matignon, ne me démentira pas — cause
dès l'abord à tout visiteur la plus pénible impression.
Et c'est surtout parce qu'elle s'était émue de cette
situation lamentable, empirant d'ailleurs de jour en

jour, que l'Assemblée des professeurs du Collège de France crut devoir, au début de l'an dernier, demander à M. le Ministre de l'Instruction publique de faire exception à la règle adoptée depuis la Guerre en prescrivant de procéder sans plus tarder à l'élection du successeur de M. Jungfleisch. Fort heureusement, on s'est ému en haut lieu : notre appel a été entendu, et nous avons tout lieu d'espérer que, dans un avenir prochain, amphithéâtres et laboratoires seront enfin dignes de la Science française et du Collège de France.

Un cours de Chimie, pour être pleinement utile, doit comporter des expériences. Hélas ! j'aurai le regret de ne pouvoir en exécuter aucune devant vous. Outre que l'outillage indispensable fait absolument défaut dans cette salle, je ne vous étonnerai sans doute pas en vous disant que tout mon personnel est militarisé ; et, en vérité, on ne me pardonnerait pas de transformer — même momentanément — en préparateur de cours le moindre de mes collaborateurs, qui tous appartiennent avant tout à la Défense Nationale.

MESSIEURS,

Je me propose de vous parler, dans cette série de leçons, de la genèse des hydrocarbures aromatiques. Il est superflu de souligner l'extrême importance que présentent, dans les circonstances actuelles, ces hydrocarbures : pour chaque nation belligérante, leur production est d'un intérêt vital, à l'égal de l'acide sulfurique et des nitrates, à l'égal de l'acier, à l'égal du blé !

. . . .
. . . .

UN GRAND CHIMISTE :
SIR WILLIAM RAMSAY [1].

MESSIEURS ET CHERS COLLÈGUES,

Si le progrès des Sciences est continu, il n'est pas uniforme et régulier. De loin en loin la marche s'accélère, jalonnant la route de bonds successifs, et créant ainsi une sorte de discontinuité dans la continuité. Ces sauts brusques sont l'œuvre d'un petit nombre d'hommes prédestinés, dont les découvertes guideront les efforts d'innombrables expérimentateurs. Lorsqu'il imagine l'Hypothèse Atomique, Dalton illumine et féconde le domaine entier de la Chimie. Lorsqu'il isole les métaux alcalins, Davy révèle aux chimistes étonnés tout un monde nouveau. La notion de Fonction chimique, la Loi des Substitutions, la Loi de l'Homologie, la Doctrine Atomique, sont des acquisitions fondamentales issues des travaux de Dumas, Laurent et Gerhardt, de Wurtz, de Kékulé, qui ont transformé et rajeuni la Chimie en lui ouvrant les plus vastes horizons. En donnant la Synthèse pour assises à la Chimie Organique, Berthelot en recule les frontières à l'infini. C'est à la lignée de ces

---

[1] Conférence faite à Paris, devant la Société Chimique de France, le 5 juin 1919, et à Londres, au Congrès britannique de Chimie industrielle, le 16 juillet 1919.

grands chimistes, dignes continuateurs de Lavoisier et
de Priestley, qu'appartient le chercheur génial, le novateur fécond, le hardi pionnier dont le Conseil de la
Société Chimique m'a confié la flatteuse mission de
faire revivre devant vous ce soir l'œuvre si profondément originale et la puissante personnalité.

Le nom de Sir William Ramsay évoque immédiatement, avec tout leur relief, deux découvertes capitales,
en quelque mesure même paradoxales : d'une part,
l'existence dans l'air atmosphérique d'une série de
corps simples gazeux, que leur inertie chimique place
comme en marge de la Chimie; et, d'autre part, la production de l'un de ces gaz, l'hélium, par la désintégration spontanée de l'atome de radium. Deux ordres de
faits essentiellement nouveaux et d'importance primordiale, dont la mise au jour n'était possible qu'à un
investigateur de qualité supérieure, capable, par d'exceptionnelles aptitudes, naturelles ou acquises, de faire
jaillir les larges étincelles dans les ténèbres de l'inconnu.

Messieurs, notre collègue M. Haller avait le dessein
d'écrire sur Ramsay une notice biographique complète.
Les loisirs nécessaires lui ayant manqué, cette conférence vise, sous une autre forme, au même hommage.
Le sujet, certes, est magnifique. Mais il eût fallu, pour
le traiter comme il le mérite, il eût fallu, pour célébrer
un Ramsay, l'autorité et l'éloquence d'un Dumas.
Puissé-je n'être pas trop inférieur à la tâche dont je suis
chargé !

Écossais d'origine — il naquit à Glasgow en 1852 —
Ramsay avait une hérédité des plus heureuses. On trouve
dans sa famille des chimistes et des médecins de marque,
et l'un de ses oncles, Sir Andrew Ramsay, fut un

géologue réputé. Ainsi qu'il aimait lui-même à le rappeler, Ramsay descendait certainement d'ancêtres fort au-dessus de la moyenne dans l'ordre intellectuel et scientifique, et il ne doutait pas qu'il leur dût sa vocation et ses dons de chimiste.

Ayant commencé ses études dans sa ville natale, Ramsay alla les compléter en Allemagne, à Heidelberg d'abord, auprès de Bunsen, et, tôt après, à Tubingen, dans le laboratoire de Fittig, où, après quelques recherches sur les composés ammoniés du platine, il étudia les acides toluiques. La Chimie organique le séduisit par la souplesse de ses combinaisons et l'ingéniosité de ses théories de structure. De retour à Glasgow, où il obtint un poste d'assistant, il étudia surtout le groupe pyridique, attiré sans doute par le problème de la synthèse des alcaloïdes des quinquinas. Rappelons la synthèse de la pyridine elle-même par union directe de l'acide cyanhydrique avec l'acétylène, la production de divers acides pyridiniques par oxydation des bases d'Anderson, la production des mêmes acides (en collaboration avec Dobbie) à partir de la quinine, de la cinchonine, etc., observation importante qui reliait directement ces alcaloïdes à la pyridine.

Nommé en 1880, à vingt-huit ans, professeur de Chimie à l'Université de Bristol, Ramsay aborda, en collaboration avec son assistant S. Young, une série de travaux de Chimie physique qui ne tardèrent pas à être remarqués. Ils avaient pour objet la révision des propriétés physico-chimiques d'un certain nombre de liquides types : eau, alcools, éthers, hydrocarbures, etc., en vue surtout de préciser les relations de ces propriétés avec les poids atomiques ou moléculaires. Un vaste champ fut ainsi exploré : densités de vapeur, tensions de vapeur, constantes thermiques, dissociation, points critiques, furent étudiés, et l'on fit beaucoup de nouvelles et intéressantes observations. Pour l'exécution de si nombreuses et si délicates recherches, toutes sortes de nouveaux appareils durent être imaginés et construits, avec ce résultat, extrêmement heureux pour la suite de sa carrière, que Ramsay devint un très habile souffleur de verre. Beaucoup de ces dispositifs sont aujourd'hui d'un usage courant dans les laboratoires.

C'est en 1887 que Ramsay fut appelé à University College, à Londres, pour succéder à Williamson dans cette chaire de Chimie déjà illustre, qu'il devait de son côté faire briller encore d'un si vif éclat. Durant trente années, en effet, Ramsay allait déployer dans ce poste d'honneur l'activité la plus féconde et la plus glorieuse. Ses qualités propres d'expérimentateur et son originalité apparurent avec un relief saisissant dans un travail qu'il publia en 1893 en collaboration avec Shields. A la suite d'une remarquable série de recherches sur les tensions superficielles et les densités à différentes températures, Ramsay dotait la Science de la première méthode expérimentale permettant de déterminer les poids moléculaires des corps à l'état liquide.

Nous laisserons de côté divers autres travaux, de nature spéciale, pour en venir sans plus tarder à ceux qui devaient immortaliser le nom de Ramsay.

MESSIEURS,

Nous sommes en 1894. Ramsay a quarante-deux ans. Son œuvre est déjà considérable et sa réputation solidement établie, mais ce n'est pas encore la célébrité. En possession de connaissances scientifiques aussi profondes

qu'elles sont étendues et variées, esprit pénétrant et aux
vues larges, philosophe attentif au mouvement général
des Sciences et avide de sonder les mystères de la
Nature, libre de toute servitude dogmatique et apte
aux conceptions les plus audacieuses, expérimentateur
d'une adresse consommée, l'âme enthousiaste, Ramsay
est mûr pour les découvertes retentissantes. Vienne
l'occasion favorable, et son génie donnera toute sa
mesure. L'occasion, la voici.

Comme il arrive souvent dans la recherche scientifique, un hasard d'observation conduisit aux résultats
les plus inattendus. Lord Rayleigh, qui depuis plusieurs
années poursuivait avec un soin méticuleux la détermination de la densité des principaux gaz simples
(hydrogène, oxygène, azote), remarqua que la densité
de l'azote extrait de l'air par absorption des autres gaz
connus était toujours plus forte que celle de l'azote
chimique, provenant de sources diverses : oxydes de
l'azote, ammoniaque, urée, etc. La différence affectait
la troisième décimale et ne dépassait pas 0,5 pour 100,
mais elle était certainement supérieure aux erreurs
d'expérience.

Trois hypothèses permettaient d'expliquer cet écart.
L'azote atmosphérique pouvait être constitué, en partie,
par une sorte d'ozone azotique, formé de molécules
plus complexes que les molécules diatomiques ordinaires.
Inversement, dans l'azote chimique une certaine proportion des molécules seraient dissociées en atomes libres.
Mais la densité de l'un ou de l'autre gaz, après huit
mois de conservation, n'avait accusé aucune variation,
et l'existence permanente d'azote condensé ou d'azote
dissocié (d'azote *atomique*) n'était guère vraisemblable.

Rayleigh, qui avait d'abord songé à ces explications, les rejeta pour adopter la troisième hypothèse, à savoir que l'azote atmosphérique est constitué par de l'azote chimique mélangé d'un gaz inconnu plus dense. Consulté par Rayleigh, Ramsay fut du même avis, et les deux savants unirent aussitôt leurs efforts pour isoler le gaz mystérieux dont l'existence était ainsi révélée.

Il est intéressant de rappeler ici que, dans l'expérience fondamentale où Cavendish, un siècle auparavant, avait constaté le formation d'acide nitrique par l'action prolongée des étincelles électriques sur un mélange d'oxygène et d'azote humides, le célèbre chimiste avait signalé que, même au bout d'un temps très long, il restait toujours, après absorption de l'oxygène en excès, un faible résidu gazeux, représentant environ un cent-vingtième du volume de l'azote. Mais l'observation avait passé inaperçue, et, jusqu'aux travaux de Rayleigh, l'azote de l'air avait été considéré comme un gaz simple, identique à « l'azote chimique ».

Tandis que Rayleigh, reprenant l'expérience de Cavendish, vérifiait que l'azote atmosphérique laissait bien, après l'action de l'oxygène et de l'étincelle, un résidu non négligeable, Ramsay attaquait le problème par une voie exclusivement chimique, en absorbant l'azote par le magnésium chauffé au rouge. L'action répétée de ce métal fit croître la densité du gaz, laquelle, de 14 qu'elle était d'abord par rapport à l'hydrogène, s'éleva peu à peu, pour se fixer au voisinage de 20. Ce qui restait était un gaz nouveau, absolument distinct de l'azote, caractérisé, en dehors de la densité, par un spectre particulier très riche en lignes dans toutes les régions et, fait sans précédent, par une inaptitude absolue

à se combiner avec aucune autre substance quelconque.

Au Congrès de la British Association réuni à Oxford
en 1894, dans la mémorable séance du 13 août, Rayleigh
et Ramsay vinrent annoncer tour à tour que l'azote
de l'air n'est pas de l'azote pur, et qu'il renferme une
faible proportion d'un gaz plus dense et beaucoup plus
inerte, auquel ils donnèrent, en raison justement de
son inertie, le nom d'*argon* (α priv.; ἔργον, énergie).
Cette communication produisit sur l'assistance une
« sensation profonde », et la presse quotidienne elle-même
s'en occupa longuement.

Mais les chimistes sont généralement conservateurs,
et, quoique la découverte fût affirmée par deux savants
aussi hautement qualifiés, beaucoup demeurèrent incré-
dules. Il n'était pas certain que l'argon fût un corps
simple. Le poids de la molécule, d'après la densité,
étant 40, on pouvait avoir affaire à une sorte de cyanure
d'azote CN^2; on remarquait aussi qu'une molécule
triatomique d'azote N^3 aurait le poids 42, chiffre peu
éloigné du précédent.

Quelques mois suffirent à Ramsay pour élucider la
question et dissiper tous les doutes. La comparaison
des chaleurs spécifiques à volume constant et à pression
constante démontra, nouveau fait également inattendu,
que la molécule est monoatomique et que, par conséquent, le nouveau gaz ne peut être qu'un élément.

Il n'y a jamais de fondamentalement nouveau que
ce qui ne saurait être prévu; ce qui se prévoit est impli-
citement contenu, tels les corollaires d'un théorème,
dans ce qui est déjà du domaine de la connaissance.
Trouver dans l'air un gaz nouveau et, par surcroît,
d'une inertie chimique absolue, c'était bien là le carac-

tère d'une véritable et grande découverte. Elle valut aussitôt à leurs auteurs une juste et immense célébrité. Ramsay ne tarda pas à l'accroître par d'autres travaux non moins surprenants. Et voici encore que l'heureux hasard se présente à lui; il va l'exploiter avec une décision et une maîtrise admirables.

Au début de 1895, Ramsay apprit, par une lettre de Sir Henry Miers, que Hillebrand, chimiste au Bureau géologique des États-Unis, avait observé, en traitant un minéral uranifère, la clévéite, par l'acide sulfurique bouillant, le dégagement d'un gaz qui lui parut être de l'azote. L'effet produit par cette nouvelle sur Ramsay est tout à fait caractéristique de son tempérament scientifique. Beaucoup de chimistes, tout en trouvant l'observation intéressante, auraient remis l'étude du sujet à plus tard, quand on aurait des loisirs. Ramsay, au reçu de la lettre de Henry Miers, appela le garçon du laboratoire et l'envoya de suite chez les différents marchands de minéraux de Londres, pour y acheter toute la clévéite qu'il trouverait. La clévéite arriva vers midi; avant le soir, elle avait été traitée et le gaz récolté. Dans les deux jours suivants, les gaz connus (sauf l'argon, qu'on s'attendait à y trouver) furent éliminés, et le résidu introduit dans un tube spectral. On n'observa pas le spectre de l'argon : peu de lignes; l'une d'elles, jaune, était très brillante. On pensa d'abord à la raie du sodium, présent peut-être dans les électrodes souillées d'impuretés. Mais Ramsay rit de l'idée; il n'avait pas l'habitude d'employer des tubes à spectre sales, et d'ailleurs il avait construit le tube lui-même. La lumière d'une flamme de sodium fut dirigée sur le spectroscope, en même temps que celle du tube à spectre, à travers un prisme de comparaison : les deux raies étaient distinctes et nullement superposables. Il était donc hors de doute qu'on avait affaire à un nouveau gaz, et l'on risqua l'hypothèse que ce pouvait être l'*hélium*.

L'hélium était cet élément, encore inconnu sur la Terre, dont on admettait l'existence dans le Soleil, à la suite d'une observation spectroscopique effectuée par l'astronome français Janssen lors de l'éclipse de soleil de l'année 1868, et des suggestions ultérieures des physiciens anglais Frankland et Lockyer. L'hélium était-il ou non ce nouveau gaz de Ramsay ? La réponse ne fut pas longue à venir. Le tube à spectre fut envoyé à Sir William Crookes, qui mesura avec grand soin la longueur d'onde de la raie jaune et la trouva identique avec celle de la ligne solaire de l'hélium. Une semaine s'était à peine écoulée depuis que Ramsay avait reçu la lettre de Henry Miers.

A la réunion générale de la Chemical Society de mars 189?, la découverte de l'hélium terrestre dans les gaz de l' clévéite fut annoncée. Son poids moléculaire était 4, et l'étude des chaleurs spécifiques indiquait que la molécule était monoatomique, comme celle de l'argon, dont il partageait d'ailleurs la complète inactivité chimique.

Durant les deux années suivantes, Ramsay rechercha activement d'autres sources d'argon et d'hélium. L'argon ou l'hélium furent rencontrés dans quelques eaux minérales, celles de Cauterets, entre autres; nous savons aujourd'hui qu'ils existent dans toutes les eaux et tous les gaz souterrains. On retira en outre l'hélium d'une série de minéraux rares; cette observation se trouva présenter un grand intérêt dans la suite, après qu'on eut découvert que le même gaz prend naissance dans la désintégration du radium, ainsi que nous le verrons plus loin.

L'inaptitude à toute combinaison assignait à l'argon et à l'hélium une place à part parmi les corps simples, et ils ne rentraient dans aucune des familles du tableau de Mendéléeff. Ramsay supposa hardiment qu'ils constituaient les deux premiers termes connus d'une famille nouvelle, caractérisée par la valence *zéro*. Fort des analogies observées dans d'autres groupes de la classification périodique, Ramsay, dans une communication faite au Congrès de la British Association de Toronto, en 1897, avec ce titre suggestif : « Un gaz non découvert » prédit l'existence d'au moins un autre élément inerte, situé entre l'hélium et l'argon, près du fluor, et ayant un poids atomique peu éloigné de 20.

Avant qu'une autre année eût passé, non seulement la prédiction de Ramsay allait être réalisée, mais encore, en collaboration avec Morris Travers, deux autres gaz élémentaires inertes devaient être découverts, dont il fixait également la place dans la classification périodique, auprès du brome et de l'iode, avec des poids atomiques voisins de 82 et 130.

Ramsay soumit à un examen attentif diverses eaux thermales, ainsi que des minéraux et des météorites, sans pouvoir y reconnaître aucun des gaz qu'il cherchait. Leur présence dans tous les gaz souterrains put être démontrée plus tard, par Ch. Moureu et A. Lepape, grâce à la mise en œuvre d'une méthode de fractionnement au moyen du charbon refroidi instituée par Sir James Dewar.

Mais, si les trois gaz à découvrir existaient réellement, ne devait-on pas les rencontrer en forte proportion dans l'azote atmosphérique à côté de l'argon ?

100 centimètres cubes d'air liquide ayant été réduits par évaporation spontanée à quelques centimètres cubes, Ramsay les vaporisa dans un gazomètre, puis en élimina l'oxygène et l'azote par les moyens appropriés. Le résidu gazeux ainsi préparé fournit le spectre de l'argon, avec, en plus, une ligne jaune et une ligne verte très brillantes. D'ailleurs, la densité était un peu supérieure à celle de l'argon pur; le résidu examiné était donc de l'argon mélangé d'une certaine proportion d'un gaz plus lourd.

Pour isoler ce gaz, Ramsay, secondé par Travers, prépara quinze litres d'argon, travail qui demanda plusieurs mois, et le liquéfia par refroidissement au moyen d'air liquide. La liqueur limpide obtenue fut soumise à une évaporation fractionnée très ménagée, en vue de séparer les gaz plus volatils ou moins volatils que l'argon. Le succès fut complet.

Les premières fractions fournirent un gaz léger, environ 10 fois plus dense que l'hydrogène, et caractérisé par un magnifique spectre à raies brillantes dans le rouge et le jaune. Ramsay le nomma *néon*. Il est d'ailleurs accompagné d'une certaine proportion d'hélium, présent aussi dans l'air, et dont il peut être séparé par l'emploi de l'hydrogène liquide (253° au-dessous de zéro), qui solidifie le néon et laisse l'hélium à l'état gazeux.

Les queues de distillation de l'argon liquéfié retenaient les deux autres gaz nouveaux, qui purent de même être séparés par liquéfaction et fractionnement. Ramsay les nomma *krypton* et *xénon*; leurs densités par rapport à l'hydrogène étaient 41 et 65.

Pour les trois nouveaux gaz : néon, krypton, xénon,

l'étude des chaleurs spécifiques conduit, comme pour l'hélium et l'argon, à une molécule monoatomique. Ils sont de même chimiquement inertes. Leurs poids atomiques, 20, 82, 130, sont venus occuper précisément les places fixées par la classification de Mendéléeff.

Ainsi, dans l'air atmosphérique, que pendant plus d'un siècle on avait cru parfaitement connaître, Ramsay était parvenu, en quatre ans, de 1894 à 1898, à isoler toute une famille naturelle de gaz simples. Épopée splendide. Preuve éclatante de la grande part de vérité que renferme la loi périodique. Témoignage, éclatant aussi, de la foi scientifique et de l'habileté expérimentale du maître. Presque tout l'appareillage dut être inventé, et Ramsay eut à le construire lui-même pour la plus grande partie. Ceux-là seuls qui ont manipulé de petites quantités de gaz et ont préparé des gaz bien purs, donnant des spectres bien exempts de raies etrangères, peuvent comprendre toutes les difficultés techniques d'un semblable travail.

Peu avant la découverte du krypton, Ramsay crut avoir isolé un autre élément dans l'argon atmosphérique : il avait la même densité que l'argon, mais son spectre était entièrement différent ; il le nomma *métargon* et en fit connaître quelques raies principales. Le métargon n'était cependant pas un nouvel élément ; il fut reconnu que les raies indiquées étaient dues à des traces d'oxyde de carbone qui souillaient l'argon. D'autres chimistes travaillaient sur le même sujet, et Ramsay, trop pressé, avait insuffisamment purifié son argon. Je citerai, à ce propos, Ramsay lui-même : « Faut-il, dans de telles circonstances, regretter la publication d'une erreur ? Je me hasarde à penser qu'une erreur occasionnelle serait excusable. Personne ne peut être infaillible; et d'ailleurs, dans ces conjonctures, on a toujours un grand nombre de bons amis qui promptement corrigent l'inexactitude. »

Il est certain que tout le monde peut se tromper; mais il en est bien peu, en vérité, qui auraient été capables de découvrir le krypton et le xénon dans l'air, qui contient, en volumes, un millionième du premier et un dix-millionième du second.

Ce travail sur les gaz rares de l'atmosphère restera comme un parfait modèle de recherche originale. Et si quelque chose pouvait être apprécié plus haut que l'habileté expérimentale et la pénétration scientifique déployées, ce seraient l'énergie et l'ardeur persévérantes, qualités sans doute moins brillantes, mais qui dans l'espèce étaient absolument indispensables.

Une autre question, d'ailleurs connexe, ne pouvait manquer de se présenter à l'esprit de Ramsay. N'y a-t-il pas, dans la même famille des gaz inertes, des *gaz nobles*, comme il aimait à les appeler, d'autres éléments, plus lourds que le xénon, comme le prévoit la classification périodique, ou plus légers que l'hélium, tels le *nébulium*, dont la présence est probable dans les nébuleuses, et le *coronium*, qui paraît exister dans la couronne solaire ?

Nous rappellerons, en passant, qu'en dehors des gaz inertes Armand Gautier a reconnu dans l'air atmosphérique une proportion appréciable d'un gaz plus léger que l'hélium et qui n'est autre que l'hydrogène, dont la provenance pose un problème géochimique des plus suggestifs.

Ramsay se préoccupa donc de la recherche de nouveaux gaz rares. Avec Watson, il examina les gaz les plus légers de l'atmosphère, dans l'espoir d'obtenir un gaz moins dense que l'hélium, mais sans succès. Il ne fut pas plus heureux dans l'étude systématique, entreprise avec Richard Moore, des queues de distillation d'une énorme masse d'air liquide (cent vingt tonnes), mise à sa disposition par Georges Claude. Ramsay arriva à cette conclusion que si l'air contient des gaz plus lourds que le xénon, la proportion en est tout à fait minime et ne dépasse pas un vingt-cinquième de milliardième.

MESSIEURS,

La découverte des gaz rares avait suscité l'enthousiasme universel. Physiciens et Chimistes voulurent, de près ou de loin, s'occuper de ces nouveaux éléments; et il est intéressant, pour la gloire de Ramsay, d'indiquer brièvement les principaux travaux qui en sont issus.

Les uns, visant surtout le problème de l'affinité, tentèrent, mais en vain, de réveiller l'activité chimique des gaz rares supposée assoupie. D'autres, au contraire, les cherchèrent dans les milieux naturels. A la suite d'une étude systématique d'un grand nombre de gaz souterrains (gaz de sources thermominérales, gaz de volcans, grisous), quelques conclusions simples ont pu être formulées par Ch. Moureu et A. Lepape :

1º Tous les mélanges gazeux naturels contiennent les cinq gaz rares, et certains renferment des quantités notables d'hélium, jusqu'à 6 pour 100 (gaz thermal de Maizières, Côte-d'Or) et même 10 pour 100 (gaz thermal de Santenay, Côte-d'Or).

2º Le rapport quantitatif krypton-argon a sensiblement la même valeur dans tous les mélanges naturels, y compris l'air atmosphérique; le rapport krypton-xénon, différent du précédent, est également constant, comme l'est encore le rapport xénon-argon, et comme semblent l'être aussi les rapports de ces trois gaz avec le néon. La constance des rapports a pu être expliquée par l'inertie chimique et l'analogie de propriétés de ces gaz, qui ont pu ainsi, depuis la nébuleuse originelle, traverser, librement et ensemble, et sans que les rapports quantitatifs soient sensiblement altérés, tous les cataclysmes de l'Astronomie et de la Géologie.

3° L'hélium accompagne, à la vérité, les autres membres de la famille dans tous leurs voyages, mais il échappe à toute proportionnalité; et il ne pourrait en être autrement, attendu que seul l'hélium se produit continûment aux dépens des corps radioactifs et que ceux-ci sont inégalement répartis dans les différents terrains.

Vous voyez, messieurs, quels problèmes inattendus et grandioses on a été conduit à envisager par la découverte de Ramsay. Quelle exceptionnelle destinée que celle de ces cinq gaz, auxquels leur inertie chimique a, depuis l'origine des temps, assuré une éternelle inviolabilité et en a fait ainsi, tels des demi-dieux, des témoins immortels de tous les phénomènes de la Physique du Globe et de l'Évolution des Mondes !

A quelles applications pratiques sont destinés les nouveaux éléments ? Des essais d'éclairage au néon se sont montrés fort encourageants. L'argon s'emploie dans les lampes à incandescence. Et voici que — c'est Ramsay lui-même qui en fit la proposition — les ballons vont être gonflés à l'hélium, et par là même rendus ininflammables. Quels progrès en perspective pour l'Aéronautique ! Que nous voilà loin de la fameuse raie solaire de Janssen, retrouvée par Ramsay dans le gaz de la clévéite ! D'autres usages suivront, pour l'hélium comme pour ses congénères; leur carrière n'est qu'à ses débuts. Nouvel exemple, entre mille, de l'utilité de la recherche purement spéculative. Toute découverte scientifique, si exclusivement contemplatif que paraisse d'abord son intérêt, ne peut manquer de conduire tôt ou tard à des applications pratiques. Puissent nos dirigeants entendre cette vérité, avec tout ce qu'elle porte en elle de fécondité et d'espérance, mais aussi avec tout ce qu'elle comporte pour eux de devoirs et de responsabilités, aux yeux du Pays qui leur a confié son avenir. Puissent-ils comprendre que Science est Puissance, que Science est Richesse! Qu'ils encouragent de tout leur pouvoir la Recherche scientifique. Qu'ils comprennent que les savants ne sauraient vivre en marge des autres hommes et qu'ils ont droit, eux aussi, à une existence normale et honorable. Qu'ils dotent largement les laboratoires, qu'ils subventionnent les études spécialement intéressantes qui leur sont signalées. Qu'ils prennent sous leur protection les jeunes talents, qui doivent appartenir avant tout à la Nation, et dont l'épanouissement fera sa gloire et sa prospérité. Puissent-ils, en un mot, voir dans le budget de la Science une dépense productive, un véritable placement à gros intérêts. Alors ils assureront aux chercheurs les moyens de chercher, aux savants la possibilité de donner leur vie à la Science.

MESSIEURS,

Nous arrivons maintenant à l'année 1902. Pierre Curie et Mme Curie venaient d'obtenir le radium, aboutissement magnifique d'un admirable travail commencé en 1897 par Mme Curie, peu après la découverte de la

Radioactivité par Henri Becquerel en 1896. Il était dans la logique des choses que Ramsay fût attiré vers ces passionnantes recherches. Le nouveau domaine ouvert à la Science n'avait encore été exploré que par des Physiciens; il lui apparut immédiatement que la Chimie pouvait aussi et devait entrer en scène. Il aborda hardiment le sujet; il devait y faire des conquêtes d'une immense portée.

Frédérick Soddy était venu de Montréal, où il avait assisté Sir Ernest Rutherford dans son beau travail sur le thorium. Le fait curieux avait été découvert qu'une substance matérielle s'échappait continûment du *thorium;* elle reçut le nom d'*émanation*. L'*actinium* et le *radium* donnèrent aussi une émanation. Ces nouvelles substances étaient évidemment de nature gazeuse; et, avec toute l'adresse déjà acquise dans la manipulation de petites quantités de gaz, Ramsay se trouvait bien placé pour en faire l'étude. En collaboration avec Soddy, il tenta d'obtenir le spectre de l'émanation du radium. Comme la dose d'émanation qui se dégage de quantités même relativement grandes de radium est extrêmement faible, il fallut imaginer un tube à spectre spécial. Il consiste en un tube thermométrique très capillaire, avec une électrode constituée par un fil de platine soudé à l'extrémité, la seconde électrode n'étant autre que le mercure, qu'on poussait en avant avec la minime quantité d'émanation à l'aide d'une pompe. Des traces d'impuretés empêchèrent de voir le spectre de l'émanation, qui ne devait être observé que plus tard; mais quelle ne fut pas la surprise de Ramsay et Soddy quand, après le passage de l'étincelle à travers le gaz pendant quelque temps, ils virent apparaître peu à peu les lignes de l'hélium !

L'hélium ! Encore l'hélium; manière de *leit motiv* dans la vie scientifique de Ramsay. Et un corps simple produit par un autre corps simple ! La grandeur de la découverte apparut immédiatement. Pour la première fois, on constatait la transmutation d'un élément en un autre ! C'était toute une révolution. Est-il superflu d'ajouter que le public scientifique n'y crut pas d'abord et qu'il douta longtemps encore ? L'hélium était venu de partout excepté de l'émanation : du verre, du mercure, du platine, des parois de la pompe. L'indestructibilité des atomes n'était-elle pas le dogme des dogmes ? Depuis les alchimistes, on ne croyait plus à la transmutation. La transmutation était la plus extravagante des utopies. Et cependant, aujourd'hui, à peine quelques lustres après, qui doute que l'atome ait démenti son étymologie et renié son nom ? Qui doute que l'atome de radium se désagrège spontanément, et que l'émanation et l'hélium sont des produits de cette désagrégation ? Qui doute qu'il y ait toute une généalogie du radium, allant de l'uranium au plomb, et que les différences de masses sont dues, en définitive, à l'expulsion de particules de gaz hélium, déchet inerte qui est comme une sorte de lest que jettent les atomes en commençant une nouvelle existence ? Qui doute enfin, depuis les beaux travaux de Sir J.-J. Thomson, Rutherford et quelques autres Physiciens, que l'atome, avec ses électrons et ses autres éléments constitutifs, ne soit tout un organisme fort compliqué, tout un monde ? On a beau élever des barrières entre le connu et l'inconnu, elles tomberont quelque jour sous la poussée continue de la recherche originale; et, fort heureusement, il en est déjà beaucoup qu'elle a ainsi renversées sur les routes de la Science.

La découverte de Ramsay et Soddy ne tarda pas à être généralisée : la formation d'hélium fut démontrée à partir de l'*actinium* par Debierne, du *thorium* et de l'*uranium* par Soddy, du *polonium* par Mme Curie et Debierne, de l'*ionium* par Boltwood.

Il convient de rappeler, avant de quitter ce sujet, que Rutherford avait antérieurement émis l'idée que les particules α lancées par les corps radioactifs devaient être constituées par des atomes d'hélium.

Cette destruction d'atomes radioactifs, où Ramsay a le premier vu naître des atomes d'hélium, a pour effet de libérer une énorme quantité d'énergie, capable d'effectuer immédiatement des travaux chimiques variés : décomposition de l'eau, du gaz carbonique, du gaz chlorhydrique, du gaz ammoniac, de la substance du verre, etc. L'émanation du radium, dans sa désintégration, dégage, pour chaque centimètre cube, une quantité de chaleur égale à celle que fournit l'explosion de trois mètres cubes et demi de gaz tonnant (oxygène-hydrogène). Ramsay supposa que si une dose suffisante d'émanation du radium était mise en contact réel avec les atomes, l'énergie libérée par la décomposition de l'émanation pourrait être capable d'en briser quelques-uns. En commun avec Cameron, il annonça avoir obtenu ainsi du *lithium* à partir du cuivre, et du *carbone* à partir du thorium et autres éléments du même groupe. On fut et l'on est encore très sceptique sur ces transmutations. Mme Curie et Mlle Gleditsch ayant répété les expériences avec le cuivre, les résultats furent négatifs. Par contre, Ramsay exécuta des opérations *à blanc*, sans emploi d'émanation, et elles ne donnèrent pas trace de lithium. De nouvelles recherches devront trancher le débat.

Les expériences de Ramsay et Cameron avaient été exécutées sur des solutions aqueuses de sels métalliques. Dans le cas du cuivre, les gaz extraits de la liqueur, après élimination de l'oxygène et de l'hydrogène provenant de la décomposition de l'eau, donnèrent le spectre de l'argon, sans aucune ligne de l'hélium. D'un autre côté, en traitant de l'eau distillée par l'émanation, on obtenait du néon avec une trace d'hélium, mais pas d'argon. Ces résultats aussi ont été contestés.

Richard Moore ayant demandé un jour à Ramsay s'il reprendrait son travail, la réponse fut typique : « Non, dit-il, je ne crois pas la chose utile. Je ne pourrais que trouver encore du lithium et du néon, et l'obtention des mêmes résultats par moi-même ne serait pas une confirmation. Je laisse à d'autres le soin de répéter le travail. »

L'extrême intérêt du sujet fait souhaiter que de nouvelles études soient entreprises par des expérimentateurs habiles et disposant de quantités suffisantes de radium.

Un autre problème, en quelque manière réciproque du précédent, se pose naturellement : Si la désagrégation des éléments lourds peut conduire aux éléments légers, sera-t-il possible, par un retour inverse, de condenser les atomes légers en atomes lourds et de réaliser ainsi, dans toute sa plénitude, le rêve des alchimistes. Ramsay n'a pas craint d'aborder le sujet. Collie et Patterson, ayant soumis le verre d'un tube à vide ordinaire au bombardement cathodique, avaient annoncé la production d'*hélium*, qui aurait pris naissance par la condensation de 4 atomes d'hydrogène. Ramsay a confirmé ce résultat, et, en outre, il a trouvé

que si l'hydrogène est humide, c'est-à-dire s'il est
accompagné d'oxygène, il y a surtout formation de
néon, engendré par l'addition de l'atome d'hélium (4)
à l'atome d'oxygène (16). Il lui a paru aussi que, dans
des conditions analogues, le soufre conduirait à l'*argon*
et le sélénium au *krypton*.

Ici également la question doit être reprise. Son
ampleur dépasse peut-être encore celle de toutes les
autres. Ramsay aura eu le mérite d'entr'ouvrir la nouvelle
voie, grâce à son talent d'expérimentateur hors de
pair ainsi qu'à la hardiesse et à l'indépendance de ses
conceptions scientifiques.

Ce sont là, en effet, les qualités maîtresses de Ramsay.
Elles s'affirmèrent encore, et de la plus brillante manière, dans un autre travail sur l'émanation du radium
qu'il effectua en 1910 avec l'assistance de Whitlaw
Gray. Suivant la théorie de la désintégration, l'atome
d'émanation résulte de la perte d'un atome d'hélium
par l'atome de radium. Si le poids atomique du radium
est 226 et celui de l'hélium 4, le poids de l'atome d'émanation devrait théoriquement être 222. L'émanation,
dont la résistance à toute combinaison avait d'ailleurs
été constatée, viendrait ainsi occuper, dans la colonne
des gaz rares de la classification périodique, la place
prévue pour un homologue du xénon. Ramsay voulut
donner la parole à l'expérience. Et quelle expérience !
Le volume d'émanation dont il pourrait disposer à un
moment quelconque ne dépasserait jamais cinq millièmes
de millimètre cube (beaucoup moins que la plus minus-
cule tête d'épingle), et, pour fixer le poids atomique,
il fallait peser cet infime volume gazeux. Une modification fut apportée à la microbalance de Steele et

Grant, qui lui donna une sensibilité de quelques millionièmes de milligramme. L'adresse nécessaire pour préparer, purifier et peser les minimes volumes d'émanation qu'on pouvait rassembler, tient véritablement du
prodige; et ce travail, plus encore que tous les autres,
met en lumière le merveilleux talent expérimental de
Ramsay. Le résultat justifia l'effort. La moyenne de
cinq déterminations donna le nombre 223 pour poids
atomique de l'émanation du radium. Vérification pleine
et entière des prévisions théoriques, que confirma
aussi Debierne par une méthode entièrement différente
(diffusion).

Messieurs,

L'éclat de ses travaux avait valu à Ramsay les plus
hautes distinctions, non seulement dans son propre
pays, mais dans le Monde entier. Les Académies et
Sociétés savantes s'empressèrent de lui ouvrir leurs
rangs. Notre Académie des Sciences, qui l'avait élu
correspondant dès 1895, le nomma associé en 1910. Il
était également membre associé de notre Académie de
Médecine. Dès l'année 1904, l'Académie de Stockholm
lui avait décerné le prix Nobel de Chimie.

Un des traits caractéristiques de la personnalité de
Ramsay était son enthousiasme, qu'il communiquait
à tous ceux qui travaillaient sous sa direction, et l'impression produite sur ses élèves, même dans un contact
très court, demeurait ineffaçable. Bienveillant et patient
avec tous, il suffisait de « bien faire », selon sa propre
expression, pour devenir son ami.

Ramsay était un remarquable professeur, à l'élocution
élégante et pittoresque, primesautière, claire, concise,

et avec un grand charme de simplicité. Dans ses leçons, il n'hésitait pas à faire, à l'occasion, de l'enseignement d'avant-garde; il fut le premier, en Angleterre, à parler des travaux de Raoult, d'Arrhénius et de Van't Hoff.

Tout ce qui vit évolue. La vie réelle d'une science expérimentale comme la Chimie est dans le progrès et la découverte. Ramsay en avait à ce point le sentiment qu'il eût voulu que la recherche originale occupât de bonne heure la plus grande place possible dans le travail de l'étudiant. Il se méfiait des examens, tels qu'ils sont généralement pratiqués pour juger les candidats, trop souvent desservis ou servis par la chance. Il craignait par-dessus tout les éliminations injustes et malheureuses, susceptibles de décourager les vocations. Le professeur, qui a suivi l'élève durant des années, au cours et surtout au laboratoire, lui paraissait mieux à même que quiconque d'apprécier sa valeur véritable. Ramsay soutint toujours avec force ces idées et leurs conséquences logiques. C'est qu'en effet, si d'autres facteurs interviennent assurément, l'avenir de la Science dépend surtout des aptitudes scientifiques de ceux qui la cultiveront. Le choix des futurs savants — et par ce mot nous entendons principalement les futurs maîtres, les futurs chefs — prend donc une importance capitale. Grande, de ce fait, est la responsabilité de ceux qui ont la charge de faire cette sélection nécessaire. Ils doivent se pénétrer de l'idée essentielle que si savoir est bien, pouvoir est mieux. Loin de nous, certes, la pensée de vouloir nier l'utilité de savoir beaucoup, d'être au courant de tout, comme le sont les « puits de science »; mais ce bagage sera stérile et encombrant, du point de vue de la recherche originale, unique source du progrès, s'il manque pour l'exploiter une intelligence lucide, un

jugement sûr et cet ensemble de qualités qui constituent
ce que l'on désigne du nom d'esprit de finesse. Le vrai
savant, le véritable ouvrier du progrès scientifique n'est
pas tant celui qui sait que celui qui fait, qui crée. « Mieux
vaut, a dit Montaigne, un cerveau bien fait qu'un cerveau
bien plein. » Le premier a ce que l'on pourrait appeler
le potentiel, la force latente, la puissance virtuelle, une
énergie productive et créatrice, qui lui permettra de
faire à l'occasion œuvre originale ; le second, en l'absence
de ces dons nécessaires, n'aura accès que dans les
domaines déjà largement explorés, où il pourra d'ailleurs
faire encore œuvre utile. Les uns et les autres ont leur
tâche à remplir ; mais l'intérêt général — comme aussi
celui bien compris des intéressés — veut que chacun
soit à sa place : *the right man in the right place*. Viser
cet idéal doit être la préoccupation constante de ceux
à qui la destinée a dévolu le difficile rôle d'arbitres.

A notre époque de renaissance générale, où toutes
les institutions et toutes les méthodes sont en cours de
révision, on regrette que la grande voix de Ramsay
ne puisse plus se faire entendre dans ce grave débat sur
la haute culture.

Ramsay n'a écrit que fort peu d'ouvrages didactiques.
Son petit traité de *Modern Chemistry*, qui a été traduit
en français, est un exposé rapide et substantiel des
principales notions de philosophie chimique. Les mêmes
qualités se retrouvent au plus haut degré dans tous les
écrits de Ramsay. On les apprécie surtout dans quelques
dissertations où il a développé des idées personnelles,
et dont les seuls titres disent assez toute l'originalité :
*l'électron considéré comme un élément; éléments et énergie;
l'hélium dans la nature; problèmes présents de Chimie
inorganique*, etc.

Ramsay était polyglotte, et il parlait couramment le français et l'allemand. Au Congrès international de Chimie appliquée tenu à Rome en 1906, il fit en français une conférence sur l'*épuration des eaux d'égout*, sujet, comme on le voit, bien éloigné des questions de pure science où l'on eût pu le croire confiné.

Il venait volontiers dans notre pays. Il l'aimait et y comptait beaucoup d'amis, qui ont de lui des lettres charmantes, pleines d'un naturel abandon. On y garde aussi le souvenir des belles conférences qu'il y a données sur ses découvertes.

Avant la Guerre, il entretenait de même en Allemagne de nombreuses relations, et il y était l'objet des attentions les plus flatteuses. Lors de la célébration du centenaire de l'Université de Berlin, en 1910, les délégués des Universités du Monde entier se trouvaient réunis pour la cérémonie principale; Ramsay représentait l'Université de Londres. Quand le kaiser entra dans la salle avec toute sa suite, l'ayant aperçu, il arrêta le cortège et se dérangea pour aller lui serrer la main.

« L'âme de Ramsay — a écrit notre collègue Paul Sabatier dans une très belle étude qu'il a consacrée à sa mémoire — l'âme de Ramsay ne pouvait être conquise par de tels hommages; et, dans plusieurs circonstances, avant la Guerre, où j'ai pu le voir de près, j'ai constaté sa désaffection profonde pour l'Allemagne et pour ses ambitions démesurées. » Ce témoignage pourrait être complété par le fait bien connu que Ramsay était un des partisans les plus résolus de l'Entente Cordiale.

La Science allemande, qu'il a vue de près, ne lui en a jamais imposé, et il a porté sur elle le jugement le plus sévère. Dans la belle réponse qu'il adressa en octobre 1914 au manifeste des 93 intellectuels allemands, on trouve ces lignes : « ...Quelques individualités germaniques ont atteint les plus hauts sommets et mérité l'admiration universelle. Mais, en dépit de ces brillantes exceptions, on peut dire que l'originalité n'a jamais été la caractéristique de la race allemande; leur *métier* a surtout consisté dans l'exploitation des inventions et dans la mise en œuvre des découvertes des autres... »; et, plus loin, envisageant l'hypothèse nécessaire de l'anéantissement complet que devra subir la puissance allemande pour la sécurité du Monde, il ajoute : « ...Le progrès de la Science sera-t-il retardé ? Je ne le crois pas. Les plus grands travaux dans la pensée scientifique ne sont pas dus à des représentants de la race germanique; de même, les précoces applications de la Science ne viennent pas de chez eux... »

A la veille de la Guerre, lors de ces tragiques journées de la fin juillet 1914, Ramsay était au Havre, où il assistait, avec Lady Ramsay et son fils, au Congrès de l'Association française pour l'Avancement des Sciences, présidé par M. Armand Gautier. Il prononça un discours à la séance inaugurale et assista aux premières séances de la section de Chimie. Mais visiblement sa pensée était absente. Les nouvelles devenaient chaque jour plus alarmantes. Dès le mercredi 29, comme il était fixé sur les desseins criminels de l'Allemagne, la guerre lui parut imminente. On ne le revit plus au Congrès.

Ramsay aperçut immédiatement toute la portée et l'enjeu du formidable conflit. La Civilisation était encore en terrible danger : elle aurait à repousser l'assaut le plus redoutable qu'elle eût encore jamais subi. Il fallait vaincre ou se résigner à l'esclavage.

Dès le début des hostilités, Ramsay, avec son ardent patriotisme, se jeta tout entier dans la mêlée. Il lutta par tous les moyens en son pouvoir : par la recherche au laboratoire et par ses suggestions originales, par la plume et par la parole, mises au service de la plus incontestable autorité. Lui aussi aurait pu employer le mot célèbre : « Je fais la guerre. » C'est à la suite de ses persévérants efforts, notamment, que le coton fut, trop tardivement, hélas ! déclaré contrebande de guerre. Il mourut en plein combat, à soixante-trois ans, alors que son génie était encore si riche de promesses pour la Science et pour l'Humanité, terrassé par un mal implacable, qui l'emporta en quelques mois. Notre regret unanime sera que la grande joie ne lui ait pas été donnée d'assister à la complète victoire des Alliés, victoire à laquelle il croyait, certes, et de toute l'ardeur de sa foi dans les destinées de nos Patries immortelles, et dans le triomphe final de la Moralité et du Droit imprescriptible sur la Force brutale.

MESSIEURS,

La disparition prématurée de Ramsay est pour la Science une perte irréparable. En lui un phare puissant s'est éteint. Ce grand chercheur explora la Chimie en conquérant, et les progrès qu'elle lui doit sont des pas de géant. Ramsay servait et honorait l'Humanité, et il a jeté sur sa Patrie un éclat incomparable. Il fut grand, non seulement par son génie et son enthousiasme scientifique, mais aussi par l'élévation de son âme, éprise d'idéal, et par la grandeur de son caractère. Il vivra dans la mémoire des hommes, et la postérité placera très haut le nom de Ramsay.

LAVOISIER ET SES CONTINUATEURS.

ESSAI SUR L'ÉVOLUTION
DES DOCTRINES CHIMIQUES (¹).

MONSIEUR LE RECTEUR,
MES CHERS COLLÈGUES,
MESSIEURS,

La Science Chimique a été constituée par Lavoisier. Nom illustre parmi les plus illustres, qui grandit sans cesse à mesure que progresse la Philosophie naturelle, tant étaient solides les fondations établies, en moins de

(¹) Conférence faite à Strasbourg, le vendredi 21 novembre 1919, sous les auspices de l'Association française pour l'Avancement des Sciences et sous la présidence de M. Lucien Poincaré, vice-recteur de l'Université de Paris, à l'occasion des fêtes de l'inauguration solennelle de l'Université française reconstituée.

Je donnai la même conférence, en août 1923, à Tananarive (au cours d'une mission scientifique), sous la présidence de M. A. Brunet, gouverneur de Madagascar.

Parmi les ouvrages qui ont été utilisés pour la rédaction de cette étude, je mentionnerai spécialement les suivants :

DUMAS, *Philosophie chimique* · WURTZ, *Dictionnaire de Chimie (Discours préliminaire)*; WURTZ, *Théorie atomique*; LADENBURG, *Histoire de la Chimie*; TILDEN, *The progress of scientific Chemistry*.

quinze années, par ce grand génie. Ainsi resplendissent,
à travers les siècles, les Platon, les Bacon, les Léonard
de Vinci, les Descartes, les Pascal, les Newton, les
Leibnitz, ces géants de la pensée.

Le développement de la Chimie a été prodigieux, et
son domaine est immense. La Chimie n'est pas seulement une science dont nulle mémoire d'homme ne
saurait embrasser toutes les notions accumulées; elle
constitue, de nos jours, par l'étendue et la variété indé-
finie de ses applications, un des rouages les plus essentiels de l'existence des individus et des collectivités.
Faut-il s'en étonner ? La Chimie n'est-elle pas la science
des transformations de la matière, et ces transformations ne sont-elles pas la vie elle-même, ne créent-elles
pas l'énergie et n'y a-t-il pas en elles une source intarissable de forces naturelles ?

A notre époque si profondément troublée, qui marquera dans l'histoire de l'Humanité le début d'une ère
nouvelle, l'heure paraît opportune, pour ceux qui
pensent, de jeter un coup d'œil, avant de se livrer à
l'avenir, sur les longues distances parcourues dans tous
les champs de l'activité. Faire avec vous, sur les routes
de la Chimie, un voyage rapide, où nous suivrons de
haut l'évolution de la Science par l'étude sommaire
des doctrines, tel sera l'objet de cette conférence.

I. — Les corps simples. Les oxydes, les acides, les sels.

1. On a pu, avec raison, qualifier d'antiphlogistique
le système de Lavoisier (¹). Bécher (²) avait imaginé que

(¹) Fermier général, né et mort à Paris (1743-1794).
(²) Chimiste allemand (1625-1682).

les métaux contiennent un principe combustible, une
« terre inflammable ». Stahl (¹) le nomma *phlogistique*,
et il admit qu'il était répandu, outre les métaux, dans
les divers corps combustibles, qui le perdent par la
combustion ou la calcination. Un métal chauffé à l'air
abandonne son phlogistique, pour donner une poudre
terne, une « chaux métallique » : les battitures qui
jaillissent en étincelles du fer incandescent sont du fer
« déphlogistiqué »; la litharge, cette poudre rougeâtre
qui résulte de la calcination du plomb à l'air, est du
plomb privé de son phlogistique. Les corps les plus
inflammables sont les plus riches en phlogistique;
incombustibles, ils en sont totalement dépourvus. Le
feu dégage du phlogistique; sous son action, un corps
combustible perd du phlogistique. Les « chaux métalliques » étaient contenues dans les métaux avant la
calcination, en combinaison avec le phlogistique. On
leur restitue ce dernier en les chauffant avec du charbon,
du bois, de l'huile, qui sont riches en phlogistique. C'est
ainsi que la litharge, calcinée avec du charbon, lui
prend son phlogistique, pour régénérer le plomb métallique.

Cette théorie était muette sur le rôle de l'air dans
tous ces phénomènes, en dépit des expériences antérieures (1630) de Jean Rey (²), qui avait reconnu que
les métaux augmentent de poids par la calcination,
de Robert Boyle (³) et de Jean Mayow (⁴), qui savaient

(¹) Premier médecin du roi de Prusse (1660-1734).
(²) Médecin du Périgord. Mort en 1645.
(³) Premier Président de la Société Royale de Londres
(1626-1691).
(⁴) Médecin anglais (1645-1679).

que l'air renferme un principe qui est consommé pendant la combustion et la respiration. Ces observations, considérées comme détails secondaires, étaient demeurées stériles au point de vue de la théorie. Les Chimistes ne s'attachaient alors qu'au côté apparent et qualitatif des phénomènes, qu'ils se bornaient à contempler et à décrire.

2. Voici Lavoisier. Tout va changer. L'augmentation du poids des métaux, qu'il confirma par des expériences décisives, va devenir la pierre angulaire du nouveau système. La combustion n'est pas une décomposition, mais, au contraire, une combinaison, résultant de la fixation d'un certain élément gazeux sur le corps combustible, dont le poids augmente précisément de tout le poids du gaz absorbé.

Une découverte sensationnelle vint donner une nouvelle force à cette théorie. Le 1er août 1774, Priestley [1] obtint, en calcinant la chaux mercurielle (oxyde de mercure), un gaz éminemment propre à entretenir la combustion et la respiration. Lavoisier montre que ce gaz est, avec l'azote, que Rutherford [2] avait découvert en 1772, un des éléments de l'air, dont il détermine la composition, et il le nomme « air vital » (il le nommera plus tard *oxygène*). Dès ce moment, le rôle de l'air dans les phénomènes de combustion est clairement établi. Et c'est en vain que les derniers défenseurs du phlogistique : Cavendish [3], Priestley, Scheele [4],

---

[1] Chimiste anglais (1733-1804).
[2] Physicien anglais (1749-1819).
[3] Chimiste anglais (1731-1810).
[4] Pharmacien suédois (1742-1786).

tentèrent de sauver la théorie de Stahl en la modifiant. Lavoisier leur répondit par l'argument décisif des relations pondérales. Le tout, dit-il, est plus grand que la partie : les produits de la combustion, plus pesants que les corps combustibles, ne sauraient donc être un des éléments de ceux-ci; car, *dans les réactions chimiques, rien ne se perd, rien ne se crée; la matière ne saurait être ni anéantie, ni tirée du néant.* Si donc les corps augmentent de poids en brûlant, c'est par gain d'une nouvelle matière; et lorsque, par contre, les chaux métalliques sont ramenées à l'état de métal, ce n'est pas par la restitution du phlogistique, mais par la perte de l'oxygène qu'elles renfermaient.

Ainsi se trouvait affirmée, pour la première fois, la nature élémentaire des métaux, en même temps qu'étaient énoncées la loi fondamentale de la conservation de la matière et la notion toute nouvelle de *corps simples*. Lavoisier reconnut comme tels tous les corps dont on ne peut tirer qu'une seule espèce de matière et qui, soumis à l'épreuve de toutes les forces, se retrouvent toujours identiques à eux-mêmes, « indestructibles, indécomposables » ([1]). Un grand nombre de substances reçurent ainsi, selon le mot si expressif de Wurtz, le « sceau d'une individualité propre ».

Lavoisier conçoit les corps simples comme doués du pouvoir de s'unir entre eux, pour engendrer, sans perte de substance, des corps composés, contenant toute la matière pondérable des corps constituants. Ces grands principes, qui aujourd'hui sont pour nous des « axiomes » et qui étaient loin d'apparaître alors comme

---

([1]) Ce point appelle une réserve. Nous y reviendrons plus loin à propos de la *Radioactivité*.

tels, forment la base de la Chimie. C'est la gloire de Lavoisier de les avoir proclamés et établis. Sa méthode fut l'emploi de la balance et l'étude des relations pondérales. Inaugurée par lui, « elle est la seule bonne en Chimie » (¹).

Lavoisier eut la satisfaction, rare pour un si grand novateur, d'assister au triomphe de ses idées. Lorsqu'en 1794 la hache révolutionnaire mit fin à ses jours, tandis qu'il était encore dans toute la vigueur de l'âge et « la force de son génie », le système de Stahl était irrémédiablement condamné.

3. L'étude des phénomènes d'oxydation, son point de départ, impose naturellement l'oxygène et les corps oxygénés à l'attention de Lavoisier. Il fixe définitivement la composition de l'eau (hydrogène + oxygène), il établit celle du gaz carbonique (carbone + oxygène). Il étudie les *acides* du soufre, du phosphore, de l'azote, et il découvre des différences dans les degrés d'oxydation.

(¹) La Physique moderne nous apprend, il est vrai, que la masse d'un corps est une quantité variable avec les pertes ou gains d'énergie qu'il subit. Un corps chauffé à 100°, par exemple, possède plus de masse qu'à 0°; inversement, un système qui a réagi en dégageant de la chaleur a perdu une partie de la masse qu'il possédait avant la réaction. Autrement dit, matière et énergie sont, à ce point de vue, interchangeables. Ce qui se conserve rigoureusement dans un système clos (sans communication avec l'extérieur), c'est la somme de la masse et de l'énergie, et c'est uniquement de cette somme qu'on peut dire, avec Lavoisier : « Rien ne se crée, rien ne se perd. » Mais la loi qui régit l'échange de l'énergie et de la masse est telle qu'une variation énorme de l'énergie n'entraîne qu'une variation de la masse tellement infime qu'elle n'est pas accessible à nos moyens d'observation. Aussi la loi de Lavoisier reste-t-elle toujours, dans la pratique, l'assise fondamentale de la Chimie.

Revenant aux *oxydes*, Lavoisier les considère comme les éléments nécessaires, les *bases* de tous les *sels*. Avant lui, la constitution de ces derniers était généralement méconnue. On les considérait comme formés par l'union tantôt d'un acide avec un métal, tantôt d'un acide avec une « chaux métallique » (oxyde). On savait, en effet, que la litharge peut donner un sel en se dissolvant dans du vinaigre, mais aussi que le vitriol blanc se produit quand l'acide sulfurique étendu agit sur le zinc. Lavoisier, ayant étudié ce phénomène, admit que le dégagement d'hydrogène provient de la décomposition de l'eau, qui participe à la réaction, et dont l'oxygène reste fixé sur le zinc ; ce n'est donc pas, d'après lui, le zinc, mais le zinc oxydé, l'oxyde de zinc, qui s'unit à l'acide sulfurique. Dans l'attaque du cuivre par l'acide nitrique, au contraire, le métal prend de l'oxygène non à l'eau présente, mais à une partie de l'acide, qui donne par cette désoxydation des vapeurs rutilantes, et l'oxyde de cuivre ainsi formé s'unit à une autre partie de l'acide nitrique pour constituer un sel.

Le rôle de l'oxygène dans la formation des acides, des oxydes et des sels, ayant été ainsi reconnu, les mêmes principes pouvaient s'appliquer immédiatement aux combinaisons chimiques non oxygénées : un sulfure résulte de la combinaison du soufre avec un métal, un phosphure renferme un métal uni à du phosphore.

Tels sont les fondements du nouveau système de Chimie établi par Lavoisier. Dans les combinaisons, l'attraction chimique (affinité) s'exerce toujours entre deux constituants simples ou composés ; ceux-ci s'attirent en vertu d'une certaine opposition de propriétés, qui est précisément neutralisée par le fait de leur union.

Telle est l'idée *dualistique*. Elle devait régner longtemps dans la Science.

4. La langue chimique était alors une collection de mots bizarres, sans règles et sans clarté. Une *nomenclature* rationnelle s'imposait, qui indiquât par le nom même la composition d'une substance. Créée, en harmonie avec la nouvelle théorie, par Guyton de Morveau ([1]), Lavoisier, Berthollet ([2]) (à qui l'on doit par ailleurs de profondes recherches sur l'affinité et l'énoncé des actions réciproques des acides et des bases sur les sels et des sels sur les sels), Fourcroy ([3]), elle a été conservée presque sans changements jusqu'à nos jours. Les expressions acide sulfureux, acide hyposulfureux, peroxyde de manganèse, sulfate de plomb, sulfite de potasse, datent de cette époque.

5. Comme toute théorie, le système de Lavoisier, bien que reposant sur des faits, n'était pas exempt d'hypothèses. En admettant dans les sels le partage de l'oxygène entre l'acide et la base, on préjugeait un certain groupement des éléments, qui n'était pas susceptible de démonstration. L'hypothèse était cependant bonne, car elle s'est montrée féconde.

On savait que les alcalis et les terres, telles la potasse, la soude, la chaux, l'alumine, avaient la propriété de donner des sels avec les acides; ces corps, d'après Lavoisier, étaient des bases, comparables aux oxydes. Mais de nombreux essais, en vue d'en retirer les éléments métalliques, avaient complètement échoué. Grande fut

([1]) Chimiste français (1737-1816).
([2]) Chimiste français (1748-1822). Professeur à Paris.
([3]) Chimiste français (1755-1809). Professeur à Paris.

donc l'émotion lorsqu'en 1807 on apprit la découverte capitale de Davy (¹), qui venait d'isoler les *métaux alcalins*, dont les affinités étaient si puissantes, en décomposant les alcalis par le courant d'une forte pile. Le fait fut confirmé par Gay-Lussac (²) et Thénard (³), qui parvinrent à réduire la potasse et la soude en les soumettant à l'action du fer à très haute température. Les autres métaux : calcium, magnésium, aluminium, etc., virent aussi le jour, mais plus tard.

Toutes ces découvertes découlent d'une idée, celle de la constitution des sels émise par Lavoisier. Sur un autre point cependant la théorie était en défaut. Berthollet démontra que l'hydrogène sulfuré et l'acide prussique, doués de propriétés acides, étaient tous deux exempts d'oxygène, et l'on fit ultérieurement la même remarque pour l'acide muriatique (acide chlorhydrique). Ces faits, d'abord embarrassants, furent utilisés par Davy pour l'édification d'une théorie générale, qui expliquait la neutralisation des bases aussi bien par les hydracides que par les oxacides et qui a encore cours à notre époque.

II. — Les lois quantitatives. L'hypothèse atomique.

1. Tandis que Lavoisier posait les bases de la nouvelle Chimie, le savant allemand Wenzel (¹) précisait les connaissances acquises sur la composition des sels. De ses études, qui furent développées plus tard par son

---

(¹) Chimiste anglais (1778-1829). Professeur à Londres.
(²) Chimiste français (1778-1850). Professeur à Paris.
(³) Chimiste français (1777-1857). Professeur à Paris.
(¹) Chimiste allemand (1740-1795).

compatriote Richter ([1]), sortit la notion fondamentale
que les rapports pondéraux suivant lesquels les acides
se combinent aux oxydes sont absolument fixes. L'idée
d'*équivalence* faisait, en outre, son apparition. Mais
l'interprétation théorique manquait. Elle découle des
travaux d'un savant anglais qui a doté la Science de
« la conception à la fois la plus profonde et la plus féconde
parmi toutes celles qui ont vu le jour depuis Lavoisier.
Le nom de ce savant, Dalton ([2]), est un des plus grands
de la Chimie ».

A la suite de différentes remarques sur la composition
du gaz des marais et du gaz oléfiant, du gaz carbonique
et de l'oxyde de carbone, des composés oxygénés de
l'azote, Dalton énonça la règle suivante : lorsqu'un corps
forme avec un autre plusieurs combinaisons, les divers
poids de l'un d'eux, si le poids de l'autre reste constant,
varient dans des rapports numériques simples, comme
1 à 2, 1 à 3, 2 à 3, 1 à 4, 1 à 5. Telle est la loi des *proportions multiples* (1803).

Une si grande découverte complétait heureusement
celle de Wenzel et Richter. La fixité des *proportions
définies* suivant lesquelles les acides et les bases se
combinent était étendue aux corps simples; et, en outre,
au fait des proportions définies s'ajoutait celui des
proportions multiples.

Esprit élevé et profond, Dalton réussit à interpréter
ces faits par une hypothèse aussi simple que hardie.
Reprenant les idées de Leucippe et Démocrite, il suppose
que les corps sont formés de petites particules indivisibles, qu'il nomme *atomes*, et que pour chaque espèce

---

([1]) Chimiste allemand (1762-1807).
([2]) Chimiste anglais (1766-1844). Professeur à Manchester.

de matière les atomes possèdent un poids invariable; la combinaison résulte de la juxtaposition des atomes.

La loi des proportions définies et celle des proportions multiples trouvaient dans cette théorie l'explication la plus simple et la plus satisfaisante. Les combinaisons entre atomes se font dans des rapports fixes et simples de nombres entiers; les proportions définies et les proportions multiples suivant lesquelles les corps se combinent correspondent ainsi aux poids relatifs de leurs atomes.

Dalton choisit comme étalon de *poids atomique* l'atome d'hydrogène, et il représenta les divers atomes par des symboles auxquels il attacha une valeur de poids (¹).

Il est clair que le poids d'une combinaison égale la somme des poids de ses atomes; et la *molécule* est la plus petite quantité qu'on en puisse concevoir.

Les corps composés s'unissent entre eux suivant les mêmes lois que les corps simples. Ils se combinent par molécules entières, dans des rapports définis et simples de nombres entiers.

La théorie atomique fut vivement combattue par Berthollet, dont on connaît les recherches profondes sur l'affinité et sur les lois des actions réciproques des acides, des bases et des sels. Berthollet niait le fait même des proportions définies. La thèse contraire était soutenue par Proust (²). Après une discussion mémorable (1801-1808), cette grande loi, fondamentale en Chimie, sortit triomphante du débat. Elle devait trouver

---

(¹) Ces symboles étaient des signes, tels ● pour le carbone et ○ pour l'oxygène, ce qui donnait ●○ pour l'oxyde de carbone et ○●○ pour le gaz carbonique. Plus tard, Berzélius remplaça ces signes par des lettres.

(²) Chimiste français (1755-1826). Professeur à Madrid.

ultérieurement une éclatante confirmation dans les déterminations de Marignac (¹), Stas (²), et plus tard, dans celles, hautement précises, de Richards (³), Guye (⁴), etc.

2. Vers la même époque, le jeune Gay-Lussac, à peine sorti de l'École Polytechnique, étudiait les rapports volumétriques suivant lesquels les gaz se combinent. Avec Humboldt (⁵), il remarqua que l'oxygène et l'hydrogène s'unissent, pour former de l'eau, dans les proportions exactes de 1 volume et 2 volumes. Généralisant cette observation, il fit voir, en 1809, qu'il existe toujours un *rapport simple entre les volumes des gaz qui se combinent*, ainsi qu'entre ces volumes et celui de la combinaison prise à l'état gazeux.

La découverte de Gay-Lussac a une immense portée. Si, en effet, on applique aux gaz l'hypothèse de Dalton, n'est-il pas évident que les poids de volumes égaux des gaz qui se combinent doivent représenter les poids de leurs atomes ? Puisque 1 volume de chlore s'unit à 1 volume d'hydrogène, 1 volume de chlore représente le poids de 1 atome de chlore, et 1 volume d'hydrogène celui de 1 atome d'hydrogène. Mais les poids des volumes des gaz sont entre eux comme leurs densités; il doit donc exister une relation simple entre les densités des gaz et leurs poids atomiques.

(¹) Chimiste suisse (1817-1894). Professeur à Genève.
(²) Chimiste belge (1813-1891). Professeur à Bruxelles.
(³) Chimiste américain, né en 1868. Professeur à Cambridge (Université Harvard).
(⁴) Chimiste suisse (1862-1922). Professeur à Genève.
(⁵) Physicien allemand (1769-1859).

Avogadro ([1]) essaya de la préciser en 1811, dans une conception d'une grande simplicité, reproduite par Ampère ([2]) en 1814. Tous les gaz, simples ou composés, renferment, dans un même volume et sous la même pression, *le même nombre de molécules*. Les poids de celles-ci sont ainsi proportionnels aux densités. La proposition impliquait, comme il serait facile de le montrer, que les molécules des gaz simples ne sont pas les atomes proprement dits, mais des groupes d'atomes unis par l'affinité. Pour la première fois, la distinction était faite entre *l'atome et la molécule*. La confusion subsista néanmoins longtemps encore, et elle fut pour beaucoup dans le discrédit que rencontra généralement l'hypothèse. Celle-ci n'en était pas moins une idée forte et vraie. Gerhardt, le grand rénovateur de la Chimie moderne, devait en faire plus tard la base de son système.

III. — Le dualisme. Les radicaux. La loi des substitutions. La théorie unitaire. Fonction chimique et homologie. Les types.

1. Le grand chimiste Berzélius ([3]) entre en scène. C'est l'époque où de divers côtés, outre les métaux alcalins, isolés par Davy, surgissent de nouveaux corps simples. Après le chlore, connu depuis Scheele (1774) et caractérisé comme élément par Davy en 1810, sont mis au jour l'iode, en 1811, par Courtois ([4]) et le brome,

---

([1]) Physicien italien (1776-1856). Professeur à Turin.
([2]) Physicien français (1775-1836). Professeur à Paris.
([3]) Chimiste suédois (1779-1848). Professeur à Stockholm.
([4]) Industriel français (1777-1838).

en 1826, par Balard (¹) [le quatrième élément halogène,
le fluor, ne sera isolé que beaucoup plus tard, en 1886,
par Moissan (²)]. Le chrome, voisin du fer, avait été
découvert par Vauquelin (³) en 1797. L'aluminium est
isolé par Wœhler (⁴) en 1827, le magnésium par Bussy (⁵)
en 1829, etc.

Berzélius mettra au jour, lui aussi, de nouveaux
éléments, notamment le sélénium en 1817, mais surtout
il donnera à la théorie atomique une forte impulsion,
par des déterminations nombreuses et exactes de *poids
atomiques* et par ses discussions théoriques.

S'appuyant sur les découvertes de Gay-Lussac inter-
prétées par Avogadro, il distingue l'atome de l'équivalent; il admet que l'eau est constituée par 2 atomes
d'hydrogène et 1 atome d'oxygène, que les molécules
d'hydrogène, de chlore, d'azote, sont formées d'atomes
unis 2 à 2, et il tire de ces notions essentielles, qui gar-
deront toute leur valeur dans la suite, d'importantes
déductions théoriques.

Par ailleurs, reprenant l'idée de Dalton, il perfectionne
et établit définitivement la *notation chimique par
symboles* (K, Sb, H^2O, SO^3, ...). système ingénieux et
clair, indiquant la composition atomique des corps,
qui est encore en usage de nos jours.

La *doctrine dualistique* régnait alors dans les idées;
Berzélius l'introduisit dans les formules, lui donnant

(¹) Chimiste français (1802-1876). Professeur à Montpellier
et à Paris.

(²) Chimiste français (1852-1907). Professeur à Paris.

(³) Chimiste français (1763-1829). Professeur à Paris.

(⁴) Chimiste allemand (1800-1882). Professeur à Gœttinge.

(⁵) Chimiste français (1794-1882). Professeur à Paris.

ainsi une précision nouvelle. Il représente, par exemple, le sulfate de plomb par la formule $SO^3\,PbO$, où l'individualité de l'acide et celle de l'oxyde apparaissent côte à côte. Il développe le système en faisant connaître les sulfures doubles et les chlorures doubles.

2. Si le dualisme s'appliquait sans difficultés aux composés minéraux, il était moins aisé d'y faire rentrer les notions que l'on possédait alors sur la constitution des substances organiques. On savait que les principes immédiats répandus chez les êtres vivants renferment 3 ou 4 éléments : le carbone, l'hydrogène, l'oxygène, auxquels s'ajoute souvent l'azote. On connaissait des acides et même des bases [notamment la quinine et la cinchonine, extraites du quinquina par Pelletier ([1]) et Caventou ([2])]. Adoptant les idées de Lavoisier, Berzélius admet que les acides renferment un *radical* hydrocarboné (parfois aussi azoté) uni à l'oxygène (formyle, acétyle, etc.). Par l'analyse organique élémentaire, qu'avaient inaugurée Gay-Lussac et Thénard, et par l'analyse des sels de plomb et d'argent, il fixe la formule des principaux acides organiques.

Vers la même époque, Dumas ([3]) et Boullay ([4]) étudiaient les « éthers composés » de l'alcool, où ils reconnaissent les éléments d'un acide, et qu'ils rapprochent des sels ammoniacaux. Berzélius les compare aux sels proprement dits, et il y suppose l'existence d'un radical particulier (nommé *éthyle* par Liebig) uni à un atome

---

([1]) Chimiste français (1788-1842). Professeur à Paris.

([2]) Pharmacien français (1795-1877).

([3]) Chimiste français (1800-1884). Professeur à Paris.

([4]) Pharmacien français (1806-1835).

d'oxygène, comme l'est le métal dans les sels. L'éther acétique était ainsi l'acétate d'oxyde d'éthyle. Il montre, en outre, que l'éther chlorhydrique devenait le chlorure d'éthyle, l'éther ordinaire l'oxyde d'éthyle, l'alcool l'hydrate d'éthyle.

La théorie de l'éthyle, être imaginaire, fut l'objet de longs débats. La découverte, par Gay-Lussac, du cyanogène (1815), corps composé formé de carbone et d'azote et qui a les allures d'un corps simple, plaidait en sa faveur; et, plus tard, celles du cacodyle, sorte d'arséniure de méthyle doué d'une puissance de combinaison extraordinaire [Bunsen ([1]), 1842], et du zinc-éthyle [Frankland ([2]), 1849], devaient lui donner un grand poids. C'était là une première tentative de rapprochement entre la Chimie organique et la Chimie minérale.

La conception des radicaux fit un pas important en 1828. Wœhler et Liebig ([3]), en étudiant l'essence d'amandes amères, découvrirent un certain nombre de composés offrant des liens étroits de parenté avec cette essence (aldéhyde benzoïque) et aussi avec l'acide du benjoin (acide benzoïque). Ces relations s'expliquaient aisément par l'hypothèse d'un radical, le *benzoyle*, formé de carbone, d'hydrogène et d'oxygène, commun à ces divers corps. La théorie du benzoyle a fait fortune, parce qu'elle avait « le cachet des bonnes hypothèses ».

([1]) Chimiste allemand (1811-1899). Professeur à Heidelberg.

([2]) Chimiste anglais (1825-1899). Professeur à Manchester et à Londres.

([3]) Chimiste allemand (1803-1873). Professeur à Giessen et Munich.

3. Entre temps, le dualisme, qui avait pénétré en Chimie organique par la théorie des radicaux, s'était fortement établi en Chimie minérale par la *théorie électro-chimique*. En 1800, Carlisle (¹) et Nicholson (²) avaient décomposé l'eau par la pile. Trois ans après, Berzélius et Hisinger (³) firent connaître l'action décomposante de l'électricité galvanique sur un grand nombre de composés chimiques, notamment sur les sels. Ces travaux, qui furent suivis de près par la découverte des métaux alcalins (Davy), devaient conduire plus tard Faraday (⁴) à la loi des équivalents électrochimiques (masses des divers corps simples mises en liberté par la même quantité d'électricité, 1833). Les études de Berzélius et Hisinger apportaient des vues nouvelles sur l'affinité. Berzélius partage les corps simples en corps électro-négatifs et corps électropositifs, et il admet que tout corps composé est formé de deux éléments ou groupes d'éléments, l'un électropositif, l'autre électronégatif. Dans les sels, par exemple, les éléments juxtaposés de l'acide et ceux de l'oxyde ont des états électriques opposés. Les idées de Lavoisier recevaient une éclatante confirmation. Le dualisme était à son apogée. Il avait pourtant des germes de faiblesse dont il devait mourir.

4. Une nouvelle École française surgit avec Dumas. L'œuvre de Dumas est considérable et d'un intérêt primordial. Nous nous bornerons à citer, parmi tant de travaux, ceux dont l'influence a été décisive sur les

---

(¹) Chirurgien anglais (1769-1840).
(²) Physicien anglais (1753-1815).
(³) Chimiste suédois (1766-1852).
(⁴) Physicien et chimiste anglais (1791-1867). Professeur à Londres.

progrès de la doctrine. Signalons ici ses recherches sur les densités de vapeurs, qui apportaient à la Chimie les plus riches matériaux pour la discussion de l'hypothèse d'Avogadro.

Le 13 janvier 1834, dans un mémoire lu à l'Académie des Sciences, Dumas annonçait que « le chlore possède le pouvoir singulier de s'emparer de l'hydrogène de certains corps et de le remplacer atome pour atome ». Dans la suite, Laurent ([1]), comparant les propriétés du corps chloré et du corps primitif, émit l'hypothèse que le chlore occupe dans le nouveau composé la place de l'hydrogène et y joue le même rôle.

Telle est la célèbre théorie des *substitutions*, qui devait peu à peu en arriver à déplacer l'axe même de la Chimie. Elle s'établit dans la Science lentement, combattue avec violence par le plus puissant des contradicteurs, Berzélius, qui n'admettait pas que le chlore, élément électronégatif, jouât dans un composé le même rôle que l'hydrogène, élément électropositif. La théorie trouva, en 1839, une belle confirmation dans la découverte, par Dumas, de l'acide trichloracétique, substance tout à fait comparable à l'acide acétique, très riche en chlore et ne présentant cependant aucune de ses réactions.

C'était un coup terrible aux idées électrochimiques et au dualisme. Ne pouvant nier les faits, Berzélius les interpréta à sa manière; mais il ruina son propre système par ses exagérations mêmes.

Dans le camp opposé, les découvertes se succédaient. Nous rappellerons les admirables recherches de Laurent sur les produits de substitution de la naphtaline, celles

---

([1]) Chimiste français (1807-1853). Professeur à Bordeaux.

de Regnault ([1]) sur les dérivés chlorés de l'éther chlorhydrique et la liqueur des Hollandais, celles de Malaguti ([2]) concernant l'action du chlore sur les éthers. Elles ont corroboré la nouvelle théorie. Celle-ci fut d'ailleurs élargie par la conception, d'abord émise par Dumas, que des groupes d'atomes, des radicaux composés, comme celui de l'acide nitrique, étaient substituables à des corps simples tels que l'hydrogène.

La controverse dura jusque vers 1840, époque à laquelle la théorie des substitutions trouva un adepte aussi puissant que convaincu dans la personne de Liebig. Melsens ([3]), au surplus, avait réussi à remonter de l'acide trichloracétique à l'acide acétique par substitution inverse de l'hydrogène au chlore, et il n'était plus possible de considérer ces deux acides comme possédant une constitution différente. La cause était définitivement gagnée.

5. La Loi des Substitutions servit de base à une première théorie des combinaisons organiques, formulée par Laurent en 1837, la théorie des *noyaux*. La constitution des corps était représentée par un édifice dans l'espace; une combinaison était formée d'un noyau et d'appendices, et elle constituait un tout, comme un cristal. Il ne restait plus rien de l'idée dualistique. Les idées dualistiques et électrochimiques devaient cependant renaître et redevenir fécondes, cinquante ans plus tard, avec la théorie de l'ionisation.

([1]) Physicien et chimiste français (1810-1878). Professeur à Paris.

([2]) Chimiste français (1802-1878). Professeur à Rennes.

([3]) Chimiste belge (1814-1886). Professeur à Bruxelles.

La théorie des noyaux offrait une notion importante qui apparut pour la première fois : un groupement des corps organiques par séries, d'après la nature des radicaux. Gmelin (¹) en fit la base de son classique traité de Chimie, mais sans réussir à la répandre. Quelques types de ce système, marquant des fonctions, sont cependant restés. L'essai était ingénieux, mais prématuré. Il fut néanmoins fécond.

6. Les travaux de Laurent frappèrent vivement l'esprit d'un jeune savant qui allait devenir un grand maître. Charles Gerhardt (²), en entrant dans l'arène où se jouait le sort de la Chimie, adopta ses idées, et il lui prêta plus tard les siennes. Leurs noms sont inséparables.

Gerhardt possédait à un haut degré « l'esprit de système et comme une intuition générale des choses. Il dominait son sujet ». S'inspirant de l'hypothèse d'Avogadro, dont il sentait toute la signification profonde et la grande généralité, il commença par unifier toutes les formules chimiques, organiques ou minérales, en les comparant à celles de l'eau, dont la molécule occupe, à l'état de vapeur, le même volume qu'une molécule d'hydrogène, formée de deux atomes, soit *deux* volumes. Les formules de l'alcool, de l'acide acétique et des autres composés organiques, qui correspondaient, dans le système de Berzélius, à *quatre* volumes, furent ainsi réduites de moitié. L'hypothèse d'Avogrado devenait la pierre angulaire de la doctrine chimique.

(¹) Chimiste allemand (1788-1853). Professeur à Heidelberg.

(²) Chimiste français (1816-1856). Professeur à Montpellier et à Strasbourg.

La nouvelle manière de formuler ne pouvait se concilier, pour un grand nombre de composés, avec les idées dualistiques. Soit, par exemple, l'acétate d'argent. La formule dédoublée de Gerhardt $C_2H_3AgO_2$ ne contenant qu'*un* atome de métal, ne permettait plus d'envisager le sel comme renfermant l'oxyde d'argent Ag_2O. La même remarque s'appliquerait à tous les sels formés par les acides monobasiques oxygénés, tels que les nitrates et les chlorates.

Généralisant les vues de Dumas et de Laurent sur les combinaisons organiques, et reprenant les idées émises antérieurement par Davy et par Dulong (¹) sur la constitution des sels, Gerhardt envisagea, non seulement les sels des acides monobasiques, mais tous les sels, tous les acides et tous les oxydes de la Chimie minérale, comme constituant des molécules réellement uniques, formées d'atomes dont quelques-uns peuvent être échangés par voie de double décomposition. Au dualisme il opposa le point de vue *unitaire*, l'idée de composés formés par *substitution* et non par addition d'élémens. Quand l'acide nitrique NO_3H agit sur l'hydrate de potasse KOH, le potassium permute avec l'hydrogène de l'acide, et il en résulte le sel NO_3K et de l'eau H_2O. Les acides et les sels offrent ainsi la même constitution : les premiers sont des sels d'hydrogène, les seconds des sels de métal. Les uns et les autres sont un tout, un groupement unique d'atomes divers, parmi lesquels se trouvent un ou plusieurs atomes d'hydrogène ou de métaux interchangeables.

La théorie unitaire était fondée. Grâce à la nouvelle

(¹) Physicien et chimiste français (1785-1838). Professeur à Paris.

notation, toutes les formules de la Chimie minérale et de la Chimie organique seraient désormais comparables.

7. Cependant, les découvertes s'accumulaient, surtout en Chimie organique. Les travaux de Dumas avaient précisé la notion essentielle de *fonction chimique*. A côté des acides, ce grand chimiste avait constitué, avec Péligot (¹), dans un mémoire célèbre sur l'alcool méthylique (1835), qui contient pour ainsi dire en germe toute la Chimie organique, la classe des alcools; il avait découvert celle des amides (1830), que devait suivre plus tard (1847) celle des nitriles. On connaissait nombre d'autres corps, plus ou moins isolés et jouissant de propriétés diverses. Il manquait une bonne classification.

Une idée nouvelle, très féconde, celle des *séries homologues*, fut introduite dans la Science, vers 1843, par les efforts de Dumas et de Gerhardt. Chaque série comprenait les corps de même fonction chimique, et les formules différaient entre elles par CH^2 ou un multiple de CH^2. Les deux notions de fonction chimique et d'homologie sont devenues les bases les plus solides de la classification des matières organiques.

8. Berzélius n'était plus. La théorie des substitutions avait prévalu; mais elle avait une rivale dans celle des radicaux. De nouvelles découvertes amenèrent la conciliation et la fusion des deux théories en une théorie nouvelle, celle des *types*.

L'acide trichloracétique de Dumas jouissait des

(¹) Chimiste français (1811-1890). Professeur à Paris.

mêmes propriétés essentielles que l'acide acétique. Les deux acides, malgré leur différence de composition, appartenaient donc au même *type chimique*. L'idée était ingénieuse et vraie.

L'année 1849 vit une grande découverte, celle des ammoniaques composées (amines), par Wurtz [1]. Cet illustre chimiste exprima l'opinion qu'on pouvait les considérer comme de l'ammoniaque où l'hydrogène était remplacé par des radicaux alcooliques. Quelques mois plus tard, Hofmann [2], qui venait de découvrir la diéthylamine et la triéthylamine, accentua encore l'idée *typique* en envisageant toutes ces bases comme de l'ammoniaque dans laquelle 1, 2 ou 3 atomes d'hydrogène sont remplacés par 1, 2 ou 3 radicaux alcooliques (méthyle, éthyle, etc.). Exemples :

$$
N \begin{Bmatrix} H \\ H \\ H \end{Bmatrix} \qquad
N \begin{Bmatrix} H \\ H \\ C^2H^5 \end{Bmatrix} \qquad
N \begin{Bmatrix} H \\ C^2H^5 \\ C^2H^5 \end{Bmatrix} \qquad
N \begin{Bmatrix} C^2H^5 \\ C^2H^5 \\ C^2H^5 \end{Bmatrix}
$$

Le *type ammoniaque* était créé. On remarquera que la théorie des substitutions s'emparait des radicaux pris dans le sens de groupes d'atomes capables de se combiner à d'autres atomes par voie de substitution, de *reste* de molécule passant intact d'un composé dans un autre.

Le mouvement s'accélère en 1851, date à laquelle Williamson [3] découvrit les « éthers mixtes » (éthers oxydes) et introduisit dans la Science le *type eau*.

---

[1] Chimiste français (1817-1884). Professeur à Paris.

[2] Chimiste allemand (1818-1892). Professeur à Bonn, à Londres et à Berlin.

[3] Chimiste anglais (1824-1904). Professeur à Londres.

Williamson compare à l'eau non seulement l'alcool et ses éthers, mais encore les acides, les oxydes et les sels. Exemples :

$$O\begin{Bmatrix} H \\ H \end{Bmatrix} \quad O\begin{Bmatrix} K \\ H \end{Bmatrix} \quad O\begin{Bmatrix} C^2H^5 \\ H \end{Bmatrix} \quad O\begin{Bmatrix} C^2H^5 \\ C^2H^5 \end{Bmatrix} \quad O\begin{Bmatrix} C^2H^3O \\ H \end{Bmatrix}$$

Eau   Potasse   Alcool   Éther ordinaire (oxyde d'éthyle)   Acide acétique

Gerhardt, qui professait, avec Laurent, que la molécule d'hydrogène et celle du chlore sont formées de 2 atomes soudés l'un à l'autre, créa le type hydrogène H. H et le type acide chlorhydrique H.Cl. Au premier il rattacha les aldéhydes, les acétones et un grand nombre d'hydrocarbures. Le type acide chlorhydrique comprenait les chlorures, bromures, iodures minéraux et organiques. Gerhardt donna, en outre, une nouvelle extension au type eau par sa belle découverte des anhydrides d'acides organiques, à rapprocher de celle des chlorures d'acides par Cahours ([1]) en 1846, et au type ammoniaque en y rattachant les amides. Exemple :

$$O\begin{Bmatrix} C^2H^3O \\ Cl \end{Bmatrix} \quad O\begin{Bmatrix} C^2H^3O \\ C^2H^3O \end{Bmatrix} \quad N\begin{Bmatrix} C^2H^3O \\ H \\ H \end{Bmatrix}$$

Chlorure d'acétyle   Anhydride acétique   Acétamide

C'étaient là des idées neuves et hardies. Elles rapprochaient des corps de constitution moléculaire semblable, et qui cependant pouvaient différer notablement par leurs propriétés, suivant la nature des éléments qui occupent dans la molécule une place donnée. On jetait dans le même moule, pour prendre un exemple parti-

---

([1]) Chimiste français (1813-1891). Professeur à Paris.

culièrement frappant, la potasse $O \begin{cases} K \\ H \end{cases}$ et l'acide hypo-
chloreux $O \begin{cases} Cl \\ H \end{cases}$. Mais comparer n'est pas confondre. Ces deux corps contiennent bien un égal nombre d'atomes groupés de la même manière, mais le fait que l'un renferme du chlore là où l'autre renferme du potassium ne suffit-il pas à expliquer l'opposition des propriétés ?

En rassemblant un nombre immense de composés minéraux et organiques autour d'un petit nombre de corps très simples, en renversant définitivement les barrières que l'usage avait établies entre la Chimie minérale et la Chimie organique, la théorie des types avait réalisé un grand progrès. Mais elle présentait une grave lacune : prenant le radical composé, reste de molécule, elle se bornait à transporter ce bloc d'atomes d'un composé dans un autre, sans se préoccuper de son sort. Or, il est des réactions où le radical succombe, au lieu de passer intact. Bref, la théorie des types, en ignorant la constitution des radicaux, n'allait pas au fond des choses. Elle fut pourtant féconde, parce qu'elle provoqua des découvertes, et parce qu'elle portait en elle le germe de progrès très importants. C'est dans la théorie des types que prend ses racines la théorie de l'atomicité ou théorie de la valence, qui règne encore de nos jours.

IV. — L'atomicité. Théorie de la valence. La structure moléculaire. L'isomérie.

1. Graham (¹), par ses classiques recherches sur les acides phosphoriques, avait introduit dans la Science

---

(¹) Chimiste anglais (1805-1869). Professeur à Londres.

la notion des acides polybasiques, parallèle à celle des bases polyacides de Berzélius. Il y a des acides dont la molécule est ainsi faite qu'il lui suffit, pour être saturée, d'un seul équivalent d'une certaine base; d'autres acides en prennent 2, d'autres 3, etc. Les molécules de ces acides n'ont donc pas la même valeur, elles ne sont pas équivalentes; leurs capacités de combinaison sont entre elles comme les nombres 1, 2, 3, etc.

L'acide nitrique est monobasique, l'acide sulfurique bibasique, l'acide phosphorique ordinaire tribasique. Une molécule d'acide sulfurique, vis-à-vis de la potasse, en vaut 2 d'acide nitrique, et l'acide phosphorique en vaut 3.

Dans le même ordre d'idées, un fait capital fut mis en lumière par Berthelot [1] en 1854. Il démontra, dans un mémoire célèbre, que la glycérine, dont le caractère alcoolique découlait des travaux de Chevreul [2] sur la saponification des corps gras, était capable de s'unir soit à 1, soit à 2, soit à 3 molécules d'un acide monobasique, pour former des éthers avec élimination de 1, ou de 2, ou de 3 molécules d'eau; l'éther tristéarique se trouvait identique à la stéarine naturelle. Les alcools polyatomiques étaient découverts.

Une bonne interprétation de la nouvelle notion est donnée par Wurtz. Il envisage la glycérine $C^3H^8O^3$ comme un alcool renfermant 3 atomes d'hydrogène remplaçables par 3 radicaux (stéaryle, etc.), et, reprenant une idée de Williamson, qui représentait l'acide sulfurique comme dérivant, dans la théorie des types, de 2 molécules d'eau, par substitution du radical biba-

---

[1] Chimiste français (1827-1907). Professeur à Paris.
[2] Chimiste français (1786-1889). Professeur à Paris.

sique sulfuryle à 2 atomes d'hydrogène, il fait dériver
la glycérine de 3 molécules d'eau, par la substitution
du radical *glycéryle* $C^3 H^5$ tribasique (*sic*) à 3 atomes
d'hydrogène :

$$O^3 \left\{ \begin{matrix} H \\ H \\ H \\ H^3 \end{matrix} \right. \qquad O^1 \left\{ \begin{matrix} H \\ H \\ H \\ C^3 H^5 \end{matrix} \right.$$

3 mol. d'eau   Glycérine

Le radical glycéryle C^3H^5 renfermait 2 atomes
d'hydrogène de moins que le radical *propyle* C^3H^7;
et comme celui-ci pouvait se substituer à 1 atome
d'hydrogène, le glycéryle devait pouvoir en remplacer 3; la capacité de substitution du glycéryle était
triple de celle du propyle. Ainsi naquit la notion d'*atomicité*, qui représentait le degré de saturation des radicaux.

Ces idées ne tardèrent pas à recevoir une confirmation péremptoire. Pour former un éther saturé, l'alcool C^2H^6O ne prend qu'une molécule d'acide monobasique, tandis que la glycérine en prend 3; il doit
donc exister, entre l'alcool et la glycérine, un corps
intermédiaire, capable d'éthérifier 2 molécules d'acide.
Tel est le raisonnement qui conduisit Wurtz à la découverte, en 1856, des alcools diatomiques. Il obtint le
premier terme à partir de l'éthylène C^2H^4, qui renferme
1 atome d'hydrogène de moins que le radical monovalent éthyle C^2H^5. En traitant le bibromure $C^2H^4Br^2$
par l'acétate d'argent, on forme un composé diacétique,
qui, sous l'action de la potasse, fournit l'alcool diatomique prévu $C^2H^6O^2$, que Wurtz appela *glycol* (en
raison de sa saveur sucrée). Ce procédé synthétique
offre un caractère général. Divers alcools diatomiques

furent ainsi préparés. Ils dérivent tous, dans la théorie des types, de 2 molécules d'eau. Exemple :

$$
O^2 \left\{ \begin{array}{l} H \\ H \\ H^2 \end{array} \right. \qquad
O^2 \left\{ \begin{array}{l} H \\ H \\ C^2 H^4 \end{array} \right. \qquad
O^2 \left\{ \begin{array}{l} H \\ H \\ C^3 H^6 \end{array} \right.
$$

2 mol. d'eau   Glycol éthylénique   Glycol propylénique

Mais voici un développement capital. Aux alcools diatomiques Wurtz rattache non seulement les dérivés où le radical diatomique demeure intact (éthers), mais aussi leurs produits d'oxydation, où le radical a été modifié par substitution de 1 ou 2 atomes d'oxygène à 2 ou 4 atomes d'hydrogène. Le glycol éthylénique $C^2 H^6 O^2$ conduit ainsi à l'acide glycolique $C^2 H^4 O^3$ acide monobasique, et à l'acide oxalique $C^2 H^2 O^4$, acide bibasique, la basicité augmentant avec le nombre d'atomes d'oxygène du radical modifié ; le glycol propylénique $C^3 H^8 O^2$ conduit à l'acide lactique $C^3 H^6 O^3$, acide monobasique. L'acide glycolique et l'acide lactique possèdent, en même temps qu'une fonction acide, une fonction alcool : ce sont des corps à *fonction mixte*.

Ces faits offrent une grande importance au point de vue de la classification des composés organiques. L'atomicité des alcools, à chacun desquels se rattache tout un cortège de composés (carbures, aldéhydes, acides, etc.), en est devenue en quelque sorte la base; et cette base fut singulièrement élargie par les belles recherches de Berthelot sur la mannite et la dulcite, qu'il caractérisa comme alcools hexatomiques, et sur diverses autres matières sucrées, dont il reconnut également la nature d'alcool polyatomique. On range les matières par séries homologues, dont les termes successifs ont même fonction chimique, et par familles, qui comprennent tous les corps pourvus ou dérivés du même radical.

La notion d'atomicité ou capacité de combinaison ne concernait jusqu'ici que les radicaux. Il n'y avait qu'un pas à faire pour l'appliquer aux éléments eux-mêmes. Comme les radicaux composés, en effet, les atomes des corps simples diffèrent aussi par leur capacité de combinaison. Tel atome de métal ne peut s'unir qu'à 1 atome de chlore, celui-ci en prend 2, celui-là 3, tel autre 4, pour former un chlorure *saturé*. De pareilles inégalités sont inhérentes à la nature même des atomes. Cette notion essentielle domine encore toute la Science.

Odling ([1]), envisageant l'hydrate de bismuth, avait été conduit à juger l'atome de ce métal comme équivalent à 3 atomes d'hydrogène. Il était dans la bonne voie. La doctrine de la valence, qui se trouvait en germe dans celle des types, et dont Frankland venait de poser le premier véritable jalon (1852), allait réaliser le progrès décisif.

2. En 1858, Kékulé ([2]) énonça l'idée que l'atome de carbone est tétratomique, ou, comme on dit aujourd'hui, *tétravalent* (ou quadrivalent). Il y fut amené par cette remarque que, dans les composés organiques les plus simples, 1 atome de carbone est toujours uni à une somme d'atomes équivalente à 4 atomes d'hydrogène. Il en est ainsi dans le gaz des marais CH^4, le perchlorure de carbone CCl^4, et dans les composés intermédiaires renfermant à la fois du chlore et de l'hydrogène. Ces deux éléments se valent, puisqu'ils se

---

([1]) Chimiste anglais (1829-1921). Professeur à Oxford.
([2]) Chimiste allemand (1829-1896). Professeur à Bonn.

remplacent atome par atome, et, dans les composés dont il s'agit, leur somme est toujours égale à 4 : si l'on prend pour unité leur capacité de combinaison, on dira qu'ils sont tous deux *monovalents*. De même dans le gaz carbonique CO_2, les deux atomes d'oxygène, *bivalents*, sont unis à un seul atome tétravalent de carbone.

A cette proposition fondamentale, Kékulé en ajouta une seconde, non moins essentielle : les atomes de carbone peuvent *se souder entre eux*, pour former des *chaînes*, dont les anneaux sont rivés par une partie de la force de combinaison, l'autre partie restant disponible pour pouvoir attirer et fixer d'autres éléments, qui se groupent autour des atomes de carbone. Ceux-ci constituent donc la charpente solide de la combinaison, et les atomes d'hydrogène, de chlore, d'oxygène, qui s'y attachent, en sont comme les appendices :

$$\left(- \overset{|}{\underset{|}{C}} - \overset{|}{\underset{|}{C}} - \overset{|}{\underset{|}{C}} - \overset{|}{\underset{|}{C}} - \right)$$

Des idées analogues, on ne saurait omettre de le rappeler, furent, à la même époque et en dehors de Kékulé, émises par Couper ([1]).

C'est là une grande et belle conception. Elle rend compte de la complication des molécules organiques et permet de concevoir leur structure. Si les atomes de carbone peuvent s'accumuler en si grand nombre dans les molécules organiques, c'est parce qu'ils sont doués du pouvoir de se souder indéfiniment les uns aux autres. Cette propriété imprime aux innombrables combinaisons du carbone un cachet particulier et à la

---

([1]) Chimiste anglais (1831-1892).

Chimie organique sa physionomie, si différente de celle de la Chimie minérale.

Les atomes des autres éléments peuvent aussi, mais à un degré beaucoup moindre, se souder entre eux. Dans la molécule d'hydrogène H — H, les deux atomes se sont soudés l'un à l'autre en échangeant leur unique *valence*, et la même remarque s'applique identiquement à la molécule de chlore Cl — Cl. En ce qui concerne l'oxygène, si l'on doit considérer, à la vérité, que les deux atomes bivalents, dans la molécule O^2, se sont saturés mutuellement par une *double liaison* (O = O) et ont échangé leurs deux valences, les faits conduisent à admettre que deux atomes d'oxygène peuvent aussi ne s'unir que par une liaison simple, n'échanger qu'une seule valence, en gardant l'un et l'autre une valence disponible, qui pourra servir à fixer un atome d'hydrogène, par exemple [le corps correspondant HO — OH n'est autre que l'eau oxygénée, découverte par Thénard en 1918], ou d'un autre élément monovalent. On voit ainsi que, seuls, les atomes polyvalents peuvent, après avoir dépensé une partie de leur force de combinaison pour se souder entre eux, en garder une autre partie pour fixer d'autres éléments.

Une autre remarque importante est la possibilité, pour les atomes polyvalents en général, de s'unir par des liaisons multiples soit entre eux, comme on vient de le voir dans la molécule d'oxygène, soit avec d'autres atomes polyvalents, les valences disponibles pouvant fixer d'autres atomes monovalents ou polyvalents :

$$\mathord{>}\!C = C\!\mathord{<} \; ; \quad - C = C - ; \quad O = C\!\mathord{<} \; ;$$

$$- C \equiv N ; \quad O = C = N -$$

Toutes ces considérations trouvent leur application lorsqu'on étudie le groupement des atomes dans les combinaisons complexes, et plus particulièrement dans les composés organiques. Les éléments ordinaires de ces derniers sont le carbone (tétravalent), l'hydrogène (monovalent), l'oxygène (bivalent) et l'azote (trivalent). Le carbone, l'oxygène et l'azote peuvent servir de lien entre un radical, un reste de molécule comme l'éthyle, et des atomes annexés, ou entre deux restes, qu'ils soudent l'un à l'autre. On peut concevoir, et l'on rencontre, en fait, toutes sortes de combinaisons :

$$
\begin{array}{lllll}
 & CH^3 & CH^3 & CH^3 & \\
 & | & | & | & \\
 & CH^3 & C{=}O & O & \\
 & | & | & | & \\
CH^4 & CH^3 & CH^3 & CH^3 & H^3C-OH \\
\text{Gaz des marais} & \text{Éthane} & \text{Acétone} & \text{Oxyde} & \text{Alcool} \\
\text{(méthane)} & & & \text{de méthyle} & \text{méthylique}
\end{array}
$$

$$
\begin{array}{llll}
 & CH^3 & CH^3 & CH^3 \\
 & | & | & | \\
H^3C-NH^2 & CH^2Cl & CH-OH & N-H \\
\text{Méthylamine} & \text{Chlorure} & | & | \\
 & \text{d'éthyle} & C{=}O & NH^2 \\
 & & | & \text{Méthyl-} \\
 & & NH^2 & \text{Hydrazine} \\
 & & \text{Amide} & \\
 & & \text{lactique} &
\end{array}
$$

Ainsi peuvent s'accroître les molécules organiques, non seulement par du carbone se soudant à du carbone, mais aussi par de l'oxygène ou autres éléments polyvalents se soudant entre eux ou à du carbone, ces éléments polyvalents entraînant un cortège d'atomes plus ou moins nombreux.

Parmi les chimistes qui ont le plus contribué au développement de ces principes, il convient de nommer

Boutlerow ([1]), Erlenmeyer ([2]), Wurtz, Friedel ([3]).
L'expression si juste de *structure moléculaire* est de
Boutlerow.

Rappelons, avant de chlore ce rapide aperçu sur la
théorie de la valence, que la capacité de combinaison
d'un même élément peut présenter quelque variabilité,
suivant certaines conditions de température, de pression, de concentration, suivant la nature des autres
substances présentes, etc.; et l'on connaît, notamment,
des composés à carbone trivalent, découverts par
Gomberg ([']) en 1900.

3. Une autre conception, extrêmement ingénieuse et
féconde, fut encore formulée, en 1865, par Kékulé. Cet
illustre chimiste fit de la benzine le pivot d'une multitude
de substances qui composent, en raison des propriétés
odorantes de la plupart d'entre elles, la série dite *aromatique*, bien distincte de la série dite *grasse*, laquelle
comprend, en particulier, les corps gras, et dérive du
gaz des marais. Kékulé représentait la benzine C^6H^6
par une chaîne fermée de 6 atomes de carbone (hexagone)
dont chacun échangeait avec ses deux voisins 1 et
2 valences. Les corps de la série aromatique en dérivent
par substitution d'atomes ou radicaux divers aux atomes
d'hydrogène. D'autres chaînes fermées analogues, portant ou non des doubles liaisons, et pouvant, en outre,
comprendre d'autres atomes polyvalents que le carbone,
ont eu un succès mérité, notamment celles qui furent

([1]) Chimiste russe (1825-1880). Professeur à Saint-Pétersbourg.
([2]) Chimiste allemand (1825-1909). Professeur à Munich.
([3]) Chimiste français (1832-1899). Professeur à Paris.
([']) Chimiste américain. né en 1866. Professeur à Ann Arbor
(Michigan).

proposées par Erlenmeyer pour la naphtaline (1866),
par Kœrner ([1]) pour la pyridine (1870), par Victor
Meyer ([2]) pour le thiophène (1883) :

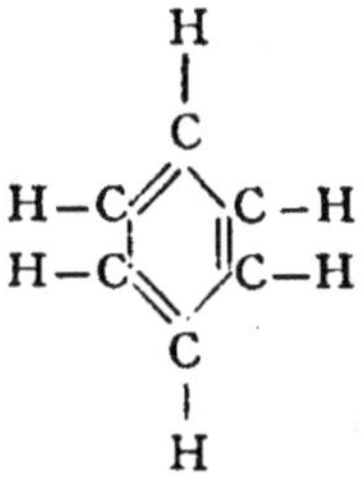

Benzine

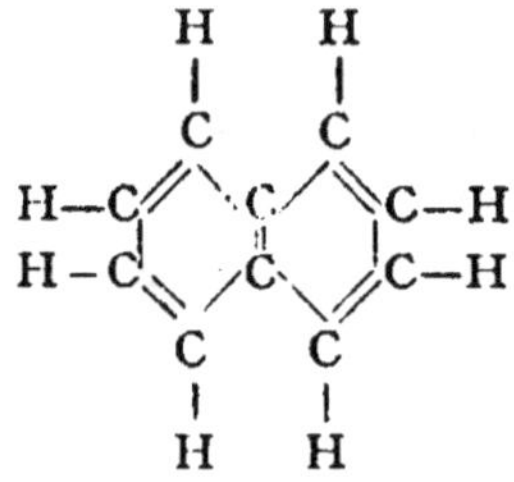

Naphtaline

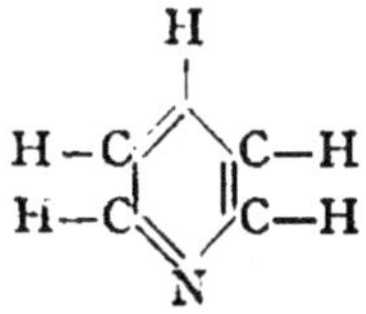

Pyridine

Thiophène

L'ensemble de tous ces composés à chaîne fermée
constitue la série *cyclique*, par opposition à la série
acyclique (série grasse), qui comprend les corps à chaîne
ouverte.

4. On observe souvent que deux corps, tout en
présentant dans leur molécule les mêmes atomes et
respectivement le même nombre pour chacun d'eux,
ne sont cependant pas identiques. C'est le phénomène
de l'*isomérie*, dont le premier exemple fut constaté
par Liebig en 1823 (acides fulminique et cyanique),
et dont l'un des cas les plus curieux fut découvert par
Armand Gautier ([3]) en 1866 (carbylamines et nitriles).

([1]) Chimiste italien (1839-1925). Professeur à Milan.
([2]) Chimiste allemand (1848-1897). Professeur à Heidelberg.
([3]) Chimiste français (1837-1920). Professeur à Paris.

La dissemblance ne peut tenir qu'à l'arrangement différent des atomes dans la molécule, et, en général, on en
rend aisément compte à l'aide de la théorie de la
valence. La même théorie permet d'ailleurs de prévoir
d'innombrables cas d'isomérie. Voici quelques exemples
simples :

$$
\begin{array}{cccccc}
 & & CH^3 & & & \\
 & & | & & & \\
CH^2 & CH^2 & CH^2 & CH^3 & & \\
| & | & | & |\diagup H & CH^3 & CH^3-N\equiv C \\
CH^2 & CHCl & CH^2 & C\diagdown CH^3 & | & \\
| & | & | & | & & \\
CH^2Cl & \cdot CH^3 & CH^3 & CH^3 & C\equiv N & \\
\end{array}
$$

Chlorure de propyle   Chlorure d'iso-propyle   Butane   Isobutane   Acétonitrile   Méthyl-carbylamine

Il arrive aussi que deux corps répondent au même
schéma représentatif et sont pourtant différents. C'est
alors une isomérie spéciale, plus fine. On réussit générale-
lement à l'expliquer en envisageant la configuration
des molécules dans l'espace. Cette partie de la Science,
qui a pris dans ces derniers temps une grande extension,
constitue la *Stéréochimie*. Elle fut inaugurée par Pasteur (1) en 1856. Pasteur découvrit les relations étroites
qui existent entre la dissymétrie moléculaire et le pouvoir
qu'ont certaines molécules de faire tourner le plan de
polarisation de la lumière. Il montra qu'à tout corps
optiquement actif correspond un autre corps parfaitement semblable mais faisant tourner le plan de polarisation, toutes choses égales d'ailleurs, en sens contraire et
du même angle. Il fit connaître l'existence des combinaisons ou mélanges dits *racémiques*, optiquement neutres
par compensation, et il indiqua des méthodes de sépa-

---

(1) Chimiste français (1822-1895). Professeur à Dijon, à
Lille, à Strasbourg et à Paris.

ration des deux inverses optiques qui les constituent.

Les faits essentiels mis au jour par Pasteur trouvèrent leur interprétation plus tard, en 1874, dans l'hypothèse très simple du carbone tétraédrique, et dans l'ingénieuse et féconde théorie du carbone asymétrique, qui fut imaginée simultanément par Le Bel (¹) et Van't Hoff (²). Ces conceptions ont reçu dans la suite d'importants développements [Walden (³), Pope (⁴), etc.], et elles ont servi de guide à une multitude de recherches du plus haut intérêt pour la connaissance de la constitution des substances organiques et ses rapports avec les phénomènes de la vie.

Il faut ajouter d'ailleurs que d'autres genres d'iso-mérie dans l'espace ont été observés [Baeyer (⁵), Wisli-cenus (⁶), etc.], et que toutes ces idées ont été appliquées avec un plein succès à l'étude des composés minéraux par Werner (⁷), à qui nous devons, en outre, des progrès notables dans la théorie de la valence.

La doctrine atomique, dont cette théorie constitue, avec ses prolongements stéréochimiques, une expression saisissante, permet ainsi, en donnant une image objective des phénomènes chimiques, de les interpréter et de les prévoir. Aussi peut-on affirmer hardiment qu'elle cons-titue pour le chimiste un tel instrument de travail que jamais la spéculation théorique n'en produisit d'aussi

---

(¹) Chimiste français, né en 1847.

(²) Chimiste hollandais (1852-1911). Professeur à Utrecht, à Amsterdam et à Berlin.

(³) Chimiste russe, né en 1863. Professeur à Riga.

(⁴) Chimiste anglais, né en 1870. Professeur à Manchester et à Cambridge.

(⁵) Chimiste allemand (1836-1916). Professeur à Munich.

(⁶) Chimiste allemand (1835-1902). Professeur à Leipzig.

(⁷) Chimiste suisse (1866-1919). Professeur à Zurich.

universellement puissant et fécond dans les Sciences de
la Nature. C'est qu'apparemment l'hypothèse de Dalton,
qui est à sa base, devait renfermer une grande part de
vérité. En fait, la *réalité moléculaire* est d'ores et déjà
chose acquise [Rutherford ([1]), Perrin ([2])]. On voit aujour-
d'hui les molécules et les atomes, on les compte, on les
pèse, ou en mesure les dimensions et l'on en suit tous
les mouvements : confirmation éclatante des vues précoces des Chimistes par les Physiciens ([3]) ([1]).

V. — La synthèse chimique.

1. Vers l'époque où la doctrine atomique entrait
dans la phase décisive et féconde de son évolution, il
régnait encore dans les esprits une idée préconçue,
entièrement fausse, dont la persistance eût été de nature
à paralyser, dans une large mesure, l'essor de la Chimie
organique. On était généralement convaincu que les
substances spéciales qu'on rencontre dans les organes
des animaux et des végétaux y prennent naissance sous
l'action d'une force particulière, *la force vitale*, et que
jamais l'homme ne parviendrait à les reproduire de toutes
pièces en partant des corps simples qui les constituent.

([1]) Physicien anglais, né en 1871. Professeur à Montréal,
à Manchester et à Cambridge.

([2]) Physicien français, né en 1870. Professeur à Paris.

([3]) On admet que, comme la Matière, l'Électricité est, elle
aussi, discontinue (*électrons*, voir plus loin). Bien plus, l'Énergie
elle-même le serait également, et un atome ne pourrait absorber
ou émettre de l'énergie que par unités distinctes, par *quanta*
(Planck, physicien allemand, né en 1858; professeur à Berlin).

([1]) Il est à peine croyable que la Théorie Atomique n'ait été
couramment enseignée en France, dont la part dans son élabo-
ration avait pourtant été si grande, que très tardivement (à
partir de 1890). Après Wurtz, Friedel et Grimaux, Béhal
(Professeur à Paris, né en 1859) en fut un ardent protagoniste.

Il y avait ainsi, entre la Chimie minérale et la Chimie organique, une barrière jugée infranchissable. Un premier assaut victorieux avait cependant été livré, en 1828, par Woehler, qui, en chauffant le cyanate d'ammoniaque, convertit ce sel en urée, cette matière azotée que Rouelle le jeune (¹) avait découverte dans l'urine cinquante ans auparavant ; et plus tard, en 1845, Kolbe (²) avait préparé aussi d'une manière entièrement artificielle l'acide acétique. Mais ces deux cas, restés isolés, étaient considérés comme fortuits, et, en dehors de quelques hardis opposants, on continuait à admettre que la cellule vivante pouvait seule élaborer les corps organiques.

Il était réservé à Berthelot de porter les coups définitifs par d'admirables synthèses (1854-1867). Il réussit d'abord à préparer des produits en tout semblables aux corps gras naturels au moyen d'acides gras et de glycérine. Toutefois, comme ces matières provenaient d'organes végétaux ou animaux, les synthèses n'étaient, à la vérité, que partielles, comme tant d'autres ultérieures, notamment celles de la cocaïne [Merck (³), 1888], de la quinine [Grimaux (⁴), 1894], du camphre [Berthelot ; Haller (⁵), 1896].

Mais voici la série décisive. A la volonté de Berthelot, les forces physiques : lumière, chaleur, électricité, déterminèrent les éléments à « s'assembler en composés organiques » : hydrocarbures, alcools, acides, etc., comme on

---

(¹) Chimiste français (1703-1770).
(²) Chimiste allemand (1818-1884). Professeur à Leipzig.
(³) Chimiste allemand (1854-1913).
(⁴) Chimiste français (1835-1900). Professeur à Paris.
(⁵) Chimiste français (1849-1925). Professeur à Nancy et à Paris.

savait déjà les assembler en composés minéraux. Rappelons, pour marquer quelques étapes particulièrement glorieuses, la synthèse de l'alcool (1854), de l'essence de moutarde (1855), de l'acide formique (1856), de l'alcool méthylique (1857), de l'acétylène (1862), de la benzine (1866), de l'acide oxalique (1867).

L'idée de force vitale avait fait son temps. Désormais on pourrait préparer artificiellement toutes les substances propres aux végétaux et aux animaux. Les principes les plus divers virent tour à tour réaliser leur synthèse dans cette triomphale épopée : l'acide tartrique [Perkin ([1]), 1861 ; Jungfleisch ([2]), 1873] ; l'alizarine, matière colorante de la garance [Graebe ([3]) et Liebermann ([4]), 1869] ; l'indigo, autre matière colorante naturelle (Bæyer, 1869) ; la vanilline, parfum de la vanille [Tiemann ([5]) et de Laire ([6]), 1875] ; la conicine, alcaloïde de la ciguë [Ladenburg ([7]), 1886] ; le glucose ou sucre de raisin, et le lévulose ou sucre de fruits [Fischer ([8]), 1890] ; la caféine et la théobromine, alcaloïdes du thé, du café et du cacao [Fischer, 1895-1897] ; l'atropine, alcaloïde de la belladone [Willstætter ([9]), 1902] ; la nicotine, alcaloïde du tabac [Pictet ([10]), 1904]. Il n'est pas jus-

---

([1]) Chimiste anglais (1838-1907).

([2]) Chimiste français (1839-1916). Professeur à Paris.

([3]) Chimiste allemand (1841-1926). Professeur à Genève.

([4]) Chimiste allemand (1842-1914). Professeur à Berlin.

([5]) Chimiste allemand (1848-1899). Professeur à Berlin.

([6]) Industriel français (1837-1909).

([7]) Chimiste allemand (1842-1911). Professeur à Berlin.

([8]) Chimiste allemand (1852-1919). Professeur à Wurzbourg et à Berlin.

([9]) Chimiste allemand, né en 1872. Professeur à Zurich, à Munich et à Berlin.

([10]) Chimiste suisse, né en 1857. Professeur à Genève.

qu'aux matières albuminoïdes, dont on connaît la grande complexité moléculaire, et sur la nature desquelles les travaux classiques de Schutzenberger ([1]) donnèrent de si précieusés indications, que la synthèse n'ait réussi à imiter, sinon à reproduire en toute identité (Fischer, 1901-1914).

Les résultats pratiques ont suivi de près ces magnifiques travaux. C'est sous leur impulsion qu'a été créée l'industrie si puissante des composés organiques. Où en serait aujourd'hui la fabrication des médicaments chimiques, des parfums synthétiques et des matières colorantes artificielles, si quelques hardis pionniers, ayant eu foi, avec Berthelot, en l'unité des forces de la Nature, et disposant par ailleurs, dans la Théorie Atomique, d'un admirable instrument de travail et d'un guide sûr pour la recherche, n'avaient tenté de l'imiter, voire de la surpasser, jusque dans les productions de la cellule vivante ? C'est par dizaines de milliers que chaque année « la Synthèse chimique tire du néant, pour le plus grand bien de l'Humanité, des corps nouveaux semblables ou supérieurs aux produits naturels ». Qui ne connaît, entre tant de conquêtes, cette belle série d'anesthésiques locaux qu'inaugura la découverte de la stovaïne (Fourneau ([2]), 1904) ?

2. Le développement de la Chimie organique, au cours du demi-siècle écoulé, a été vraiment prodigieux. Les bases de la Science : la Doctrine Atomique et la Synthèse, étaient solides, on pouvait bâtir dessus ; et, pour exploiter le terrain sans bornes conquis par le génie des

---

([1]) Chimiste français (1829-1897). Professeur à Paris.
([2]) Chimiste français, né en 1872. Professeur à Paris.

novateurs, toutes les audaces étaient permises. Après avoir longtemps semé, on récoltait enfin.

Durant la moisson, de puissants instruments de travail virent le jour, qui facilitèrent grandement la tâche des travailleurs. Dans cet ordre d'idées, on aperçoit encore avec tout leur relief trois découvertes célèbres : la méthode au chlorure d'aluminium de Friedel et Crafts ([1]) (1877), les procédés catalytiques de Sabatier ([2]) et Senderens ([3]) (1897) et de Sabatier et Mailhe ([4]), et les méthodes de synthèse basée sur l'emploi des composés organo-halogéno-magnésiens de Grignard ([5]) (1901), auxquels s'ajoutèrent bientôt les composés organo-iodozinciques de Blaise ([5bis]). Il convient de signaler encore, comme agents de réaction mis en œuvre d'une manière régulière, l'énergie électrique (électrochimie), la lumière solaire [Ciamician ([6]), Paterno ([7])], la lumière ultraviolette [Daniel Berthelot ([8])], les diastases [Bourquelot ([9]), Bertrand ([10]), etc.].

Les progrès de la Chimie minérale ont été, dans l'ordre de la Synthèse, beaucoup moins rapides. C'est que la Chimie organique est la Chimie du Carbone, et qu'aucun

---

([1]) Chimiste américain (1839-1917).

([2]) Chimiste français, né en 1854. Professeur à Toulouse.

([3]) Chimiste français, né en 1856. Professeur à Toulouse.

([4]) Chimiste français, né en 1872. Professeur à Toulouse et à Paris,

([5]) Chimiste français, né en 1871. Professeur à Nancy et à Lyon.

([5bis]) Chimiste français, né en 1872. Professeur à Lille, à Nancy et à Paris.

([6]) Chimiste italien (1857-1922). Professeur à Bologne.

([7]) Chimiste italien, né en 1847. Professeur à Rome.

([8]) Physicien français (1865-1927). Professeur à Paris.

([9]) Chimiste français (1851-1921). Professeur à Paris.

([10]) Chimiste français, né en 1867. Professeur à Paris.

corps simple ne semble doué d'une souplesse comparable à celle de cet élément, qui apparaît comme une sorte de protée chimique. On a découvert cependant de réelles aptitudes à la condensation moléculaire (complexes) chez quelques autres éléments (silicium, cobalt, platine). Il est vraisemblable que d'autres encore les possèdent aussi, et que les conditions favorables restent seulement à trouver. En Chimie minérale, comme en Chimie organique, le domaine de la Synthèse et des métamorphoses de la Matière doit être illimité.

VI. — La Chaleur et l'Affinité. La Mécanique chimique.

1. Si la Synthèse, qu'on peut définir, dans la plus large acception chimique du terme, la formation de molécules nouvelles avec des molécules plus simples, est un des objets les plus séduisants de la Chimie, par le sentiment qu'elle donne à l'homme de son pouvoir créateur, les phénomènes de décomposition, d'analyse, n'en offrent pas un moins haut intérêt, et leur observation a conduit à d'importantes découvertes. A cet égard, l'étude de l'action décomposante de la chaleur s'est montrée particulièrement féconde.

D'une manière générale, l'élévation de la température tend à briser les forces d'affinité. Tous les corps organiques sont destructibles par la chaleur (au-dessous d'une température qui atteint rarement le rouge sombre). On a pu décomposer également la plupart des composés minéraux, et il est probable que les plus réfractaires ne résisteraient pas à une température suffisamment élevée. Il est même vraisemblable que les molécules de corps simples comme l'hydrogène, l'oxygène, l'azote, formées de deux atomes, sont susceptibles de se résoudre en atomes libres; un semblable dédoublement a été observé dans le cas du chlore, du brome et de l'iode.

Pour beaucoup de substances, la température d'ébullition ne peut être atteinte sans qu'elles se décomposent. Oubliant ou méconnaissant ce fait, on nia l'exactitude de l'hypothèse d'Avogadro, à laquelle on croyait trouver des exceptions, et qui subit ainsi la plus redoutable épreuve. Elle en sortit victorieuse à la suite d'une discussion mémorable, qui se déroula il y a quelque soixante ans entre les plus grands noms de la Science. Elle est aujourd'hui la *Loi d'Avogadro*, un des fondements de la Chimie. ·

2. En étudiant la marche de ces réactions de decomposition par l'élévation de la température, on a constaté que les unes sont irréversibles (reconstitution impossible du composé par variation inverse des conditions physiques) et les autres réversibles (reconstitution du composé par retour progressif aux conditions de température et de pression initiales). Dans ce dernier cas, la tendance du composé à se dédoubler sous l'action de la chaleur est contrariée par la tendance inverse des produits libérés à s'unir de nouveau. Il en résulte une sorte d'*équilibre mobile* entre les molécules intactes et celles qui résultent de leur décomposition. C'est le phénomène capital de la *dissociation*, découvert par Sainte-Claire Deville [1] en 1857. Une science nouvelle, la *Mécanique chimique*, où la *vitesse* des réactions joue un rôle essentiel, était ainsi créée.

Des expériences méthodiques furent entreprises. Celles de Berthelot et Péan de Saint-Gilles [2] sur l'éthérification,

---

[1] Chimiste français (1818-1881). Professeur à Paris.
[2] Chimiste français (1332-1863). ·

et celles de Lemoine (¹) (1871) sur la dissociation de
l'acide iodhydrique, comptent parmi les plus importantes. Elles ont conduit à trois lois générales : la « loi
d'action de masse » [Guldberg (²) et Waage (²ᵇⁱˢ), 1864];
la « loi des phases », énoncée par Gibbs (³) en 1878;
la « loi du déplacement de l'équilibre », formulée dans
toute sa généralité par Le Chatelier (⁴) en 1884. D'autres
savants Berthelot, Van't Hoff, Bakhuis-Roozeboom (⁵),
Duhem (⁶), Nernst (⁷)], etc., ont également exécuté dans
ce domaine des travaux remarquables.

C'est l'affinité qui est en jeu dans tous ces phénomènes,
et si l'on commence à peine à entrevoir sa nature
intime, on connait du moins ses relations avec l'énergie
(l'affinité est mesurée par l'énergie mécaniquement
utilisable dite *énergie libre*, du système réagissant). Nos
connaissances principales en *Thermochimie* sont l'œuvre
de Thomsen (⁸) et de Berthelot, et l'on doit beaucoup
aussi dans le même domaine à Duhem, à Nernst, à
Matignon (⁹), etc. Rappelons, en outre, que les recherches
de Berthelot et Vieille (¹⁰) sur les explosifs aboutirent
à la découverte de *l'onde explosive* et des poudres sans
fumée (1886).

(¹) Chimiste français (1841-1922). Professeur à Paris.
(²) Chimiste norvégien (1836-1902). Professeur à Christiania.
(²ᵇⁱˢ) Chimiste norvégien (1833-1900). Professeur à Christiania.
(³) Physicien américain (1839-1903). Professeur à Yale.
(⁴) Chimiste français, né en 1850. Professeur à Paris.
(⁵) Chimiste hollandais (1854-1907). Professeur à Amsterdam.
(⁶) Physicien français (1861-1916). Professeur à Bordeaux.
(⁷) Physicien allemand, né en 1864. Professeur à Gœttinge
et à Berlin.
(⁸) Chimiste danois (1826-1908). Professeur à Copenhague.
(⁹) Chimiste français, né en 1867. Professeur à Paris.
(¹⁰) Ingénieur français, né en 1854. Professeur à Paris.

VII. — Les solutions. Les ions.

1. C'est en étudiant les gaz qu'on a découvert les principales lois de la Chimie. L'état gazeux, en effet, est le plus simple, et la Matière s'y montre, pour ainsi dire, dans toute sa nudité.

Gay-Lussac fit remarquer le premier l'analogie entre le phénomène de la dissolution et celui de la gazéification. Le corps dissous et le corps gazeux sont en effet l'un et l'autre de la matière à l'état dilué. En fait, l'étude des solutions a conduit, dans ces derniers temps, à des résultats qui justifient le rapprochement de Gay-Lussac. Cette étude est du plus haut intérêt pour le développement général de nos connaissances sur les phénomènes physico-chimiques.

Par la mesure de la température de congélation d'un grand nombre de solutions (*cryoscopie*), laquelle est toujours plus basse que celle du solvant, Raoult [1] établit, en 1882, que toutes les molécules, quels que soient leur nature et leur poids, produisent le même abaissement du point de congélation (abaissement moléculaire), et que le nombre seul des molécules intervient dans le phénomène. On peut remarquer que cette loi d'équivalence *frigorique* des différentes molécules en solution rappelle, d'un certain point de vue, une autre loi d'équivalence, celle, qu'on pourrait appeler *thermique*, des différents atomes possédant la même capacité pour la chaleur (Dulong et Petit).

En rapprochant des résultats de Raoult les travaux

---

[1] Chimiste français (1832-1901). Professeur à Grenoble.

de Pfeffer ([1]) (1877) sur la *pression osmotique* des corps
en solution, laquelle est comparable à la force élastique
des gaz, Van't Hoff, en 1886, put donner une interprétation générale des phénomènes en prouvant qu'ils sont
régis par la loi d'Avogadro. L'analogie se resserrait
ainsi entre les gaz et les solutions. Van't Hoff donna, en
outre, une formule thermodynamique permettant de
calculer les abaissements moléculaires en fonction de
la température absolue de fusion du solvant et de sa
chaleur latente de fusion.

En 1887, Raoult formula aussi, pour l'abaissement
des tensions de vapeur des solutions (*tonométrie*), une
loi d'équivalence des différentes molécules analogue à
celle qui concerne les abaissements cryoscopiques.
L'étude thermodynamique du phénomène fut également
faite pár Van't Hoff.

L'application de ces deux lois a conduit à deux nouvelles méthodes de détermination des poids moléculaires.
Elles sont précieuses dans les cas, très fréquents pour
les composés organiques naturels, de grosses molécules,
qui généralement ne peuvent pas être volatilisées sans
décomposition, et auxquelles, de ce fait, la méthode
des densités de vapeur est inapplicable. Elles permettent, en particulier, d'étudier le degré de condensation des molécules qui ont pris naissance par addition
les unes aux autres de molécules identiques plus simples
(*Polymérie;* Berzélius, 1831).

2. Raoult rencontra, dans ses études cryoscopiques
et tonométriques, des anomalies remarquables. Les

([1]) Botaniste allemand (1845-1920). Professeur à Tubingen
et à Leipzig.

électrolytes (acides, bases, sels) donnent, quand on les observe en solution dans l'eau, des chiffres inférieurs, et souvent très inférieurs, à la valeur réelle du poids moléculaire. En 1887, Arrhénius [1] fit rentrer ces exceptions dans la règle en supposant que l'eau dissocie plus ou moins complètement l'électrolyte en *ions* (atomes ou groupes d'atomes chargés d'électricité) positifs et négatifs, et que chaque ion libre se comporte, au point de vue cryoscopique et tonométrique, comme une molécule complète.

La théorie de l'ionisation, très hardie, a reçu de nombreuses vérifications expérimentales. Elle a été d'une grande fécondité en suscitant une multitude considérable de travaux. Ostwald [2] a pu, non sans succès, appliquer aux ions les lois de la Mécanique chimique.

VIII. — La loi périodique. Les éléments inertes. La Radioactivité.

1. Depuis que Lavoisier fonda la Chimie sur la notion nouvelle des corps simples, un labeur immense a été accompli. Nos connaissances actuelles dans le domaine de la constitution et des métamorphoses de la Matière sont aussi profondes qu'elles sont étendues et diverses. Et le besoin s'impose, pour le philosophe, d'embrasser, dans une vue large des choses, les doctrines et les faits.

Il apparaît qu'une aussi vaste synthèse devrait être basée sur la considération des propriétés essentielles des divers corps simples, auxquelles il faut toujours, en

---

[1] Physicien suédois, né en 1859. Professeur à Stockholm.
[2] Chimiste allemand, né en 1853. Professeur à Leipzig.

dernière analyse, rapporter celles des corps composés;
et une bonne classification des éléments réaliserait
sans doute une telle synthèse. Nous ne saurions mieux
faire, pour terminer cette longue étude, que de présenter un système qui, sans contredit, résume mieux
que tout autre l'état de la Science.

La notion de valence en est la base. Il est intéressant,
à la lumière des notions que nous avons acquises, de
montrer, par quelques exemples, comment a été fixée
peu à peu la valence des éléments.

Le premier essai utile de classification des corps
simples est de Dumas. Il groupa les métalloïdes par
familles, en tenant compte des affinités naturelles révé-
lées par les formules atomiques des composés. Il réunit
en une famille le chlore, le brome et l'iode, qui s'unissent
avec l'hydrogène atome à atome; l'oxygène, le soufre,
le sélénium, le tellure, dont chaque atome prend deux
atomes d'hydrogène, forment une autre famille; l'azote,
le phosphore, l'arsenic, l'antimoine, qui en prennent trois,
constituent de même une troisième famille. On voit
que Dumas appliquait, ainsi, le principe même de la
valence.

En ce qui concerne les métaux, on fut longtemps
dans l'erreur. Gerhardt admettait que tous les métaux
pouvaient se substituer à l'hydrogène atome pour atome;
nous dirions aujourd'hui qu'ils sont tous monovalents. Une telle supposition eut cours jusqu'en 1858,
date à laquelle Cannizzaro ([1]) émit l'idée des métaux
diatomiques (divalents). Il la fonda sur cette remarque
que la loi de Dulong et Petit, d'après laquelle les

([1]) Chimiste italien (1826-1910). Professeur à Gênes, à Palerme
et à Rome.

atomes des divers éléments possèdent la même capacité
calorifique [loi dont on peut rapprocher ici celle de l'iso-
morphisme de Mitscherlich (¹), 1819], ne se vérifiait pour
certains métaux qu'à la condition qu'on doublât leur
poids atomique. Cannizzaro n'hésita pas à faire cette
opération. Il appuya d'ailleurs les nombres nouveaux
par la comparaison de ces métaux avec les radicaux
diatomiques. Ainsi fut créée la famille des métaux
divalents (calcium, magnésium, zinc, cadmium, mercure, etc.), qui venait s'ajouter à celle des métaux monovalents (potassium, sodium, argent, etc.). Il existe aussi
des métaux trivalents (aluminium, or), tétravalents, etc.

2. En comparant les poids atomiques des divers
éléments, Dumas avait remarqué des différences d'une
régularité saisissante : ses observations renfermaient
en germe la loi périodique. En 1869, après diverses
autres remarques intéressantes de Newlands (²) et de
Chancourtois (³), Mendéléeff (⁴) formula la loi générale
que les propriétés chimiques et un grand nombre de propriétés physiques des corps simples sont des *fonctions
périodiques* de leurs poids atomiques. Les caractères
varient graduellement d'un terme au suivant, pour se
retrouver analogues après un certain nombre de termes.
On constitue ainsi une table à double entrée : les lignes
horizontales comprennent les périodes successives et les
colonnes verticales les corps de propriétés semblables.
En particulier, le caractère périodique de la capacité de

(¹) Chimiste allemand (1794-1863). Professeur à Berlin.
(²) Chimiste anglais (1838-1898).
(³) Chimiste français (1819-1886). Professeur à Paris.
(⁴) Chimiste russe (1834-1907). Professeur à Saint-Pétersbourg.

combinaison apparaît ici nettement, et les colonnes verticales groupent des corps de même valence.

Lothar Meyer (¹) a beaucoup étudié cette classification, et il a fait des observations d'un grand intérêt.

Elle a été féconde en faisant prévoir l'existence de certains éléments qui manquaient dans les cases de la table et en provoquant ainsi des recherches. Mentionnons, à ce sujet, la célèbre découverte du gallium par Lecoq de Boisbaudran (²) en 1875.

Ajoutons que, d'après la notion toute récente d'*isotopie* [Soddy (³), 1911; J.-J. Thomson (⁴); Aston (⁵)], des éléments de poids atomiques différents peuvent être chimiquement identiques et occuper le même rang dans la classification périodique (même numéro atomique; *voir* plus loin).

3. En août 1894, une grosse nouvelle nous arriva de Londres. Rayleigh (⁶) et Ramsay (⁷) venaient de découvrir dans l'air atmosphérique un corps simple gazeux, inapte à toute combinaison chimique; et l'étude de ce gaz *inerte* montra bientôt que ses molécules étaient formées d'un seul atome. Dans les années suivantes, Ramsay découvrit quatre autres gaz également *inertes :* hélium, néon, krypton, xénon, et à molécules formées aussi d'un seul atome. Ils se trouvaient de même dans

---

(¹) Chimiste allemand (1830-1895). Professeur à Tubingen.

(²) Chimiste français (1838-1912).

(³) Physicien anglais, né en 1877. Professeur à Oxford.

(⁴) Physicien anglais, né en 1856. Professeur à Cambridge.

(⁵) Physicien anglais, né en 1871. Professeur à Cambridge.

(⁶) Physicien anglais (1842-1919). Professeur à Cambridge et à Londres.

(⁷) Chimiste anglais (1852-1916). Professeur à Bristol et à Londres.

l'atmosphère, et Moureu et Lepape (¹) ont pu établir la présence générale des cinq nouveaux éléments dans tous les mélanges gazeux souterrains, ainsi que la constance universelle de leurs rapports quantitatifs mutuels (l'hélium excepté) (1911), ce que permet d'expliquer leur inertie chimique.

L'illustre chimiste anglais n'hésita pas à ajouter à la table de Mendéléeff une colonne spéciale pour ces corps si singuliers, dont la valence était *zéro*. Il sut même, après la découverte de l'argon et de l'hélium, annoncer les trois autres avant de les trouver à leur tour.

Il importe de rappeler ici que, dans toutes les recherches d'éléments nouveaux [Urbain (²), etc.], les plus grands services ont été rendus par l'analyse spectrale, dont la Science est surtout redevable à Bunsen et Kirchhoff (³), 1859. Une autre méthode, basée sur l'emploi des rayons X, a aussi été mise en œuvre dans ces dernières années, et elle a pleinement confirmé la classification périodique par la notion nouvelle de *numéro atomique* [Moseley (¹), 1913]. Et nous mentionnerons enfin, comme ayant marqué une période particulièrement brillante de la Chimie minérale, l'utilisation du four électrique par Moissan pour la préparation d'une série de corps simples (1894-1906).

4. Mais voici les extraordinaires phénomènes de *Radioactivité*. Jusque vers la fin du siècle dernier, on considérait les dernières particules constitutives des corps, les atomes, comme étant indivisibles, insécables (α, priv.;

(¹) Physicien français, né en 1886. Professeur à Paris.
(²) Chimiste français, né en 1872. Professeur à Paris.
(³) Physicien allemand (1824-1887). Professeur à Heidelberg.
(⁴) Physicien anglais (1888-1915).

τέμνω, je coupe). C'était là une sorte de vérité intangible, demeurée au-dessus de toute discussion. Mais la Science ignore les dogmes. En quelques années, les découvertes de Becquerel ([1]), de Pierre Curie ([2]) et Mme Curie, de Debierne ([3]), de Rutherford, de Ramsay et Soddy, etc., ruinèrent le préjugé de l'immuabilité des atomes.

Nous voyons, depuis ces mémorables travaux, l'atome de radium et des corps similaires se fragmenter graduellement, en dégageant, sous forme de chaleur, de lumière, d'électricité et de rayons analogues aux plus pénétrants rayons X, de grandes quantités d'énergie. De nouveaux atomes naissent ainsi perpétuellement sous nos yeux. C'est une transmutation naturelle d'éléments. Et il arrive parfois que la généalogie ne manque ni d'étendue ni de variété. Entre l'uranium et son dernier rejeton, le plomb, on ne connaît pas moins de quatorze atomes intermédiaires.

Les différences de masses sont dues, en définitive, à l'expulsion de particules de gaz hélium, déchet inerte qui est comme une sorte de lest dont s'allègent les atomes en commençant une nouvelle existence. Je ne crois pas qu'on puisse penser à ces choses sans être émerveillé, et l'on citerait difficilement, dans l'histoire des Sciences, la mise au jour de faits plus extraordinaires.

Des phénomènes analogues ont déjà été constatés pour une trentaine d'éléments, dont quelques-uns sont très éphémères. Et l'on est conduit à supposer que la Radioactivité est une propriété générale de la Matière;

([1]) Physicien français (1852-1908). Professeur à Paris.
([2]) Physicien français (1859-1906). Professeur à Paris.
([3]) Physicien français, né en 1874. Professeur à Paris.

dans quelques substances seulement, à évolution rapide, elle se présenterait avec une intensité suffisante pour être perceptible par nos moyens actuels d'investigation.

Quoi qu'il en soit, l'atome a démenti son étymologie et renié son nom. Il ne peut plus être tenu pour un individu d'essence homogène. Il n'y a plus de corps *réellement simples*. D'après les études de Crookes ([1]), Lorentz ([2]), J.-J. Thomson, Zeeman ([3]), Rutherford, Weiss ([4]) et autres pionniers de la Physique moderne, l'atome constitue un organisme très compliqué, formé de corpuscules électrisés négativement (*électrons*), en mouvement incessant autour d'un noyau à charge résultante positive (constitué par des noyaux d'atomes d'hydrogène ou *protons*, portant chacun une charge positive égale à la charge négative d'un électron, et cimentés ensemble par des électrons en nombre moindre), le tout en équilibre électromagnétique ([5]). Les corps radioactifs ont un édifice atomique instable; et il y a à tout instant, chez ces substances, des atomes qui se désagrègent brusquement, par une véritable explosion.

([1]) Chimiste anglais (1832-1919). Professeur à Londres.

([2]) Physicien hollandais, né en 1853. Professeur à Leyde et à Haarlem.

([3]) Physicien hollandais, né en 1865. Professeur à Amsterdam.

([4]) Physicien français, né en 1865. Professeur à Zurich et à Strasbourg.

([5]) Le *numéro atomique* d'un élément (son rang dans la classification périodique) est égal au nombre total d'électrons extérieurs au noyau central positif de l'atome. On attribue à certains de ces électrons, les plus éloignés du noyau, un rôle essentiel dans les phénomènes chimiques. Les transformations radioactives ont leur siège dans le noyau central.

Si la Radioactivité fait de plus en plus notre admira-
ration, si déjà l'homme se prend à espérer en elle pour
éloigner la mort, nous devons reconnaître qu'elle nous
a toujours trouvés jusqu'ici, devant les processus qui
la caractérisent, dans une complète impuissance. Nous
ne savons ni accélérer ni ralentir l'évolution radioactive, qui est toute spontanée.

Ce rôle de témoins passifs, sans plus, quel est le savant
qui déclarerait s'en contenter ? Cette dislocation des
atomes avec formation d'autres atomes, dont la Nature
nous offre le spectacle si troublant dans sa simplicité,
qui oserait soutenir qu'elle est l'apanage de quelque
action mystérieuse hors de notre portée (¹) ?

D'un autre point de vue, un fait frappant est que les
éléments radioactifs actuellement connus sont aussi ceux
qui ont les plus hauts poids atomiques. Or, dans les
théories modernes de l'évolution de la Matière et des
Mondes, on admet assez généralement que les atomes
s'agrègent progressivement en atomes de plus en plus
lourds à mesure que la pression s'élève. Aux très hautes
pressions on devrait donc, si l'hypothèse est fondée,
pouvoir créer ainsi, par synthèse, des corps radioactifs.
Observons d'ailleurs que des synthèses d'atomes quelconques, radioactifs ou non, peuvent être envisagées;
elles réaliseraient, dans toute sa plénitude, le rêve des
alchimistes.

(¹) Il convient de mentionner que Rutherford a réussi à
désintégrer artificiellement quelques éléments ordinaires (à
atomes stables), comme l'azote, en les bombardant avec des
particules α (noyaux d'atomes d'hélium animés de grandes
vitesses expulsés par des substances radioactives) (1920).

MOUREU

On ne se résout pas à croire que tous ces grands problèmes, dont il serait aisé de montrer que la solution aurait des conséquences incalculables pour l'avenir de l'Humanité, échappent à notre pouvoir. L'idée de force vitale, pour nous en tenir à ce seul enseignement de la vérité historique, n'était-elle pas une erreur absolue ?

MESSIEURS,

J'ai fini. Je n'ai pu, dans cette causerie, qu'esquisser de loin les grandes lignes de notre sujet. Nous avons vu la Chimie, qui n'était, avant Lavoisier, qu'un recueil de recettes obscures, devenir, en moins d'un siècle, dans la Société moderne, comme une véritable reine, par sa puissance, par la grandeur et l'infinie variété de ses conquêtes. Peut-être les générations actuelles, en appliquant ses principes et ses procédés, oublient-elles trop souvent les grands hommes qui en furent les initiateurs. Le présent est, dans une très large mesure, tributaire du passé, et il y a quelque chose, beaucoup même, des découvertes antérieures dans les découvertes contemporaines. Chacun de nous, en toute justice, n'est qu'un collaborateur posthume de ces esprits créateurs qui ont proclamé les lois et constitué la doctrine. Non seulement le nom de Lavoisier, mais encore ceux de Dalton, d'Avogadro, de Dumas, de Gerhardt, de Berthelot, de Kékulé, pour nous limiter à quelques-uns des plus grands, devraient figurer en tête de toutes nos publications chimiques. S'ils voyaient aujourd'hui les fruits de leurs travaux, grandes assurément seraient leur satisfaction et leur fierté. Pourquoi faut-il ajouter, et avec quelle

tristesse! que ces sentiments ne seraient pas sans mélange ? C'est que de l'instrument de progrès forgé par leur
génie le tranchant est double. Et si sa part contributive
dans l'amélioration de la condition des hommes est
considérable, on l'a aussi, hélas, par la plus folle et la
plus criminelle des aberrations, détourné de son objet
humanitaire pour des œuvres de barbarie et de cruauté.
Tant il est vrai que le Progrès Matériel n'est qu'un des
éléments de la Civilisation, et que la Moralité doit en
être le facteur dominant. Puisse la Science avoir retrouvé
sans esprit de retour sa véritable mission ! Puisse la
toute puissante Chimie ne travailler désormais qu'à
notre bonheur ! Puisse-t-elle surtout, s'inspirant d'un
Pasteur, marcher à de nouvelles victoires sur la maladie,
la souffrance et la mort !

LES GAZ DE COMBAT [1].

MESSIEURS,

L'accouplement des mots *Chimie* et *Guerre*, avant la guerre de 1914-1918, eût généralement paru dénué de sens. Sans doute l'usage de la poudre à canon est fort ancien, et, d'un point de vue très général, les transformations profondes de la Matière, domaine propre de la Chimie, qui sont l'essence même de la Vie, qui engendrent l'Énergie et constituent une source intarissable de forces naturelles, se trouvent nécessairement à la base de toutes les manifestations de l'activité, depuis les plus pacifiques jusqu'aux plus violentes. Mais on ne saurait contester qu'il n'y ait loin de cette vue philosophique des choses aux réalités chimiques de la Grande Guerre.

La Chimie, dans les convulsions titanesques qui viennent de bouleverser l'Humanité, a joué un rôle actif de premier plan, visible pour les plus ignorants et les plus sceptiques, visibles pour tous. Il n'est personne, dans les nations civilisées, qui ne frémisse d'horreur à la seule pensée des gaz asphyxiants; mais ils sont nombreux ceux qui ne connaissent de la Chimie

---

[1] Conférence faite le 14 mars 1920 au Conservatoire National des Arts et Métiers.

de guerre que la mise en œuvre de ces effroyables substances. S'il est manifeste que les gaz asphyxiants symbolisent, aux yeux de la foule, la part de la Chimie dans la lutte mondiale, il s'en faut de beaucoup que la production de ces matières ait été son unique champ d'action. Sans parler des explosifs aux effets si puissants, dont l'utilisation dans les travaux de la Paix a du reste tant contribué au Progrès, une infinité d'autres produits ont été l'objet, de la part des Chimistes, d'efforts aussi constants et nécessaires qu'ils sont méconnus du public. Lorsque, par exemple, un aéroplane traverse le ciel, sur les milliers de spectateurs qui l'observent et chantent les légitimes louanges de l'ingénieur, combien s'en trouve-t-il qui songent aux mérites du Chimiste ? Et cependant chacun des organes de l'appareil volant a exigé des études chimiques du caractère le plus approfondi, depuis celles qui concernent le métal dont est fait le moteur jusqu'aux vernis et enduits qui confèrent aux ailes l'imperméabilité et la rigidité indispensables. Que si, en l'occurrence, la part contributive du Chimiste, pourtant essentielle, échappe entièrement au public, c'est surtout, sans doute, parce que le public est uniquement impressionné par le mouvement des hélices; mais c'est aussi, il importe de le remarquer, parce que le Chimiste, homme modeste, poursuit sa tâche dans la solitude et le mystère du petit et obscur laboratoire de l'usine, loin de tout ce qui extériorise le mérite; et c'est encore parce que, le voulût-il, il ne trouverait que difficilement des interlocuteurs capables de comprendre ses recherches et de s'y intéresser. Quoi qu'il en soit, c'est l'évidence même que fort peu de gens se doutent que la Chimie soit pour quelque chose dans la conquête de l'air par le plus lourd que l'air; et nous pouvons ajouter, sans sortir du domaine particulièrement suggestif de la Mécanique, que l'ignorance générale n'est pas moindre relativement à ce que lui doit l'automobilisme. Or, l'automobilisme et l'aviation, dont les progrès se faisaient à pas de géants, n'ont-ils pas compté parmi les grands rouages du machinisme militaire ? Pour peu que l'on voulût porter ailleurs le regard et la réflexion, les exemples se présenteraient innombrables à l'appui de cette affirmation qu'entre toutes les Sciences, la Chimie est celle dont les applications, au cours de la plus vaste expérience qu'ait jamais faite l'Humanité, ont offert un incontestable caractère d'universalité.

J'aurais souhaité pouvoir vous entretenir, ne fût-ce que sommairement, des grands problèmes de tous ordres que la Guerre a posés aux Chimistes. Si je ne puis songer à le faire ici, il m'a semblé qu'il fallait s'efforcer d'en saisir le public par quelque autre manière, et je me permets de vous indiquer que j'ai résolu d'écrire, sur « la Chimie et la Guerre » et sur les leçons à en tirer pour l'avenir, un ouvrage de propagande traitant la question dans son ensemble ; cet ouvrage, je l'espère, verra bientôt le jour (¹).

Dans cette brève causerie, forcé de me limiter, je vous parlerai uniquement des « gaz de combat ». Vous verrez quel terrible danger nous avons couru, quel effort magnifique, pleinement couronné de succès, a été accompli dans nos laboratoires et nos usines. Vous en déduirez vous-même les conclusions qui s'en dégagent en ce qui touche l'avenir de notre pays.

(¹) *La Chimie et la Guerre. Science et Avenir* (chez Masson, 1920).

INTRODUCTION.

Par les actes de La Haye du 29 juillet 1899, toutes les nations européennes s'étaient interdit l'emploi de projectiles « qui ont pour but unique de répandre des gaz asphyxiants ou délétères ».

Et cependant, le 23 avril 1915, vers cinq heures du soir, un épais nuage de vapeurs lourdes, d'un vert jaunâtre, sortait des tranchées allemandes entre Bixschoote et Langemark (Belgique), et, poussé par la brise, arrivait sur les lignes alliées, suivi par des contingents ennemis, qui s'avançaient en tirant des coups de fusil.

Toute une division française fut atteinte. Sans aucune protection, malgré la toux et les suffocations violentes, beaucoup d'hommes tinrent bon devant la vague gazeuse : leur héroïque ténacité fut payée de leur vie.

L'Allemagne venait d'inaugurer la guerre des gaz par une nouvelle flagrante violation de ses engagements internationaux.

Avant d'entrer dans l'histoire des faits qui furent la conséquence de cet important événement, il est nécessaire d'exposer quelques notions techniques.

1. Tout d'abord : qu'est-ce qu'un « gaz » ?

Au point de vue où l'on se place sur le champ de bataille, un « gaz » est un corps gazeux ou un mélange soit de gaz proprement dits, soit de liquides pulvérisés ou vaporisés, soit de corps solides très divisés, qui rendent l'atmosphère nocive ou irrespirable. La guerre des gaz utilise, en effet, les réactions que les différentes substances chimiques peuvent provoquer sur l'organisme humain.

D'après la nature de ces réactions on classe les produits en plusieurs catégories, un corps déterminé pouvant se ranger soit dans une seule, soit dans plusieurs d'entre elles. On distingue ainsi, d'après leur action prépondérante :

1º Les *suffocants*, qui, par réaction sur le système pulmonaire, provoquent la toux et peuvent amener la mort par asphyxie due à des lésions pulmonaires ;

2º Les *toxiques*, qui, pénétrant dans l'organisme et y atteignant tel ou tel organe essentiel, provoquent secondairement des accidents généraux ; certains d'entre eux, par exemple, touchent particulièrement le système nerveux, certains autres les globules rouges du sang ;

3º Les *lacrymogènes*, qui, par réaction sur l'œil, provoquent le larmoiement et, de ce fait, mettent l'homme dans l'impossibilité de voir pendant un temps plus ou moins long ;

4º Les *vésicants*, qui, par réaction sur la peau, provoquent soit du prurit, soit des manifestations cutanées plus profondes, telles que l'apparition de phlyctènes, et qui peuvent, en outre, en agissant sur les différentes muqueuses, et notamment sur celles des voies respiratoires, déterminer des lésions analogues ;

5º Les *sternutatoires*, qui, par réaction sur la muqueuse nasale, provoquent les éternuements s'accompagnant de manifestations secondaires : irritation de la gorge et larmoiement des yeux, douleurs dans le nez et les maxillaires.

Les produits suffocants et les produits toxiques ont été confondus pendant la Guerre sous la dénomination générale de « toxiques », parce qu'ils étaient tous susceptibles de provoquer la mort. Il en fut de même de certains autres corps susceptibles de tuer, bien que leur propriété physiologique prépondérante consiste en un pouvoir vésicant ou sternutatoire.

2. A un autre point de vue, les « gaz » se classent encore en deux catégories : ils sont fugaces ou persistants, suivant la durée de temps pendant laquelle ils subsistent sur le terrain. Ces propriétés sont utilisées par l'artilleur pour atteindre des résultats déterminés. Ainsi l'interdiction d'une route par les gaz pourra être obtenue au moyen d'obus à effets persistants; au contraire, le bombardement par obus à gaz d'une position à prendre ensuite d'assaut devra être exécuté avec des obus à chargement fugace.

L'innovation de la guerre des gaz par l'Allemagne trouva la France complètement dépourvue. A ce moment, en effet, l'armée française n'avait dans son matériel de guerre ni obus à gaz, ni engins d'émission de gaz, ni même d'appareils de protection : il fallut tout créer et tout organiser, aussi bien à l'intérieur qu'aux armées. A l'intérieur, il y eut, sous la haute direction du général Ozil, des organes d'études et des organes de fabrication [1], et, sur le front, des services particuliers, en liaison constante avec ceux de l'intérieur, furent chargés de toutes les questions spéciales relatives à la guerre des gaz. On établit, en outre, des relations permanentes entre les services français des gaz et ceux des armées alliées.

---

[1] Les organes d'études étaient dirigés par le général Perret, que secondait le sergent Terroine (aujourd'hui professeur à Strasbourg), et les organes de fabrication par le colonel Vinet (en dernier lieu par le colonel Taffanel).

Il fallut envisager dès le début deux problèmes distincts : protéger les troupes et riposter. Nous allons les examiner successivement.

I. — LE PROBLÈME DE LA PROTECTION.

Le problème de la protection s'est compliqué de plus en plus au cours de la Guerre, par suite de la multiplicité des gaz employés. Réduit tout d'abord à la protection de l'homme, il s'étendit peu à peu à la protection du cheval, du chien de guerre et des pigeons voyageurs. Vous me permettez de me limiter ici à la protection de l'homme, évidemment la plus importante. Elle se présente sous deux aspects : la protection individuelle et la protection collective, que nous allons étudier successivement. Nous ferons tout d'abord connaître la nature des gaz mis en œuvre par l'ennemi, et nous donnerons, pour terminer, quelques indications sur les fabrications industrielles.

A. — Les gaz employés par l'Allemagne.

1. L'Allemagne a fait appel, au cours de la Guerre, à toutes les propriétés physiologiques des « gaz », augmentant ainsi sans cesse les causes de souffrances des combattants.

La guerre des gaz commence le 22 avril 1915 par l'emploi d'un suffocant. Le chlore, à l'état liquide, était introduit dans des cylindres, qui, par simple ouverture d'un pointeau, le laissaient se dégager à l'état gazeux. Les différents jets de gaz, provenant des nombreux cylindres mis en œuvre, formaient rapidement un

Dates d'apparition sur le champ de bataille	GAZ	Formule chimique	Propriétés physiologiques
1915. Avril.	Chlore (gaz).	Cl^2	Suffocant.
— Juin.	Brome (liquide).	Br^2	Suffocant.
— Juin (soupçonné depuis longtemps).	Bromure de benzyle (liquide).	$C^6H^5-CH^2Br$	Lacrymogène.
1915. Juillet.	Bromacétone (liquide).	$CH^3-CO-CH^2Br$	Suffocant et lacrymogène.
— Août.	Chlorosulfonate de méthyle (liquide).	$SO^2\diagdown{}^{Cl}_{OCH^3}$	Suffocant.
— Août.	Chloroformiate de chlorométhyle (liq.).	$Cl-COOCH^2Cl$	Suffocant.
	Bromométhyl-éthylcétone (liquide).	$CH^3-CO-CHBr-CH^3$	Suffocant et lacrymogène.
1916. Juillet.	Chloroformiate de trichlorométhyle (liq.).	$Cl-COOCCl^3$	Suffocant.
— Décembre.	Phosgène (gaz).	$COCl^2$	Suffocant.
191 . Mai.	Chloropicrine.	CCl^3-NO^2	Suffocant et lacrymogène.
— Juillet.	Sulfure d'éthyle dichloré [Ypérite (liq.)].	$S\diagdown{}^{CH^2-CH^2Cl}_{CH^2-CH^2Cl}$	Suffocant, lacrymogène et vésicant.
— Septembre.	Diphénylchloroarsine (solide).	$(C^6H^5)^2AsCl$	Suffocants et sternutatoires (d'abord en mélange, puis au sein d'un explosif).
	Phényldichloroarsine (liquide).	$C^6H^5AsCl^2$	
— Septembre.	Chlorure de phénylcarbylamine (liq.).	$C^6H^5-N=C=Cl^2$	Nauséeux et toxique.
1918. Avril.	Oxyde de méthyle dichloré (liquide).	$CH^2Cl-O-CH^2Cl$	Sans action appréciable sur l'organisme humain.
— Avril.	Dichloroéthylarsine (liquide).	$C^2H^5-AsCl^2$	Sternutatoire et toxique.
— Avril.	Dibromoéthylarsine (liquide).	$C^2H^5AsBr^2$	Sternutatoire et toxique.
— Juin.	Cyanure de diphénylarsine (solide).	$(C^6H^5)^2AsCN$	Sternutatoire.
— Septembre.	N-éthylcarbazol (solide).	$C^6H^4-C^6H^4$ NC^2H^5	Sternutatoire.

nuage continu, auquel on donna le nom de « vague ».

Le mois de juin 1915 vit apparaître le brome, autre suffocant, employé en projectiles de minenwerfer, et un lacrymogène : le bromure de benzyle $C^6 H^5 — CH^2 Br$, mélangé à du bromure de xylyle $C^6 H^4 < (CH^2 Br)^2$, chargé en projectiles d'artillerie. L'emploi des gaz en projectiles d'artillerie, qui devait prendre des proportions si considérables, s'observait ainsi, pour la première fois, d'une façon très nette, le 20 juin, dans le bois de la Gruerie, en Argonne; mais depuis plusieurs mois, en particulier depuis le milieu de mars, l'emploi par l'ennemi d'obus lacrymogènes, par coups isolés, tirés sur des positions de batterie, était soupçonné.

La fin de l'année 1915 et les années suivantes virent apparaître une série de composés nouveaux. Voici le tableau (p. 107) des divers gaz employés par l'Allemagne, avec leurs propriétés physiologiques et leurs dates d'apparition.

Certains de ces produits furent employés seuls, mais la plupart furent utilisés sous la forme de mélanges. Ainsi le phosgène fut employé seul en projectiles de minenwerfer et en mélanges dans des obus, tel le mélange suivant : phosgène 50 pour 100, chloroformiate de trichlorométhyle 30 pour 100, diphénylchloroarsine 20 pour 100. Le chloroformiate de trichlorométhyle fut également employé en mélange à 50 pour 100 avec la chloropicrine, etc.

2. Tous ces produits furent soumis à un examen minutieux de la part des chimistes français.

Pour l'étude des gaz des vagues, des appareils de prélèvement et de détection particulièrement sensibles, fonctionnant par aspiration, étaient disposés dans les premières lignes des secteurs susceptibles de subir des attaques par vagues.

Les obus allemands à gaz n'ayant pas éclaté étaient envoyés, par l'intermédiaire des « officiers-chimistes », au laboratoire municipal de Paris. Le contenu y était étudié sous la direction de M. Kling, et, en outre, une seconde analyse, qui contrôlait la précédente, était effectué par les soins du professeur Grignard, à la Sorbonne. Lorsqu'un produit nouveau était signalé, des échantillons étaient adressés aux laboratoires des professeurs Lebeau (Faculté de Pharmacie), Desgrez (Faculté de Médecine), Mayer (Collège de France), Achard (Faculté de Médecine), pour l'étude de la protection conférée par les appareils français et de la valeur des méthodes de protection collective contre ce produit, d'une part, et pour la détermination des actions physiologiques et l'établissement du traitement thérapeutique, de l'autre.

3. Les moyens d'attaque de l'ennemi ne retinrent pas seuls l'attention. Les appareils allemands de protection capturés sur les prisonniers, ou faisant partie du butin pris par nos armées, furent également étudiés avec le plus grand soin.

B. — Protection individuelle.

Elle a deux buts distincts : protéger les voies respiratoires et les yeux, d'une part, et protéger la peau, d'autre part.

A. — PROTECTION DES VOIES RESPIRATOIRES.

4. Comme il était à prévoir, on employa, au début, des moyens de fortune : tampon imprégné d'un mélange

d'hyposulfite et de carbonate de soude dissous dans de l'eau glycérinée, contre le chlore; lunettes pour la protection des yeux, contre le bromure de benzyle. On s'aperçut bientôt que le bromure de benzyle, outre les yeux, n'était pas sans irriter aussi les voies respiratoires. M. Lebeau fit adopter en juillet 1915 un tampon de gaze imprégnée d'huile de ricin et de ricinate de soude, qui protégeait à la fois contre le chlore et contre le bromure de benzyle.

Mais il y avait lieu de prévoir une aggravation des moyens d'attaque de l'ennemi et, en particulier, l'emploi du phosgène. On adopta l'utilisation, contre ce dernier corps, du sulfanilate de soude, indiqué par M. Moureu et spécialement étudié par MM. Henri et Kling (août 1915).

A la même époque, craignant l'emploi par l'ennemi de l'acide cyanhydrique, on mit à l'étude la protection contre ce corps. Elle fut obtenue au moyen d'acétate basique de nickel, proposé par M. Plantefol, du laboratoire du professeur Simon (août 1915), et remplacé, dans la suite, sur la proposition de M. Lebeau et pour des raisons d'ordre pratique, par le carbonate basique de nickel. En vue d'une protection plus efficace contre le phosgène, et aussi en vue de protéger contre d'autres corps, notamment contre les chloroformiates de méthyle chlorés, M. Lebeau ajouta au sulfanilate de soude l'urotropine. Il y eut, au total, deux compresses superposées, l'une au ricin-ricinate et l'autre au carbonate de nickel-urotropine-sulfanilate.

Pendant trente-six mois, les éléments chimiques d'épuration ne subirent aucune modification. Il n'en fut pas de même de la forme de l'appareil de protection. Beaucoup de modèles furent proposés, notamment par MM. Javillier, Banzet, Borrel, Tambuté, Gravereaux. Après de longs tâtonnements, on s'arrêta, à la fin de 1915, à un modèle dit masque M_2, lequel, tout d'une seule pièce et n'étant en contact avec la peau que par son contour, protégeait à la fois lès yeux et les voies respiratoires et présentait une grande surface filtrante.

2. Le masque M_2 fut utilisé jusqu'en février 1918 par les troupes combattantes, jusqu'à l'armistice par les troupes de l'arrière et la population civile des zones d'alerte. Mais la possibilité de l'emploi par l'ennemi de composés agressifs imprévus, contre lesquels le système chimique filtrant dont nous disposions dans le masque M_2 aurait pu être inefficace, conduisit M. Lebeau, dès la fin de 1915, à étudier un appareil de protection dont la polyvalence fût aussi étendue que possible. Il envisagea un appareil basé à la fois sur des phénomènes de neutralisation chimique et d'absorption physique. Deux années d'études aboutirent à l'appareil dit A.R.S. (appareil respiratoire spécial). Le système comprenait trois couches : la première, composée d'oxyde de zinc, de carbonate de soude sec et de charbon de bois pulvérisé, le tout aggloméré par de l'eau glycérinée ; la seconde, constituée par un charbon fortement absorbant ; une troisième, faite de gaze imprégnée d'urotropine. Dans la suite, on ajouta à ces matières du permanganate de potasse, pour protéger contre de fortes concentrations en phosgène, et l'on utilisa, en outre, une couche de coton, pour arrêter les fines poussières d'arsines solides. Cet appareil constitue, sans contredit, le meilleur qui ait été employé par les armées belligérantes. Il fut mis en service à partir de février 1918.

3. D'autres appareils, destinés spécialement à la

protection contre les fortes concentrations et établis d'après des principes assez divers, furent également utilisés. Citons, pour mémoire, l'appareil Tissot, qui rendit jusqu'à la fin de très grands services.

Mentionnons également que la protection contre l'oxyde de carbone fut réalisée par MM. Desgrez, Guillemard et Labat, dans un appareil où ce gaz était oxydé en gaz carbonique par de l'anhydride iodique et le gaz carbonique fixé par de l'oxylithe (bioxyde de sodium).

B. — PROTECTION DE LA PEAU.

Un problème nouveau surgit en juillet 1917, lors de l'apparition du sulfure d'éthyle dichloré (ypérite) : celui de la protection de la peau. Ce corps jouit, en effet, de propriétés vésicantes très actives. De plus, au point de vue militaire, il se classe parmi les produits persistants, c'est-à-dire qu'il subsiste pendant longtemps sur le sol. Il en résultait que lorsqu'une certaine surface était « ypéritée », nul ne pouvait y séjourner sans être atteint sur les parties de la peau non protégées par le masque ou par des vêtements imperméables.

Pour arriver à désinfecter ces surfaces, il fallait donc donner des vêtements spéciaux aux hommes chargés du nettoyage. Des études furent entreprises qui aboutirent, après de nombreuses expériences, très pénibles et très dangereuses pour les expérimentateurs, à l'adoption, en 1919, d'un vêtement en étoffe imprégnée d'huile de lin, dont la coupe était due au sergent Tambuté.

Pour la protection des surfaces cutanées contre l'ypérite, M. Desgrez donna la formule d'une pommade au chlorure de chaux, qui fut adoptée par le Service de Santé.

C. — Protection collective.

Les problèmes de la protection collective furent toujours très ardus, et ils se compliquèrent encore lors de l'apparition de l'ypérite, en juillet 1917, sur le champ de bataille.

On peut les ramener à trois objets principaux :

1º Assainir les tranchées abris envahis par les gaz;

2º Constituer des abris dans lesquels les gaz ne pourront pas pénétrer;

3º Assainir des surfaces infectées par l'ypérite.

Les deux premiers problèmes se posèrent dès le 22 avril 1915. L'expérience montra, en effet, qu'après le passage d'une vague, lorsque l'atmosphère est redevenue respirable, toutes les excavations de terrain et, par conséquent, les tranchées et abris, étaient encore infectées par les gaz pendant un certain temps. Il fallut chercher un moyen d'éliminer ces gaz restants. La question fut étudiée et résolue en mai-juin 1915 par M. Desgrez et ses collaborateurs, qui préconisèrent l'emploi de pulvérisations de solutions aqueuses d'hyposulfite de soude et de carbonate de soude. Les pulvérisateurs des vignerons furent reconnus d'un usage très pratique.

Mais cette solution ne protégeait que contre le chlore (par l'hyposulfite) et contre le phosgène (par le carbonate de soude). On continua à chercher un produit qui permît de neutraliser le plus grand nombre de corps possible. Après des essais sur de multiples substances, M. Desgrez trouva en 1917, dans le foie de soufre, un neutralisant d'une efficacité très étendue; mais sa grande oxydabilité fut un obstacle à son emploi sur le front, jusqu'à ce que M. Tassilly eut établi un conditionnement favorable.

On résolut le deuxième problème en suspendant à l'entrée des abris deux toiles, que l'on imprégnait de la solution hyposulfitée au moment de l'usage; l'activité neutralisante des toiles était entretenue par de nouvelles pulvérisations au cours de l'attaque par gaz.

Mais cette protection n'est bonne que pour une période de courte durée. Si l'attaque par gaz se prolonge, il faut pouvoir quand même ventiler les abris. La solution de ce nouveau problème fut donnée par le professeur Lapicque dans le premier semestre de 1918 et améliorée par le Dr Leclerc dans le second semestre de la même année, à la suite d'observations personnelles de MM. du Bellay et Houdard, qui en firent part à M. Lapicque. Le principe de la méthode consiste à faire aspirer par un ventilateur placé dans l'abri, à travers des matières épurantes, l'air chargé de gaz asphyxiants, toutes les ouvertures de l'abri étant munies de deux toiles formant sacs; la surpression créée refoule les gaz asphyxiants tendant à pénétrer dans l'abri par les interstices des toiles. Les matières épurantes sont le terreau et la sciure de bois imprégnée d'huile anthracénique. Elles sont réparties par couches dans une caisse à deux compartiments.

Le problème de l'assainissement des surfaces infectées par l'ypérite fut résolu, dès l'apparition de ce corps, au laboratoire de M. Desgrez. Le chlorure de chaux, en poudre ou en solution, constituait un neutralisant parfait. D'autre part, les effets pouvaient être désinfectés à l'eau bouillante. La question de l'hydrolyse (décomposition par l'eau) de l'ypérite fut particulièrement étudiée au laboratoire de M. Simon, qui fournit des observations fort importantes au point de vue du mode d'action de l'ypérite.

D. — La fabrication industrielle des engins antiasphyxiants.

La protection de l'homme contre les gaz de combat n'ayant jamais été envisagée avant la guerre de 1914-1915, l'industrie française n'était pas plus préparée que les laboratoires scientifiques à cette délicate mission. Il fallut improviser en toute hâte ces fabrications entièrement nouvelles. Les services chimiques furent puissamment aidés dans cette tâche par d'habiles confectionneurs, qui surent, en quelques mois, créer l'outillage et rassembler la main-d'œuvre nécessaire. Quelques résultats indiqués ci-après témoignent de l'effort considérable réalisé par les industriels et leur personnel.

Les sachets pour imprégnation à l'hyposulfite furent fabriqués à plusieurs millions d'exemplaires.

4 500 000 tampons ricin-ricinate furent fabriqués d'août 1915 à janvier 1916, soit une moyenne de 30 000 tampons par jour. Ces appareils étaient envoyés aux armées dans des sachets spéciaux ; il en fut fabriqué environ 7 millions de juillet à décembre 1915, soit, en moyenne, 40 000 par jour.

A l'origine, les lunettes étaient séparées, comme on sait, des appareils de protection des voies respiratoires. Il en fut fabriqué, en différents types, environ 12 millions, d'août 1915 à avril 1916, soit une moyenne de 50 000 par jour.

La fabrication du masque M_2 fut organisée dès le début de 1916. Du 1er février 1916 au 11 novembre 1918, il en fut manufacturé 30 millions. Ces appareils étaient livrés dans des étuis métalliques, dont on fabriqua 12 400 000 exemplaires de septembre 1915 à septembre 1918.

Enfin, la fabrication de l'appareil A.R.S. fut ordonnée le 26 février 1917. La complexité de cet engin exigeait le concours de nombreux industriels, spécialistes de la ferblanterie, des tissus imperméables, du caoutchouc, des charbons absorbants, des toiles métalliques, etc. Il fallut vaincre de grandes difficultés pour assurer l'approvisionnement en matières premières, qu'on dut en partie faire venir de l'Étranger. Les premières livraisons commencèrent en novembre 1917, et la fabrication se développa d'une façon continue jusqu'en avril 1918, où elle dépassa 25 000 par jour. Le total des appareils fabriqués de novembre 1917 à novembre 1918 approche de 5 millions. La fabrication de tous les éléments du masque A.R.S., dans la période d'activité normale, a nécessité une moyenne journalière de 12 000 ouvriers et ouvrières. Les expéditions aux armées commencèrent en février 1918; tous les combattants de première ligne en étaient munis au début du printemps.

Signalons encore qu'on fabriqua, du mois de mai 1916 à l'armistice, 700 000 appareils Tissot.

En ce qui concerne la protection collective, indiquons qu'il fut confectionné, notamment, 200 000 pulvérisateurs pour solution neutralisante depuis le mois de mai 1915 jusqu'en 1918.

II. — LE PROBLÈME DE L'AGRESSION.

Lorsque l'Allemagne inaugura la guerre des gaz, la France n'était pas en mesure de soutenir le combat à armes égales.

La production industrielle des usines chimiques était relativement très faible. Elle ne comprenait ni le chlore liquide, ni le brome, et les quantités d'acide sulfurique alors produites étaient à peine suffisantes pour les fabrications de poudres et d'explosifs. Enfin, notre industrie des corps organiques était misérable.

Les Services chimiques eurent donc à déployer des efforts exceptionnels pour doter nos armées des munitions à gaz qui leur manquaient.

Nous parlerons d'abord des produits à employer en projectiles et en vagues, et ensuite, comme dans le cas de la protection, des réalisations industrielles.

A. — Produits à charger en projectiles.

Trois conditions devaient être remplies par ces produits :

1º Être faciles à préparer et n'exiger que des matières premières abondantes et de prix abordable;

2º Être doués de propriétés agressives intéressantes;

3º S'adapter aux conditions d'emploi dans les projectiles.

Des études chimiques furent activement poursuivies dans divers laboratoires, dont voici les principaux : professeurs Delépine et Lebeau (Faculté de Pharmacie); professeur Moureu (Faculté de Pharmacie et Collège de France); professeurs Grignard et Urbain (Sorbonne); professeur Job (Conservatoire des Arts et Métiers); professeur Bertrand (Institut Pasteur); professeur Simon (École Normale Supérieure); M. Kling (Laboratoire Municipal). Ces laboratoires se tenaient en liaison permanente avec le laboratoire du professeur Mayer (Collège de France), qui était chargé des essais physiologiques des produits à l'étude.

1. Le seul corps agressif dont la fabrication fût immédiatement possible, dès l'année 1915, était le tétrachlorosulfure de carbone CS Cl⁴, proposé par M. Urbain; il ne nécessitait, en effet, comme matières premières, que du sulfure de carbone et du chlore gazeux. La fabrication en fut montée rapidement, et l'on en chargea un grand nombre d'obus pour l'offensive de Champagne en septembre 1915. Mais le faible pouvoir agressif du produit, dont l'emploi n'avait jamais eu d'autre objet que de réaliser une solution d'attente, le fit abandonner rapidement. Cette date de septembre 1915 marque le premier emploi d'obus à gaz par l'armée française.

On fabriqua vers la même époque des obus incendiaires au phosphore, proposés par M. Job, et des obus à la fois incendiaires et suffocants, contenant une solution sulfocarbonique de phosphore avec un cylindre de celluloïd, suivant la formule de M. Urbain.

Un grand nombre de produits agressifs (plusieurs centaines) furent successivement étudiés dans les laboratoires jusqu'à la fin des hostilités. Il ne sera question ici que de ceux qui furent définitivement adoptés.

2. Les corps auxquels les Chimistes songèrent tout d'abord furent le phosgène et l'acide cyanhydrique. L'expérience montra immédiatement qu'il fallait alourdir leurs vapeurs insuffisamment denses, particulièrement celles de l'acide cyanhydrique, et l'on étudia le mélange de ces corps avec les chlorures d'étain, d'arsenic et de titane, dont la présence rendrait d'ailleurs l'éclatement

du projectile observable, grâce à la fumée qu'ils dégageaient au contact de l'air (corps fumigènes). Dans le cas de l'acide cyanhydrique, ces chlorures jouèrent également le rôle de stabilisants.

Il fut décidé dès le commencement des études, en juin 1915, qu'un certain nombre d'obus seraient chargés avec ces substances et mis en réserve jusqu'à ce que l'ennemi utilisât lui-même ces mêmes corps ou des corps de toxicité de même ordre. L'ennemi, en juin 1915, n'employait en effet en obus que le bromure de benzyle, corps surtout lacrymogène; mais, comme on le prévoyait, il ne tarda pas à utiliser des corps de grande toxicité. Dès le mois d'août 1915, il lançait en effet sur nos troupes des obus chargés de chloroformiate de chlorométhyle, produit dont la toxicité est de l'ordre de celle du phosgène.

MM. Lebeau et Urbain proposèrent le mélange du phosgène avec du chlorure stannique ou du chlorure d'arsenic, le chlorure de titane ne pouvant être fabriqué qu'en parties limitées, à cause de la médiocrité de l'approvisionnement en rutile.

Quant à l'acide cyanhydrique, son emploi fut rendu possible par M. Lebeau avec le mélange dénommé « vincennite », qui contenait de l'acide cyanhydrique, du chlorure d'étain, du chlorure d'arsenic et du chloroforme.

Les premiers obus français au phosgène furent tirés à la bataille de Verdun en février 1916, et les premiers obus à la vincennite le 1er juillet 1916 à la bataille de la Somme.

3. Le Gouvernement ayant décidé, au début, de réserver l'emploi du phosgène et de l'acide cyanhydrique, ainsi

qu'il a été dit précédemment, les Chimistes tournèrent leurs efforts, dès juin 1915, vers la recherche d'autres corps. De nombreuses préparations furent entreprises, et, dans le troisième trimestre de 1915, trois corps furent pris en considération : l'iodacétone $CH^3 — CO — CH^2 I$ étudiée par MM. Kling, Bertrand et Grignard; le chlorure d'orthonitrobenzyle (1) $NO^2 — C^6 H^4 — CH^2 Cl$ (2) étudié par MM. Moureu et Blanc; l'iodure de benzyle $C^6 H^5 — CH^2 I$, étudié par MM. Moureu et Dufraisse.

Ces trois corps étaient plus ou moins fortement lacrymogènes; le chlorure d'orthonitrobenzyle seul était doué d'une certaine toxicité, en même temps que d'un certain pouvoir vésicant. Ils ne pouvaient, ni les uns ni les autres, supporter le contact du métal du projectile, et l'on fut obligé de faire des obus intérieurement recouverts de plomb. En raison des difficultés de fabrication et de chargement, du prix élevé des dérivés iodés et de leur trop faible toxicité, il ne fut chargé qu'un nombre assez restreint de projectiles avec ces substances.

Un autre corps retint l'attention dès 1915 : la chloropicrine $C Cl^3 NO^2$, à la fois toxique et lacrymogène, proposée par MM. Haller et Moureu; la préparation en fut étudiée par M. Bertrand et par le commandant Nicolardot. La chloropicrine fut chargée en obus à partir de 1916; elle a figuré depuis lors en quantités importantes dans les approvisionnements de l'armée.

Dès juillet 1915, l'attention fut attirée sur l'acroléine (aldéhyde acrylique $CH^2 = CH — CH O$), qui fut ensuite l'objet de très nombreuses études au laboratoire de M. Moureu, tant au point de vue de sa fabrication que de son mode de stabilisation. Ce corps est en effet instable, donnant très aisément naissance à un polymère, le disacryle, dénué de toutes propriétés agressives.

Un mode premier de stabilisation fut trouvé par MM. Moureu et Lepape, et un second, offrant toute sécurité, par MM. Moureu et Dufraisse. L'acroléine fut surtout chargée en grenades; elle remplaça au commencement de 1916 les substances simplement lacrymogènes qui servaient jusqu'alors : la chloracétone et le bromacétate d'éthyle. Toutes les grenades furent depuis lors chargées avec ce corps éminemment toxique, lacrymogène et suffocant, qui permit, notamment, de faire quantité de prisonniers dans les abris.

Les corps employés par les Allemands furent également l'objet de recherches dans nos laboratoires, soit en vue d'une fabrication éventuelle, soit pour les comparer avec les corps étudiés et préconisés par les chimistes français.

Le chloroformiate de chlorométhyle et l'analogue trichloré furent particulièrement étudiés par MM. Grignard et Kling. On en fabriqua de petites quantités, mais les chimistes français donnèrent définitivement leur préférence au phosgène, dont ces deux corps se rapprochent par leurs propriétés physiologiques.

La bromacétone fut étudiée par M. Moureu (avec la collaboration de MM. Boismenu et Nomblot), qui donna un procédé simple et rapide permettant d'utiliser la totalité du brome mis en œuvre; elle fut définitivement retenue au commencement de 1916. Ce corps ne supportait ni le contact du métal, ni le mélange avec les fumigènes. M. Triquet, de la cristallerie de Choisy-le-Roi, établit un procédé de verrage des obus qui donna toute satisfaction, et l'on réussit, en outre, à isoler complètement le fumigène dans une gaine émaillée.

Le bromure de benzyle fut étudié au laboratoire de M. Moureu en 1915; mais il ne fut adopté que pour la fabrication des ampoules d'exercice pour l'entraînement des troupes à la guerre des gaz.

Le chlorosulfonate d'éthyle fut étudié en 1915 au laboratoire de M. Grignard. On en fit fabriquer une certaine quantité, avec laquelle on chargea quelques obus; mais on l'utilisa surtout en bombes pour mortiers de tranchée.

Le chlorosulfonate de méthyle, qui entrait dans la composition du liquide recueilli dans les projectiles allemands lancés en juillet 1915 à Neuville-Saint-Vaast, fut également étudié. La puissance lacrymogène de ce produit, son emploi par l'ennemi, et, d'autre part, la possibilité de l'obtenir à partir d'un sous-produit d'une autre fabrication de guerre, la chlorhydrine sulfurique, engagèrent M. Simon à en entreprendre, dès octobre 1915, l'étude complète. Les essais physiologiques établirent que ce produit avait des propriétés lacrymogènes et toxiques intéressantes, supérieures à celles de son homologue le chlorosulfonate d'éthyle. Son emploi, d'abord adopté en 1915, fut écarté par la suite, lorsque l'on disposa de toxiques plus efficaces. Comme conséquences des recherches sur le chlorosulfonate de méthyle et à la suite d'un échange d'idées *a priori* entre MM. Mayer et Simon, ce dernier entreprit des recherches sur le mélange toxique de sulfate de méthyle et de chlorhydrine sulfurique, qu'on dénomma « rationite » pour rappeler son origine; il fut adopté en 1917 et expédié aux armées en 1918. Le chlorosulfonate de méthyle fut également étudié au laboratoire de M. Grignard.

En 1916, M. Job entreprenait également des recherches sur les lacrymogènes. Au mois d'août de la même année, il indiquait la préparation et les propriétés du nitrile phénylacétique-α-bromé. L'emploi de ce corps

fut immédiatement adopté; mais la réalisation industrielle et le mode de chargement en obus exigèrent de
longues études. Ce ne fut qu'en avril 1918 que fut
proposée et adoptée la solution du problème.

Le chlorure de cyanogène fut étudié par M. Simon,
en collaboration avec M. Mauguin, de février 1916 à
avril 1918. La fabrication industrielle fut commencée
en 1917, et l'on disposait d'un stock important d'obus
à chlorure de cyanogène au moment de l'armistice.

4. De nombreuses études étaient en cours lorsqu'en
juillet 1917 l'ennemi fit usage des obus au sulfure
d'éthyle dichloré. Le produit fut dénommé « ypérite »,
parce que les premiers obus tombèrent sur la ville
d'Ypres.

Ce corps n'avait pas échappé aux services chimiques
français. Le médecin aide-major Chevalier avait, au
commencement de 1916, attiré l'attention sur lui. Une
étude chimique fut entreprise au laboratoire de M. Moureu, et une étude physiologique au laboratoire de
M. Mayer. Cette substance avait déjà été décrite par
le chimiste allemand Victor Meyer en 1884. Dans son
mémoire, Meyer, parlant de l'action vésicante, disait
qu'elle était sélective, que le produit agissait sur la peau
de certains sujets et était sans action sur celle de certains
autres. L'étude physiologique montra que ce corps,
tout en étant très toxique, l'était notablement moins
que le phosgène ou l'acide cyanhydrique alors en
usage; elle mit en évidence son action vésicante,
mais il était réservé à l'Allemagne de pressentir l'importance de cette action sur les champs de bataille.

C'est donc seulement en juillet 1917, après le bombar-

dement d'Ypres par les Allemands ([1]), que le sulfure
d'éthyle dichloré fut adopté comme toxique vésicant.

M. Moureu, avec son collaborateur M. Lazennec,
continua à étudier la fabrication d'après le procédé
de Meyer, lequel correspond, à partir de la monochlorhydrine du glycol, au système d'équations suivant :

$$S\begin{cases}Na\\Na\end{cases}\begin{matrix}Cl-CH^2-CH^2OH\\+\\Cl-CH^2-CH^2OH\end{matrix} = S\begin{cases}CH^2-CH^2OH\\CH^2-CH^2OH\end{cases}-2NaCl$$

$$3S\begin{cases}CH^2-CH^2OH\\CH^2-CH^2OH\end{cases}+2PCl^3 = 3S\begin{cases}CH^2-CH^2Cl\\CH^2-CH^2Cl\end{cases}+2PO^3H^3$$

M. Moureu ne tarda pas à substituer avec avantage
l'emploi de l'acide chlorhydrique concentré à celui du
trichlorure de phosphore.

D'autre part, M. Job, avec MM. Goissedet et Guinot,
entreprit l'étude des réactions qui avaient été signalées
par le chimiste anglais Guthrie en 1860 :

$$S^2Cl^2+2CH^2=CH^2 = S\begin{cases}CH^2-CH^2Cl\\CH^2-CH^2Cl\end{cases}+S$$

$$SCl^2+2CH^2=CH^2 = S\begin{cases}CH^2-CH^2Cl\\CH^2-CH^2Cl\end{cases}$$

Les difficultés rencontrées dans la préparation en
grand de la monochlorhydrine de glycol incitèrent les

([1]) L'identification du produit put être faite, en quelques jours
et avec une entière certitude, grâce à un échantillon très pur
qu'avait gardé M. Moureu de son étude antérieure.

Chimistes à se tourner plutôt vers le procédé de Guthrie. L'expérience montra la justesse de leurs vues.

. Au courant du mois de novembre 1917, M. Job, d'une part, et M. Bertrand, de l'autre, indiquèrent qu'il était possible d'obtenir le sulfure d'éthyle dichloré par barbotage de l'éthylène dans le chlorure de soufre. Dès cette époque, M. Job passait aux essais semi-industriels, en faisant absorber l'éthylène sous pression par le chlorure de soufre, et le 5 décembre il annonçait sa conviction que cette préparation était pratiquement réalisable. Le 9 janvier 1918, il donnait ses indications au directeur d'une usine pour des essais en grand avec le monochlorure de soufre $S^2 Cl^2$ et l'éthylène sous pression. Les essais commencèrent aussitôt dans diverses usines.

Nos alliés anglais suivaient d'ailleurs, à la même époque, une évolution semblable. Le 16 janvier, dans une Note transmise à nos Services chimiques le 27, le professeur Pope annonçait des résultats analogues. Il semble cependant, ainsi que cela ressort d'une mission qui fut confiée par le général Ozil à M. Moureu, en janvier 1918, pour visiter les laboratoires anglais, et de communications faites à la Conférence interalliée de mars 1918, que les Anglais aient conservé plus longtemps que nous l'espoir de réussir la fabrication par la monochlorhydrine du glycol et qu'ils n'aient pas manifesté à ce moment la grande confiance que nous mettions dans le procédé au chlorure de soufre. Il en résulte que la France fut, parmi les nations alliées, la première à fabriquer l'ypérite (et bientôt en quantités considérables), et qu'elle put communiquer à ses alliés les renseignements nécessaires au montage de leurs usines. Il lui fut même possible, par la suite, de céder des obus

GAZ DE COMBAT EMPLOYÉS PAR LA FRANCE.

Dates d'apparition sur le champ de bataille	GAZ	Formule chimique	Propriétés physiologiques
1915. Septembre.	Tétrachlorosulfure de carbone (liquide).	$CS\,Cl^4$	Suffocant.
— "	Iodacétone (liquide).	$CH^2I — CO — CH^3$	Lacrymogène.
— "	Chlorure d'orthonitrobenzyle (liquide).	$C^6H^4\big\langle\begin{smallmatrix}CH^2Cl\ (1)\\ NO^2\ (2)\end{smallmatrix}$	Lacrymogène.
— "	Iodure de benzyle (liquide).	$C^6H^5 — CH^2I$	Lacrymogène.
1916. Février.	Chlore (gaz).	Cl^2	Suffocant.
— Février.	Phosgène (gaz).	$CO\,Cl^2$	Suffocant.
— Juillet.	Acide cyanhydrique (sous forme de vincennite) (liquide).	HCN	Toxique.
— "	Chloropicrine (liquide).	$C\,Cl^3 — NO^2$	Lacrymogène et suffocant.
— "	Acroléine (liquide).	$CH^2 = CH — CHO$	Lacrymogène et suffocant.
— "	Bromacétone (liquide).	$CH^2Br — CO — CH^3$	Lacrymogène et suffocant.
— "	Chlorosulfonate d'éthyle (liquide).	$SO^2\big\langle\begin{smallmatrix}Cl\\ O — C^2H^5\end{smallmatrix}$	Suffocant.
1918. Mai.	Sulfure d'éthyle dichloré ou Ypérite (liquide).	$S\big\langle\begin{smallmatrix}CH^2 — CH^2Cl\\ CH^2 — CH^2Cl\end{smallmatrix}$	Suffocant, lacrymogène et vésicant.
— Septembre.	Sulfate de méthyle et chlorhydrine sulfurique (rationite) (liquide).	$SO^2\big\langle\begin{smallmatrix}O — CH^3\\ O — CH^3\end{smallmatrix}$ et SO^3HCl	Suffocant.

à ypérite à différentes nations : Belgique, États-Unis, Grèce, Italie.

M. Grignard et M. Simon étudièrent, indépendamment l'un de l'autre, des questions physico-chimiques, concernant l'ypérite, du plus grand intérêt au point de vue de son utilisation militaire. On peut dire d'ailleurs que tous les laboratoires, à des titres divers, s'occupèrent de ce corps.

L'ypérite allemande, à la différence de celle des alliés, était fabriquée par la réaction à la monochlorhydrine du glycol, ainsi que l'ont montré, pendant la Guerre, M. Grignard, par l'étude des impuretés qu'elle renfermait, et M. Delépine, par la détermination du soufre oxydable en acide sulfurique. Notre procédé de fabrication était trente fois plus rapide que le procédé allemand, sans parler du prix de revient, qui était aussi beaucoup plus avantageux.

5. Ajoutons, enfin, que les recherches entreprises sur la série des arsines, par M. Job et ses collaborateurs et par MM. Bougault et Robin, venaient d'aboutir à des résultats du plus haut intérêt, lorsque les hostilités prirent fin.

Tel est, rapidement esquissé, le résultat pratique des recherches effectuées par les laboratoires français qui se consacraient aux gaz asphyxiants. Mais que d'études ont été poursuivies en dehors de celles que nous venons de résumer ! Il faudrait des volumes entiers pour relater tous ces travaux.

B. — Les produits pour vagues.

Les vagues sont des nuages de gaz nocifs de grande
étendue, formés au ras du sol et entraînés par le vent
sur le terrain occupé par l'ennemi. On ne peut employer
à cet effet que des corps de grande nocivité, de grande
densité de vapeur et de bas point d'ébullition. Au point
de vue militaire, l'émission d'une vague nécessite un
gros travail préalable, pour disposer un grand nombre
de bouteilles à gaz dans des abris bien défilés et camou-
flés. Il faut parfois une attente très longue avant que se
présente un vent de direction et de vitesse convenables;
une vitesse de plus de trois mètres par seconde pro-
voque en effet une trop rapide dilution du gaz, tandis
qu'une vitesse inférieure à un mètre par seconde est
dangereuse pour les troupes du camp qui émet la
vague, à cause des remous et des retours de gaz qui
peuvent se produire.

La vague allemande du 22 avril 1915 avait montré
de toute évidence que le chlore était pour cet usage
un corps excellent. On se mit aussitôt à faire des essais,
et, dans les mois de juin et juillet, on compara le chlore
à d'autres corps; mais aucun ne lui fut reconnu supérieur.
On s'aperçut d'ailleurs immédiatement qu'il y aurait
lieu de faire soit des vagues transparentes, pour réaliser,
au moins par les nuits claires, un effet de surprise, soit
des vagues opaques, dans lesquelles on ne verrait pas
à un mètre devant soi, et qui, en isolant complètement les
combattants, provoqueraient le désarroi et la panique.
Pour faire des vagues opaques, on chercha à utiliser
le mélange de chlore et d'un chlorure fumigène. La
méthode imaginée par l'ingénieur du Génie Maritime

Cartier, adoptée en juillet 1915, fournit la solution du problème.

La première opération réelle sur le front ne put être réalisée qu'en février 1916, à cause des faibles disponibilités en chlore liquide. Par la suite, au commencement de 1917, le phosgène fut introduit dans les vagues.

Cette question de la vague souleva des problèmes tout à fait nouveaux, qui nécessitèrent la collaboration intime des Chimistes, des Mécaniciens, des Météorologistes et des Officiers. Les Chimistes, notamment, durent étudier la variation de la concentration avec la distance du point d'émission, et, avec les Météorologistes, ils déterminèrent l'influence des vents sur la dilution. De nombreuses études furent faites dans ce domaine sous la direction des capitaines Bied-Charreton et Beccat, avec le concours des professeurs Delépine et Urbain et de M. Kling.

Les vagues ne furent particulièrement employées que pendant la guerre de tranchées, et surtout en 1915 et 1916. Une vingtaine d'émissions furent faites du côté français. Certaines s'étendirent sur un front de 8 kilomètres; chacune de ces dernières exigeait l'emploi de 6000 bouteilles, contenant 240 tonnes de produit; elles faisaient des victimes jusqu'à 10 et 15 kilomètres de profondeur.

C. — Réalisation industrielle.

Si nous considérons dans leur ensemble les différents produits utilisés, nous voyons qu'à l'exception de l'acide cyanhydrique et de l'acroléine tous les toxiques, lacrymogènes et suffocants, ainsi que tous les fumigènes, destinés à alourdir les vapeurs et à rendre visibles les points de chute des projectiles, sont des corps halogénés : soit chlorés, soit bromés, soit iodés.

La fabrication des gaz asphyxiants supposait donc, à la base, de grandes disponibilités en chlore liquide ou gazeux et en brome; celle des corps iodés n'était pas susceptible de prendre un grand développement, en raison de la rareté et du prix excessif de l'iode. Or, la déclaration de guerre avait naturellement arrêté les importations de chlore liquide et de brome, qui venaient l'un et l'autre d'Allemagne. Nous ne disposions que de chlore gazeux, préparé par des méthodes chimiques diverses (Weldon, Deacon, etc.), avec de petites quantités de brome, qu'on pouvait faire venir des États-Unis.

Il fallait donc, avant tout, résoudre le problème du chlore et le problème du brome.

Le problème du chlore. — Les premiers besoins en chlore liquide furent couverts en 1915 par des importations d'Angleterre et d'Italie. Mais les disponibilités étaient bien inférieures aux besoins prévus, et il fallut élaborer un vaste programme de construction d'usines à chlore.

Si l'on remarque qu'avant 1915 aucune usine en France n'était en état de faire du chlore liquide et que, par suite, le nombre des spécialistes de cette fabrication était excessivement réduit, on comprendra l'intensité des efforts qui durent être accomplis par l'industrie française des produits chimiques pour arriver aux résultats qui vont être indiqués.

Le premier programme, de 30 tonnes par jour, fut établi en août 1915; il fut accru en 1916, puis poussé en 1917 jusqu'à 50 tonnes par jour. Onze usines électro-

chimiques, presque toutes hydro-électriques, furent ins-
tallées. Dans l'ensemble, à la date du 11 novembre 1918,
ces usines avaient produit 24 000 tonnes de chlore,
dont une moitié en chlore liquide et l'autre à l'état de
chlorure de chaux.

Le problème du brome. — Le problème de l'extrac-
tion du brome fut orienté dès le début vers l'utilisation
des eaux mères des salines terrestres, des cendres de
varechs et des marais salants. Après quelques essais,
il fut reconnu que seules les eaux mères des marais
salants étaient susceptibles d'être exploitées industriellement.

En France, deux salins seulement, le salin de Giraud
et le salin de Berre, justifiaient une exploitation. Par
contre, en Tunisie, on découvrit des ressources beaucoup
plus considérables. Deux missions y furent successivement envoyées, en septembre puis en novembre 1915,
pour étudier les principales salines de la Régence et
la production susceptible d'y être réalisée. Trois d'entre
ces salines furent reconnues propres à alimenter une
usine à brome, mais on donna la préférence au lac
salé souterrain de la Sebka-el-Malah, près de Zarzis,
à 600 kilomètres au sud de Tunis, dont les eaux mères,
paraissant inépuisables, pouvaient fournir toutes quantités de brome nécessaires.

L'usine de Zarzis, établie et exploitée avec le concours
du Service des Travaux Publics de la Régence, fut mise
en marche vers mars-avril 1916; elle produisit au total
850 tonnes de brome. Le Service du Matériel Chimique
put ainsi, non seulement faire face aux besoins de ses
propres fabrications de gaz asphyxiants, mais encore
ravitailler, à un prix dix fois moindre que celui auquel

revenait le brome importé des États-Unis, l'industrie française et les alliés européens.

FABRICATIONS DIVERSES.

Phosgène. — Deux procédés de fabrication furent mis en œuvre :

1º Réaction de l'acide sulfurique fumant sur le tétra-chlorure de carbone. M. Grignard étudia cette fabrication et y apporta divers perfectionnements;

2º Combinaison directe du chlore et de l'oxyde de carbone en présence d'un catalyseur. M. Simon donna de très utiles indications.

La majeure partie fut fabriquée d'après le second procédé. Production totale : 16 000 tonnes.

Vincennite. — On fabriqua l'acide cyanhydrique de la vincennite par l'action de l'acide sulfurique sur le ferrocyanure de sodium ou sur le cyanure de sodium. Production totale de vincennite : 4000 tonnes.

Acroléine. — Ce corps fut obtenu par déshydratation de la glycérine au moyen du bisulfate de potasse. Production : 200 tonnes.

Chloropicrine. — Préparée par l'action du chlorure de chaux sur l'acide picrique. Production : 500 tonnes.

Bromacétone. — Préparée par la réaction du brome sur l'acétone, en présence d'eau, de chlorate de soude et d'acide sulfurique. Production : 500 tonnes.

Sulfure d'éthyle dichloré (ypérite). — Le développement de la fabrication de l'ypérite fut, comme celui de l'industrie du chlore et du brome, un succès considérable à l'actif de l'industrie chimique française.

Les recherches théoriques se poursuivirent, outre les laboratoires de nos services chimiques, au laboratoire de recherches de la Société chimique des Usines du Rhône.

C'est dans celui-ci qu'on réalisa la première solution du problème industriel. On mit au point un procédé permettant la fixation continue de l'éthylène sur le bichlorure de soufre $S\,Cl^2$ au sein du tétrachlorure de carbone, et la fabrication commença à l'usine de Roussillon en mars 1918. Cette fabrication, dont le débit s'accrut très rapidement, permit d'envoyer les premiers obus à ypérite aux armées vers la fin de mai. De mars 1918 à l'armistice, la Société des Usines du Rhône produisit 1500 tonnes d'ypérite. Le soufre venait de Sicile et une partie du tétrachlorure de carbone des États-Unis, la fabrication française de ce dernier produit étant insuffisante.

Le procédé au protochlorure de soufre $S^2\,Cl^2$ fut également monté dans plusieurs usines.

La fabrication d'ensemble suivit la marche ascendante suivante :

Mars	1918...............	240 kilos
Avril	—	7 tonnes
Mai	—	150 —
Juin	—	200 —
Juillet	—	270 —
Août	—	280 —
Septembre	—	340 —
Octobre	—	510 —
Novembre	— (11 jours).....	200 —

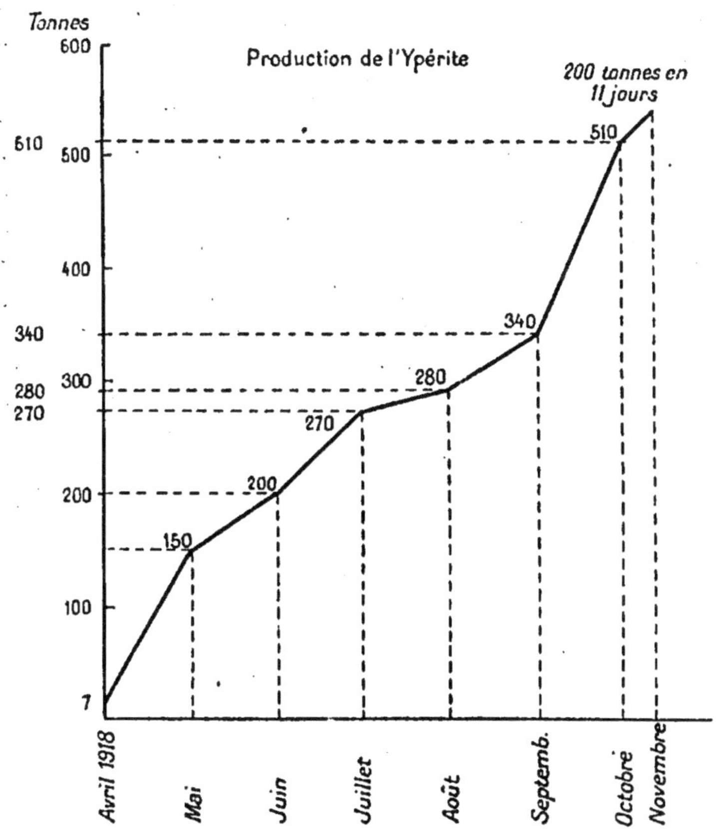

Tonnes
600
Production de l'Ypérite
200 tonnes en
11 jours
510
510
500
400
340
340
280
300
270
280
270
200
200
150
100
7
Avril 1918
Mai
Juin
Juillet
Août
Septemb.
Octobre
Novembre

Soit, au total, près de 2000 tonnes.

La production était devenue supérieure à la consommation de l'artillerie française.

De nombreux accidents survinrent dans cette fabrication éminemment dangereuse; des chimistes et des ouvriers furent « ypérités » gravement.

Grâce à l'impulsion personnelle donnée à la fabrication par M. Loucheur, ministre de l'Armement et des Fabrications de guerre, et aux efforts des deux officiers chargés de l'organiser : le lieutenant J. Frossard, du cabinet du ministre de l'Armement, et le lieutenant de Kap-Herr, de la Section Technique et Industrielle, grâce au dévouement du personnel des usines, des laboratoires de recherches et des ateliers de chargement, les armées trouvèrent dans l'ypérite une arme précieuse pour arrêter définitivement l'offensive de l'armée allemande. L'apparition de ce produit dans les munitions françaises fit la plus grande impression dans les rangs ennemis. Les ordres émanant des états-majors allemands en sont une attestation formelle.

Produits divers. — On peut encore citer, parmi les produits fabriqués :

Rationite......................	40 tonnes
Chloroformiate de méthyle chloré .	80 —
Iodure de benzyle...............	90 —
Chlorosulfonate d'éthyle..........	70 —
Iodacétone	36 —

Chlorures fumigènes. — Il en fut fabriqué les quantités suivantes :

Chlorure stannique.............	4000 tonnes
Chlorure d'arsenic.............	2700 —
Chlorure de titane.............	200 —

LES CHARGEMENTS DE PROJECTILES.

Du 1er juillet 1915 au 11 novembre 1918, les quantités d'obus chargés s'élevèrent à :

    Obus de 75 .... 13 000 000
    Obus lourds de 105 à 155 et bombes.   4 000 000
    Grenades suffocantes...............   1 100 000

La progression des chargements en ypérite fut la suivante :

		Obus de 75.	Obus de 105.	Obus de 155.
Avril	1918	10 000	—	....
Mai	—	205 000	6 000	400
Juin	—	370 000	13 000	1 600
Juillet	—	295 000	19 000	6 000
Août	—	425 000	12 000	11 000
Septembre	—	425 000	14 000	31 000
Octobre	—	350 000	18 000	64 000
Novembre	— (11 jours)....	85 000	9 000	270 000
		2 160 000	91 000	141 000

CONCLUSION.

L'exposé qui précède ne saurait donner qu'une idée bien imparfaite de l'effort immense qu'il a fallu accomplir pour résoudre le formidable problème si brutalement posé par l'agression allemande du 22 avril 1915. L'Allemagne, qui connaissait toute la détresse de notre industrie chimique, comptait bien en finir rapidement avec nous par la guerre des gaz. Elle ne se doutait pas, et nous ne nous doutions peut-être pas nous-mêmes, de quoi nous étions capables. Et, en vérité, nos succès chimiques constituent la plus brillante illustration des miraculeuses facultés de la race. On ne saura jamais quels prodiges d'ingéniosité, de labeur acharné et de persévérante énergie furent déployés, quarante-quatre mois durant, sous l'impulsion de l'homme éminent qu'est le général Ozil, par nos services généraux, nos laboratoires de recherches et nos usines. On ignore généralement aussi les dangers continuels auxquels étaient exposés chimistes, ingénieurs et ouvriers, ainsi que les accidents d'intoxication sans nombre, maintes fois suivis de mort, que nous eûmes à déplorer. C'est grâce à l'intelligence et au dévouement patriotique de tous que la France fut mise en mesure de tenir tête d'abord à un ennemi supérieurement outillé et de le dominer ensuite, pour arriver, en définitive, à le battre sur ce propre terrain de la Chimie des gaz asphyxiants où il s'était flatté de nous réduire à sa merci.

A LA PREMIÈRE CONFÉRENCE DE L'UNION INTERNATIONALE DE LA CHIMIE PURE ET APPLIQUÉE [1].

MESSIEURS LES MINISTRES,
MES CHERS COLLÈGUES.

L'*Union internationale de la Chimie pure et appliquée*, succédant, au lendemain des plus formidables événements de l'Histoire, à l'*Association internationale des Sociétés chimiques*, fut constituée à Bruxelles, le 23 juillet dernier, comme Section chimique du *Conseil international de Recherches*, par les représentants qualifiés de la Belgique, des États-Unis, de la France, de la Grande-Bretagne et de l'Italie. Le nouvel organisme a rapidement grandi en force et en autorité, et nous avons la satisfaction de constater que ses premiers travaux seront l'œuvre commune de douze pays différents.

Au nom des chimistes américains, anglais, belges, français et italiens, je remercie les chimistes du Canada du Danemark, de l'Espagne, de la Grèce, des Pays-Bas

----

(1) Allocution prononcée à Rome, le 24 juin 1920, par le président de l'*Union*, au banquet qui clôtura la Conférence, en présence de plusieurs membres du Gouvernement italien.

de la Pologne, de la Tchécoslovaquie, d'avoir bien voulu, et avec tant d'empressement, répondre à notre appel. C'est ainsi que, dès sa première année d'existence, et sans parler des adhésions prochaines, retardées par des difficultés d'organisation intérieure propres à chaque nation, l'*Union internationale de la Chimie pure et appliquée* se présente déjà comme une grande et puissante organisation.

Son programme tient en deux mots : réaliser, dans le vaste champ de la Chimie, cette noble et belle Société des Nations que le Traité de Versailles a créée dans l'ordre politique et social, avec la ferme volonté d'éviter l'horrible fléau de la Guerre, et proclamer « La Charte universelle du Travail ». Il est clairement défini dans le premier article de ses statuts : organiser une coopération permanente entre les Associations de Chimie des pays adhérents; coordonner leurs moyens d'action scientifiques et techniques; contribuer à l'avancement de la Chimie dans toute l'étendue de son domaine.

Dans chaque pays, un Comité national provoquera et recueillera les découvertes, étudiera leurs applications en vue du bien-être général, de la richesse publique, de la sécurité nationale, et ce Comité apportera éventuellement, à charge de réciprocité, une collaboration active aux organisations similaires des autres pays.

C'est donc bien une « œuvre d'entr'aide » que nous avons fondée, une immense ruche où chacun apportera le fruit de son travail, réalisant ainsi cette noble pensée de Pasteur : « Elle serait si belle et si utile à faire la part du cœur dans les progrès des Sciences. »

L'élan donné au génie inventif par les fécondes recherches poursuivies dans les œuvres de Guerre, « ce bouillonnement des cerveaux » qui vient d'accomplir des prodiges inouïs, trouveront désormais l'aliment de leur activité dans les œuvres de Paix.

Il s'agit, avant tout, de suppléer à la raréfaction de la main-d'œuvre, car des millions de travailleurs ont payé de leur vie ou de leur capacité de travail leur dévouement à la Patrie, à la cause du Droit. Il faut donc, sans perdre un instant, perfectionner l'outillage scientifique et industriel, et il faut aussi, hélas ! entreprendre des reconstitutions intégrales. C'est seulement par ces voies et moyens que pourra s'élever le rendement du travail. La production générale s'en trouvera accrue dans une mesure proportionnelle, et ainsi disparaîtront peu à peu les difficultés de toute sorte au milieu desquelles se débat le monde actuel. Si, en effet, nous élargissons notre point de vue, la solution de la question sociale paraît devoir résider principalement dans la production basée sur la Science. Depuis quelque cinquante ans, « travailleurs et employeurs » sont engagés dans un grave conflit dont on n'aperçoit pas la solution si l'on persiste à s'en tenir aux doctrines de l'Économie politique et du Socialisme. On admet, de part et d'autre, que la quantité des richesses possibles est limitée, « d'où l'âpre lutte des classes » autour d'elles pour une répartition que chacun veut à son avantage. Or, rien ne paraît plus étroit qu'une semblable conception. Il n'y a, pratiquement, aucune limite à la somme des richesses susceptibles d'être produites si l'on se décide résolument à mettre en œuvre des méthodes de production scientifiques. Dès lors, se battre autour des richesses acquises revient à une stérile dépense d'efforts. Ce qui importe essentiellement, c'est la mise au jour de richesses nouvelles, qui apporteront la paix sociale en donnant à chacun la part de bien-être à laquelle il a droit. Quand on l'aura partout compris, on aura assuré, avec le bonheur général de l'individu, l'équilibre et l'harmonie générale des collectivités.

Dans cette mission humanitaire de la Science, la part de la Chimie apparaît, si j'ose dire, comme prépondérante. Les transformations profondes de la Matière, objet propre de la Chimie, ne sont-elles pas l'essence même de la Vie, ne créent-elles pas l'Énergie, ne constituent-elles pas une source intarissable de forces naturelles, et, par là, ne se trouvent-elles pas nécessairement à la base de toutes les manifestations de l'activité ? En fait, les Sociétés modernes sont organisées de telle sorte que tout progrès dans notre alimentation, notre habillement, l'hygiène de nos foyers, l'éclairage, le chauffage, les précautions contre les maladies et leur traitement, est directement lié au progrès même de la Chimie.

Grande est la tâche des Chimistes! Grandes surtout, et combien redoutables, la tâche et la responsabilité de ceux à qui la destinée a dévolu le difficile rôle de favoriser et d'orienter le talent et l'effort des chercheurs, dans le présent et dans l'avenir. Un tel rôle, mes chers Collègues, sera désormais le nôtre. Nous l'envisagerons dans toute son ampleur.

Une fois solidement établie la permanence des relations entre nos diverses Associations de Chimie, les réalisations ne dépendent plus que de la coordination des efforts : développement toujours plus large de la documentation scientifique et industrielle; exécution en commun de certaines recherches; unification des nomenclatures et des classifications des substances; unification des systèmes d'unités et de mesures, des méthodes d'examen et d'analyse, du classement et du condi-

tionnement des matières premières; standardisation
industrielle et commerciale; création d'un Musée international de la production chimique universelle; création
de prix et de récompenses internationales, autant de
questions, et bien d'autres encore, qui font déjà ou feront,
demain, l'objet de nos études et de nos discussions
amicales.

MESSIEURS,

La carrière de l'*Union internationale de la Chimie
pure et appliquée* s'ouvre sous les plus favorables auspices. En nous invitant à venir l'inaugurer au sein de la
Ville Éternelle, à l'ombre de ces vénérables et magnifiques monuments qui racontent l'histoire de siècles
innombrables, les chimistes italiens n'ont pas seulement
élevé nos âmes à la hauteur de tous nos devoirs, ils ont,
en outre, fait naître aussitôt dans nos esprits cette certitude, pleine d'heureux présages, que nos premières
assises, prélude de tant de travaux à poursuivre pour le
progrès de la Civilisation, ne pouvaient être tenues dans
un cadre mieux approprié, en cette aurore des temps
nouveaux, que dans la patrie du Droit imprescriptible.
Merci à nos savants collègues de nous avoir ménagé de
tels débuts, merci de leur accueil fraternel et de leur
cordiale hospitalité !

Au nom de l'*Union internationale de la Chimie pure
et appliquée*, je lève mon verre à Rome, à l'Italie, au
progrès de la Chimie pour le bien de l'Humanité.

A LA CHEMICAL SOCIETY [1].

Messieurs et chers Collègues,

J'apporte le salut de la Société chimique de France à la Chemical Society. Salut cordial et fraternel, parce qu'il est l'expression d'une estime profonde et d'une sincère amitié.

Nous savons, en France, tout ce que la Chimie doit à la patrie des Priestley, des Cavendish, des Dalton, des Davy, des Faraday, des Frankland, des Williamson, des Perkin, des Rayleigh, des Crookes, des Ramsay, pour n'évoquer que la mémoire de quelques grands disparus. Et combien le présent est digne de ce glorieux passé! Il n'y a qu'à parcourir vos publications pour y trouver couramment de remarquables travaux, et je n'ai qu'à regarder autour de moi pour apercevoir bien des noms illustres. Ce qui caractérise votre esprit scientifique, c'est l'audace : audace des conceptions et audace de l'expérimentation. Plus que quiconque vous professez que dans le domaine de l'inconnu rien n'est *a priori* impossible.

Vous faites volontiers litière des théories les plus clas-

---

[1] Allocution prononcée à Londres (mars 1921), au nom de la *Société chimique de France*, au banquet annuel de la *Chemical Society*.

siques, vous ignorez l'idée préconçue. Soyez-en loués :
à cette indépendance intellectuelle vous devez vos plus
retentissantes découvertes. Nous sommes des admira-
teurs fervents de la Science britannique, et nous aimons
à proclamer la. large part qui lui revient dans l'amélioration de la condition humaine.

Si, pendant trop longtemps et sauf de rares exceptions,
les relations entre les savants des deux côtés du détroit
furent inexistantes, alors que des rencontres fréquentes
eussent sans doute pu avancer l'heure du rapprochement des deux nations, félicitons-nous d'être aujourd'hui
dans l'ère des rapports amicaux, basés sur le souvenir de
terribles luttes soutenues ensemble et de douloureuses
épreuves subies côte à côte pour la défense du Droit et
de la Liberté. Comment pourrait-on songer sans émotion
à ces études, toujours urgentes, que, durant quatre mortelles années, chimistes anglais et chimistes français
ont poursuivies ensemble dans la plus pure atmosphère
de confiance réciproque, mettant tout en commun :
l'expérience, l'intelligence, l'imagination, le dévouement,
l'enthousiasme, le cœur ! Rappellerai-je aussi que c'est
à Paris et à Londres que fut fondée la Confédération
interalliée des Associations de Chimie, qui devint aussitôt
après, à Bruxelles, l'Union internationale de la Chimie
pure et appliquée, ce jeune organisme déjà si vivace
et si riche de promesses ? Une telle communauté d'aspirations, née dans de telles circonstances, ne pouvait
manquer de créer de nombreux liens d'affection individuels, devenus rapidement comme autant de centres
de cristallisation pour l'extension générale des mutuelles
sympathies. Et voici déjà apparaître maints symptômes
significatifs : c'est l'interpénétration, en pleine voie de
développement, de nos Sociétés de Chimie pure et de

Chimie industrielle; c'est l'utilisation, jadis trop exceptionnelle, de quelques ouvrages anglais dans nos milieux scientifiques ainsi que de livres français dans vos Universités, en attendant un échange si désirable de disciples entre vos laboratoires et les nôtres. N'est-il pas superflu d'ajouter que la multiplication et la diversité des contacts ne peut, en dehors du domaine du sentiment, que profiter grandement aux uns comme aux autres ? Nous avons beaucoup à apprendre de vous, et je me permets de penser que vous ne perdrez rien à nous fréquenter davantage.

MES CHERS COLLÈGUES,

C'est avec empressement que la Société chimique de France a accepté la gracieuse invitation du Président Sir James Dobbie et du Conseil de la Chemical Society, et c'est avec joie que, tout en regrettant que notre Président, le professeur André, n'ait pas pu se rendre personnellement parmi vous, j'ai accepté de venir en son lieu et place répondre à votre appel. Je vous exprime mes plus vifs remercîments pour l'accueil si cordial que vous m'avez réservé. Je suis extrêmement heureux et fier d'être ce soir votre hôte. Outre la satisfaction et l'honneur que cela m'a valu de lier connaissance avec nombre de savants fort distingués dont je suivais depuis longtemps les travaux avec intérêt, j'ai eu le plaisir de retrouver quelques compagnons de travail de ces moments inoubliables où nos cœurs palpitaient des mêmes angoisses et des mêmes espérances. Aussi est-ce avec toute la chaleur de mon âme que je lève mon verre à l'union cordiale de nos deux patries, à la pleine réali-

sation de notre commun idéal, à la prospérité de la
Chemical Society et à la gloire de la Science britannique,
à la collaboration toujours plus amicale de nos groupe-
ments scientifiques. Je bois enfin à la santé de tous les
membres de cette brillante assemblée en portant celle
de son Président Sir James-Dobbie.

A LA DEUXIÈME CONFÉRENCE DE L'UNION INTERNATIONALE DE LA CHIMIE PURE ET APPLIQUÉE [1].

Messieurs les Ministres,
Mesdames,
Mes chers Collègues,

Je suis assuré de traduire les sentiments unanimes de cette brillante Assemblée en remerciant très vivement le Comité belge de Chimie, qui, sous l'impulsion de son éminent Président, le professeur Swarts, a su si bien organiser nos différentes réunions et s'est si heureusement ingénié à nous rendre agréable et instructif le séjour dans cette belle capitale. Nous en garderons un souvenir durable de reconnaissance et d'amitié.

Mes chers Collègues,

Nous avions prévu que l'*Union internationale de la Chimie pure et appliquée* aurait une croissance rapide. La réalité a confirmé nos espérances. Constituée à Bruxelles,

[1] Allocution prononcée à Bruxelles, le 30 juin 1921, par le président de l'Union, en présence de plusieurs membres du Gouvernement belge, au banquet qui clôtura la Conférence.

en 1919, par les délégués de cinq grandes nations, elle tenait ses premières assises à Rome en 1920, avec des représentants de douze pays, et nous constatons aujourd'hui la présence, dans cette seconde Conférence, des délégués de vingt et un peuples, venus de toutes les parties du Monde. Et c'est en toute cordialité que les Chimistes américains, anglais, belges, canadiens, danois, espagnols, français, grecs, hollandais, italiens, polonais, tchécoslovaques, ont collaboré, durant ces derniers jours, avec leurs nouveaux collègues de la République Argentine, du Japon, de Monaco, de la Norvège, du Portugal, de la Roumanie, de la Suisse, de l'Uruguay, de la Yougoslavie.

Continuant l'œuvre commencée à Rome, vous venez, mes chers collègues, d'étudier, et avec une autorité renforcée, une multitude de questions intéressant à un haut degré les progrès de la Science, dans le domaine des applications comme dans celui de la pure spéculation. Votre travail a été fructueux. Vous avez pris des décisions importantes, et vous avez utilement préparé l'œuvre de demain. Vos discussions, parfois longues et animées, furent toujours parfaitement loyales et pleines de courtoisie. Pourrait-il en être autrement entre collègues qui, dans une pure atmosphère d'estime et de confiance réciproques, unissent leurs efforts vers le même idéal de progrès pour le bien de tous les hommes, et qui savent que la discipline scientifique à laquelle ils se sont voués est une des colonnes essentielles sur lesquelles reposent la prospérité et le bien-être des Sociétés modernes ?

La Science est un trésor dont le savant, qui en a seul le secret, est directement comptable vis-à-vis de son prochain. Il nous appartient donc de proclamer que

« la Chimie est au fond de tout » et que « rien ne lui échappe ». Professons-le hautement et ne craignons pas de nous répéter : les transformations profondes de la Matière, domaine propre de la Chimie, sont l'essence même de la vie; elles engendrent l'Énergie et constituent une source intarissable de forces naturelles, et elles se trouvent nécessairement à la base des manifestations de toute activité. Aussi les fabrications chimiques intéressent-elles toutes les autres productions. Les industries agricoles et les industries de l'alimentation font appel, à chaque pas, à des traitements chimiques. De même les industries ressortissant à l'Hygiène et à la Médecine ont besoin, à tout moment, de substances chimiques. Les industries chimiques fournissent aux industries du bâtiment, des mines, des ponts et chaussées, la plupart des matériaux de construction et d'ornementation, les explosifs nécessaires aux travaux souterrains; aux industries du vêtement et des textiles, elles apportent les produits de blanchiment, de dégraissage et d'apprêt, de teinture; les industries du chauffage et de l'éclairage sont largement tributaires de la Chimie. Mais à quoi bon ! les exemples ne se comptent plus. La Chimie imprègne tous les rouages de la vie industrielle et de la vie sociale. Et l'on peut être certain, en encourageant les industries chimiques, qu'on favorise, par voie de réaction mutuelle, toutes les autres industries. D'une part, en effet, la Chimie en reçoit les matières premières et l'outillage, et, d'autre part, elle les ravitaille en produits de transformation de toutes sortes.

Ne nous lassons jamais de clamer ces vérités. C'est à force de les dire et de les redire que nous les imposerons à l'attention du Public et des Pouvoirs Publics, que nous avons le devoir de renseigner et d'éclairer sur les obligations spéciales qui leur incombent au regard de la Science et des Savants.

Une telle tâche, qui est une manière d'apostolat, nous serions coupables de nous y dérober en cette époque troublée où l'Univers, bouleversé par le plus effroyable drame, épuisé par d'immenses pertes de sang et de richesses, entièrement désemparé, ressent le besoin urgent de soulager ses misères et de réparer ses ruines. La Science, dans la plus large mesure, a le pouvoir de restaurer, en attendant que reviennent les jours où il lui sera donné d'enrichir, si les moyens de réalisation qu'elle réclame lui sont, hormis de rares et combien clairvoyantes exceptions, moins parcimonieusement comptés. Jamais la mission de la Science n'apparut plus profondément humaine que dans ces jours de désolation. Et elles seraient incalculables les conséquences de la faute que commettraient, vis-à-vis des générations présentes et futures, les dirigeants responsables qui resteraient désormais sourds à l'appel des Savants. Chacun a aujourd'hui de grands devoirs à remplir, et il ne s'en acquitte vraiment que s'il fait vraiment tout ce qu'il peut. Nous ne voulons, quant à nous, en éluder aucun, et il n'en est pas de plus impérieux et de plus urgent que de convaincre l'esprit public de la puissance de la Science.

Tout effort accompli dans l'isolement est condamné, pour une large part, à la stérilité. De plus en plus la solidarité doit être la loi du Monde. Le labeur scientifique, poursuivi simultanément sous toutes les latitudes, peut être grandement facilité et fécondé par l'entente et la collaboration. Telle est la raison d'être de nos rencontres périodiques. Faire que les recherches de tous profitent à tous; à cet effet, constituer un langage commun en vue d'assurer une information scientifique prompte et complète, établir dans notre domaine des échanges internationaux de toute nature, tel est, dans son essence, l'objet des travaux de notre *Union chimique*.

Soyons satisfaits et félicitons-nous de l'œuvre accomplie. Si tous les problèmes dont nous avons cherché ensemble la solution ne l'ont pas définitivement reçue, nombre de questions, et non des moindres par leur importance propre et leur caractère délicat, sont déjà résolues. La Conférence de Bruxelles aura réalisé des innovations précieuses et hardies, présage de résultats prochains non moins heureux et utiles.

MES CHERS COLLÈGUES,

Nous sommes les hôtes d'une Nation qui, petite par son territoire, s'est égalée aux plus grandes par sa conception de l'Honneur et du Devoir.

Terre sainte de l'Humanité, elle mérite à jamais le respect, la commisération, la gratitude, l'affection des peuples. Offrons à la Belgique martyre le suprême hommage de nos cœurs.

Inclinons-nous devant cette noble, cette sublime figure qu'est le roi Albert Ier. Il n'en est pas de plus chevaleresque, il n'en est pas de plus belle dans toute l'Histoire.

Je lève mon verre à la Belgique immortelle, à l'immortel Albert Ier.

A LA TROISIÈME CONFÉRENCE
DE L'UNION INTERNATIONALE DE LA CHIMIE PURE ET APPLIQUÉE [1].

Monsieur le Président,

La Chambre de Commerce de Lyon, dont nous sommes ce soir les hôtes, a tenu, en s'intéressant à nos travaux, à dire bien haut sa foi dans la Science pour l'accroissement de la production et de la fortune publiques. Elle en sera louée, en ces jours de misère générale et de désolation, par tous les esprits clairvoyants. Aussi avons-nous répondu à votre aimable invitation, Monsieur le Président, avec tout l'empressement que peut donner une entière communauté de vues et d'aspirations.

Monsieur le Ministre,

En venant, si loin de la Capitale, vous asseoir à ce magnifique banquet, où se trouvent réunis tant d'hommes éminents accourus à notre appel de tous les points du Globe, vous n'avez pas seulement donné une

---

(1) Allocution prononcée à Lyon, le 1er juillet 1922, par le président de l'Union, en présence de M. Léon Bérard, ministre de l'Instruction publique, au banquet qui clôtura la Conférence.

nouvelle preuve personnelle de la sollicitude agissante avec laquelle les lettrés les plus délicats savent, de nos jours, s'intéresser à la Science et à ses applications, vous avez, en outre, voulu affirmer, une fois de plus, l'esprit de haute solidarité internationale qui, au regard du progrès général de l'Humanité, doit animer tous les peuples et tous les gouvernements. Nous apprécions grandement l'effort qu'en dépit des devoirs de votre lourde charge vous n'avez pas hésité à vous imposer.

Je traduirai, j'en suis sûr, le sentiment unanime de l'Assemblée, en adressant au Comité lyonnais d'organisation de la troisième Conférence internationale de la Chimie nos remercîments les plus chaleureux. Fidèle à des traditions séculaires de généreuse hospitalité, il a parfaitement réussi, sous l'impulsion de son illustre président, le professeur Victor Grignard, activement secondé par M. Bernard, à coordonner à souhait nos multiples travaux, tout en rendant aussi agréable que vraiment instructif notre séjour dans cette belle et grande Cité, dans ce foyer intense de production de toutes sortes, vivant exemple de ce que peut, pour la prospérité matérielle et morale d'un pays, une collaboration étroite et pleinement confiante entre l'Université et l'Industrie.

La Conférence de Lyon est, pour l'*Union internationale de la Chimie*, un nouveau et grand succès. Vingt-cinq nations y ont participé, savoir : Argentine, Australie, Belgique, Brésil, Canada, Danemark, Espagne, États-Unis, France, Grande-Bretagne, Grèce, Italie, Japon, Luxembourg, Monaco, Norvège, Pays-Bas, Pérou, Pologne, Portugal, Roumanie, Suisse, Tchécoslovaquie, Uruguay, Yougoslavie.

Quatre jours durant, les quatre-vingt-neuf délégués

qui les représentaient ont examiné ensemble des problèmes très divers, dont la solution aura les plus heureux effets. L'*Union* prend désormais son essor. Sans doute, sa forte structure doit être encore consolidée; mais, tel qu'il se présente déjà, l'organisme est robuste. Il entre dans la phase résolument productive, et l'on peut lui prédire une longue et féconde carrière.

On s'accorde à reconnaître que nous formons une des plus importantes sections du Conseil international de Recherches, constitué à Bruxelles en juillet 1919. A ce titre, c'est à la Recherche Scientifique, la source toujours jaillissante d'où découlent les progrès de l'Industrie, de l'Agriculture, de la Médecine, de l'Hygiène, que nous songeons avant tout. En fait, tel est bien l'objet de la plupart des Commissions que nous avons nommées; et nous savons que pour le moins l'une d'elles, la Commission des Éléments chimiques, sera bientôt en mesure, si les subventions indispensables lui sont allouées, d'apporter à l'édifice de nouvelles réalités expérimentales, dont l'utilisation pour les échanges commerciaux ne manquerait d'ailleurs pas d'entrer rapidement dans la pratique courante.

Mais il est un autre ordre d'études que l'*Union* a le devoir et la volonté d'entreprendre. Seconder les efforts des chercheurs et en accroître sans cesse le rendement; à cet effet, créer un mouvement autour des grandes questions en provoquant des discussions sur les découvertes les plus originales et sur les théories générales de la Science, telle devra être dorénavant l'une de nos tâches essentielles. Faut-il ajouter que jamais programme de travail ne fut plus attrayant et plus suggestif ? Les connaissances récemment acquises sur la structure intime de la Matière et sur les relations de la Matière avec l'Énergie sous ses diverses formes ouvrent à la Chimie, dans le domaine des applications comme dans celui de la pure spéculation, des perspectives infinies. Nous mettrons ces vastes sujets à l'ordre du jour de nos sessions. Il nous appartiendra aussi d'envisager tout spécialement certains problèmes de Chimie appliquée. Pour fixer les idées, n'est-il pas hors de doute que l'institution, entre autres, d'un débat sur les relations entre la constitution chimique des corps et leur action sur l'organisme pourrait conduire à la découverte de nouveaux agents thérapeutiques ? Tant de maux, hélas ! restent encore à soulager !

Pour obtenir dans cette voie des résultats sérieux, il est évident qu'une bonne méthode est de toute nécessité. Il faudra sérier les questions et en confier l'étude aux savants les mieux qualifiés, qui présenteront des rapports. Rapports et discussions seront publiés sous les auspices de l'*Union*. Que de réflexions hardies verront ainsi le grand jour ! Que de suggestions heureuses pour l'avancement de la Science et pour le développement de ses applications à l'amélioration continue de la condition de tous les hommes ! Au premier chef nous ferons œuvre internationale de recherche scientifique. Grande par son idéal élevé, d'où elle dominera toutes les frontières, cette œuvre sera véritablement humaine, créatrice de vie et de paix sociale.

Une semblable tâche n'est point au-dessus de nos intelligences et de nos cœurs. Ayons l'ambition de la réaliser dans toute son ampleur et dans toute sa beauté. J'exprime ce vœu avec la plus ferme conviction. Peut-être me permettrez-vous d'en faire une sorte de recommandation testamentaire au moment où le mandat dont je suis investi va prendre fin.

Mes chers Collègues,

Depuis trois ans j'ai eu l'honneur, un des plus insignes pour un savant, de présider à la constitution de l'*Union internationale de la Chimie* et de diriger ses travaux. Avant de rentrer dans le rang, j'ai à cœur de vous redire encore toute ma gratitude pour la bienveillante sympathie et la confiance que vous n'avez cessé de me témoigner. Sans l'une et l'autre, remplir avec quelque utilité mes fonctions eût été chose impossible. J'ai conscience d'avoir, en toutes circonstances, fait ce qui était en mon pouvoir pour être toujours digne de vous. Une impartialité absolue, avec le respect de toutes les opinions et de toutes les traditions, telle a été, à travers les décisions et les initiatives que j'ai dû prendre, ma constante préoccupation. Si vous jugez que je l'ai scrupuleusement observée, rien ne me causera une plus réelle satisfaction.

Souffrez qu'à cette minute je me souvienne — ce sera la première et la dernière fois — que je suis Français, et que c'est à la France, qui a tant lutté et tant souffert pour la Civilisation, que l'*Union* a voulu marquer une estime et une sympathie particulières en choisissant un Français pour son premier président. De cela, je vous l'assure, je resterai touché par-dessus tout.

J'accomplirai le plus agréable des devoirs en remerciant nos vice-présidents : MM. Parodi-Delfino, le Dr Parsons, le professeur Sir William Pope et le professeur Swarts, dont les conseils éclairés et le concours permanent m'ont été si précieux, et notre Secrétaire général, M. Jean Gérard, dont vous connaissez la juvénile ardeur, l'intelligence et le dévouement.

Mon éminent ami, Sir William Pope, sera demain votre président. C'est sa haute autorité scientifique, l'élévation de son caractère, sa parfaite connaissance des hommes et des choses, qui l'ont désigné à l'unanimité de vos suffrages. Ce vote vous honore. Et aussi, sans nul doute, l'opinion de tous les milieux scientifiques ratifiera-t-elle pleinement votre choix des quatre nouveaux vice-présidents : le professeur W.-D. Bancroft, d'Ithaca; le professeur Einar Biilmann, de Copenhague; le professeur marquis Emmanuele Paterno di Sessa, de Rome, notre affectionné et vénéré doyen, plus actif et plus jeune que jamais; le professeur Émile Votoček, de Prague, ainsi que votre décision de maintenir dans ses fonctions de Secrétaire général M. Jean Gérard. Les destinées de l'*Union* sont en bonnes mains.

Messieurs,

Je lève mon verre à la Science, à l'action bienfaisante de l'*Union internationale de la Chimie*, à la prospérité et à la gloire de la Ville de Lyon; je bois à nos hôtes, à vous tous !

UN VOYAGE A MADAGASCAR.

ÉTUDES ET IMPRESSIONS (¹).

A la demande de M. le Ministre des Colonies et de M. le Gouverneur général de Madagascar, je me suis rendu dernièrement dans la Grande Ile, pour y étudier les sources thermales, et spécialement celles de la station d'Antsirabé, qu'avec raison on désigne souvent sous le nom de Vichy malgache.

Deux collaborateurs : M. Adolphe Lepape, chef des travaux des recherches de Chimie physique à l'Institut d'Hydrologie et de Climatologie de Paris, et M. Henri Moureu, ingénieur E. P. C., attaché au laboratoire de Chimie organique du Collège de France, m'accompagnaient dans cette mission (²).

De Madagascar nous fûmes également appelés, et en vue d'une étude semblable, à La Réunion, dont les sources de Cilaos, entre autres, sont bien connues. Il ne sera question ici que de Madagascar, qui, pour être la dernière venue de nos colonies, n'en est pas, il s'en

---

(¹) Conférence faite le 14 février 1924, devant la Société des Amis de l'Université de Paris, sous la présidence de M. Albert Sarraut, ministre des Colonies (voir *Revue Scientifique*, avril-mai 1924).

(²) Dont faisait partie aussi Mme Charles Moureu.

faut, la moins intéressante ni la moins digne de notre sollicitude.

Nous y avons passé six semaines : 16 sources thermales et 11 gaz souterrains furent examinés sur place, sur les indications du Dr Monnier (¹), du point de vue des caractères généraux et de la radioactivité; nous en continuons l'étude au laboratoire. Au cours des nombreuses excursions que nécessita l'accomplissement de notre mission, et pour lesquelles, il m'est particulièrement agréable d'en exprimer ici ma très vive gratitude, toutes facilités nous furent données par les soins du Gouvernement général, j'ai vu beaucoup de pays, j'ai beaucoup observé, et j'ai causé avec de nombreuses personnalités : colons, indigènes, administrateurs et fonctionnaires de tous ordres, médecins, officiers de terre et de mer. Et c'est ainsi que, peu à peu et à mon insu, débordant largement le cadre des recherches physico-chimiques qui faisaient l'objet de la mission, j'ai été entraîné, pour satisfaire une curiosité toute personnelle, à rassembler les éléments d'une véritable enquête générale sur Madagascar, enquête, dont personne, en vérité, ne m'avait chargé, mais dont je me suis laissé persuader qu'il pourrait être utile que j'expose, en toute sincérité, les données essentielles et les conclusions.

J'ignorais tout de Madagascar avant d'y aller, et ce que je vais dire est le résultat exclusif de ce que j'ai constaté et appris au cours de mon voyage.

Si ce modeste travail est jugé susceptible de servir

____

(¹) Le Dr Monnier est chargé par le Gouvernement général de Madagascar de l'organisation de la station d'Antsirabé et de l'étude générale des questions hydrologiques dans la Colonie.

en quelque mesure la cause coloniale, inséparable de la cause même de la Patrie, la joie que j'en éprouverai récompensera avec usure les efforts qu'il m'aura coûtés.

Aperçu historique,

Madagascar était connu des Arabes navigateurs de l'Oman et du golfe Persique depuis fort longtemps, et même dès la période préislamique. Marco Polo en parle dans ses écrits et semble lui avoir donné son nom (Meidagascar). Les Portugais, en l'an 1500, redécouvrirent la Grande Île sur la route du Cap aux Indes; ils l'appelèrent île Saint-Laurent (Sao Lorenzo) et y bâtirent, sur les côtes Sud-Est et Sud-Ouest, quelques établissements, qui furent rapidement abandonnés. Vers le milieu du XVIIe siècle, Richelieu ayant décidé la création d'une station de relâche navale sur le chemin des Indes, Jacques Pronis fondait Fort-Dauphin (1644) et prenait possession de l'île, qu'il dénommait île Dauphine. Fort-Dauphin mit les Français en rapport avec les diverses peuplades des côtes et de l'intérieur; mais ils l'abandonnèrent bientôt (1674) pour l'île Bourbon (La Réunion), après une série de fautes politiques, dues surtout au manque d'esprit de suite de nos dirigeants et des gouverneurs locaux, dont le plus célèbre fut le sieur de Flacourt, esprit d'ailleurs fort distingué, auteur d'un livre sur Madagascar qui est un véritable chef-d'œuvre faisant autorité encore aujourd'hui.

Pendant le règne de Louis XV, sous le ministère Choiseul, deux nouveaux essais de colonisation furent tentés : le premier, très éphémère, par le comte de Modave, qui essaya de faire revivre Fort-Dauphin en 1770, l'autre dans la baie d'Antongil, sous le commandement du comte polonais Beniovski. Cet aventurier, rapidement privé de tout secours de la Métropole, n'en fut pas moins une personnalité très importante dans l'histoire de l'influence française à Madagascar : il entra en relation et passa des traités d'alliance avec les peuples de l'intérieur et des côtes Est et Ouest, et il nous fit, en outre, connaître les Hova, la peuplade la plus importante de l'intérieur et la plus avancée en civilisation. La tentative de la baie d'Antongil devait prendre fin avec Beniovski lui-même, qui mourut d'une façon assez mystérieuse.

Pendant la fin du XVIIIe siècle et la Révolution, Madagascar tombe dans l'oubli. Néanmoins, les colonies nouvelles de l'île de France et de Bourbon veillaient, entretenant des relations assez fréquentes avec Madagascar pour la traite du riz, denrée qui leur était indispensable, et aussi, disons-le, pour la traite des esclaves. Le citoyen préfet de l'île de France envoya même à Madagascar, pour y étudier la faune, la flore et les productions minérales pouvant être utiles aux deux îles, le naturaliste Chapelier. Remarquons-le en passant, cette mission scientifique est la première en date dont Madagascar ait été l'objet.

Après la prise de l'île de France par les Anglais (en 1810), à laquelle ils donnaient le nom d'île Maurice, commence à Madagascar, en faveur de l'Angleterre, une période d'activité commerciale, politique et religieuse, dont il serait long et peut-être délicat de rappeler les péripéties.

Cependant, depuis 1821, l'île de Sainte-Marie, sur la côte Est, restait colonie française, à la suite de l'entreprise de colonisation de Sylvain Roux.

Tandis que l'influence anglaise s'établissait exclusivement auprès du peuple hova, le capitaine de vaisseau Hell, commandant une escadrille de notre marine de guerre, traitait avec les roitelets de la Côte et obtenait pour la France, en toute propriété, l'île de Nossi-Bé, au Nord-Ouest, et en même temps le protectorat des tribus sakalava. Dans la suite, nos agents coloniaux passaient un traité avec le sultan des Comores, qui nous vendait l'île de Mayotte. C'est de ces trois postes d'observation : Sainte-Marie, Nossi-Bé, les Comores, de ces trois points d'appui, que la France allait voir se dérouler les événements qui devaient aboutir, après bien des vicissitudes, à son emprise définitive sur Madagascar et l'archipel des Comores.

Les efforts des agents britanniques tendirent pendant plus d'un demi-siècle, dans un but de domination sur toute l'île, à guider la politique de la monarchie hova et à implanter les religions anglaises dans le pays. Militaires, diplomates laïcs et religieux se succédèrent sans arrêt à Tananarive, poussant aux conquêtes sur les tribus côtières et au culte exclusif de la religion protestante, dont les ministres etaient tous élevés dans les écoles anglaises.

Cette emprise politique et religieuse semblait définitive et hors d'atteinte, lorsqu'en 1860 le hasard d'un naufrage amena aux îles Mascareignes (Bourbon et Maurice) puis à Madagascar un homme d'audace, de cœur et de génie : Jean Laborde, qui devait, en quelques années, restaurer l'influence française à Tananarive. Devenu l'ingénieur du gouvernement hova et le conseiller intime de la reine Ranavalo Ire, il obtint le retour des commerçants et des missionnaires français, et il joua, en outre, un rôle de civilisateur que les populations indigènes ne devaient plus oublier. Tout allait au mieux

pour nous, à l'avènement de Radama II, élève et
filleul de Laborde, lorsque éclata une révolution de

Fig. 1. — Tananarive. Les grands escaliers.

palais, suscitée par les agents étrangers, qui se voyaient
battus : le roi francophile fut assassiné et l'exil prononcé.

contre Laborde et ses compatriotes, qui se refugièrent aux îles Bourbon et Maurice.

Le retour de l'influence anglaise ramena aussitôt la politique d'exclusivité religieuse et de domination de toute l'île par les Hova. Conquêtes, plus ou moins réelles, des tribus côtières, avec exactions, pillages, destruction

Fig. 2. — Tananarive. Quartier d'Ambohijotovo.

par le feu des plantations des Européens sans distinction de nationalité, attaque et mise en esclavage de nos protégés sakalava, se prolongèrent jusqu'en 1885.

La France s'émut alors d'une telle situation. Une escadrille commandée par l'amiral Miot remettait vite les choses au point en bombardant Tamatave et en s'emparant des forts hova (1885). Un traité fut conclu, entre l'amiral et le ministre plénipotentiaire Patrimonio, d'une part, et Rainilarivony, premier ministre de Tananarive, d'autre part, qui nous reconnaissait tous nos droits antérieurs, nous donnait la pleine pro-

priété de Diégo-Suarez et nous assurait le protectorat
sur l'île entière. Un Résident français, avec une escorte
de cent hommes, était installé à Tananarive.

Mais dix ans après, en dépit d'une mission de Le Myre
de Villers, envoyé à Tananarive en vue d'une entente
loyale, l'influence étrangère, étayée surtout sur la poli-

Fig. 3. — Tananarive. Vue panoramique prise de la terrasse
du palais de la Reine.

tique religieuse, prédominait à nouveau et nous obligeait,
sous menace de massacre, à retirer de Tananarive le
Résident Ranchot, qui ramenait à la Côte son escorte
et la colonie française au grand complet. La fameuse
expédition de 1895, Gabriel Hanotaux était alors notre
ministre des Affaires étrangères, s'ensuivit, où se firent
remarquer les généraux Duchesne, Voyron et Metzinger,
et l'amiral Bienaimé. Après la prise de Tananarive et
la soumission du gouvernement hova, le Résident
Laroche fut installé dans la capitale. Il y exerça un

protectorat sensiblement plus effectif que celui du traité précédent. L'année 1896 vit la suppression brusque de l'esclavage à Madagascar.

La conquête n'était cependant pas encore achevée. En 1898, une insurrection, suscitée par de hautes personnalités de l'ancien gouvernement, que le Résident voyait journellement comme confidents, encercla complètement Tananarive et mit le corps d'occupation en grand péril. Et c'est en toute hâte que Gallieni fut dépêché à Madagascar, en remplacement du trop confiant et crédule Résident Laroche. En quelques jours, par l'exécution des deux principales têtes du complot, la déportation de la reine et de son vieil époux, le premier ministre Rainilarivony, le Général rétablissait la sécurité d'une manière absolue et ainsi débutait, magnifiquement, dans son rôle de pacificateur et d'organisateur de la nouvelle colonie. Parmi ses collaborateurs et ses continuateurs, nous citerons : Joffre, Roques, Lyautey, Pellé, Berdoulat, Gérard, Ozil, Peyrègne, Augagneur, Garbit, qui tous se formèrent à son école ou s'inspirèrent de ses méthodes, et dont plusieurs devaient être, avec Gallieni lui-même, des chefs de la victoire dans la Guerre mondiale. De Mahy, Brunet et autres députés coloniaux ne cessèrent d'appuyer, auprès des Chambres et des Ministres, l'œuvre de progrès social et économique qui allait transformer Madagascar et l'attacher d'une manière indéfectible à la mère patrie.

Cette rapide esquisse sur l'histoire de Madagascar ne saurait être close sans que soit pour le moins évoqué le nom d'un grand savant qui en est inséparable. C'est dans la période allant de 1870 à 1895 qu'Alfred Grandidier, au cours de ses nombreux voyages à travers l'île, recueillait les documents de son Histoire naturelle de Madagascar, véritable monument scientifique, dont son fils Guillaume poursuit la publication avec une pieuse persévérance et un légitime succès. Et nous rappellerons aussi, dans le même ordre d'idées, que le Père Colin créa, en 1888, à Tananarive, un observatoire astronomique et météorologique, qu'il n'a cessé de diriger jusqu'à sa mort toute récente, en même temps qu'il exécutait de nombreux travaux de géographie, de géodésie et de magnétisme terrestre.

Géographie physique.

L'île de Madagascar est située entre le 12e et le 26e degré de latitude Sud, à 300 kilomètres de la côte africaine du Mozambique. Sa superficie, de 385 000 kilomètres carrés, égale environ celles de la France, de la Belgique et de la Hollande réunies. Suivant une expression assez pittoresque, elle ressemble à une empreinte de pied gauche, dont l'orteil serait au cap d'Ambre, près de Diego, et le talon à 1600 kilomètres au sud de ce point, au cap Sainte-Marie.

La côte Est, rectiligne, presque dépourvue de ports, sauf dans le Nord, à partir de la baie d'Antongil, possède une bande littorale étroite et basse, coupée de lagunes et de terres alluvionnaires. Après quelques kilomètres dans l'intérieur, une succession de gradins et de collines conduit le relief assez rapidement, en 200 kilomètres, jusqu'à une ligne faîtière d'une grande netteté, qui est presque continue de Diégo à Fort-Dauphin, l'altitude variant de 1500 à 1800 mètres. Cette arête borde une série de hauts plateaux au relief tourmenté. Le versant Est, recevant les vents chargés d'humidité de l'Océan Indien,

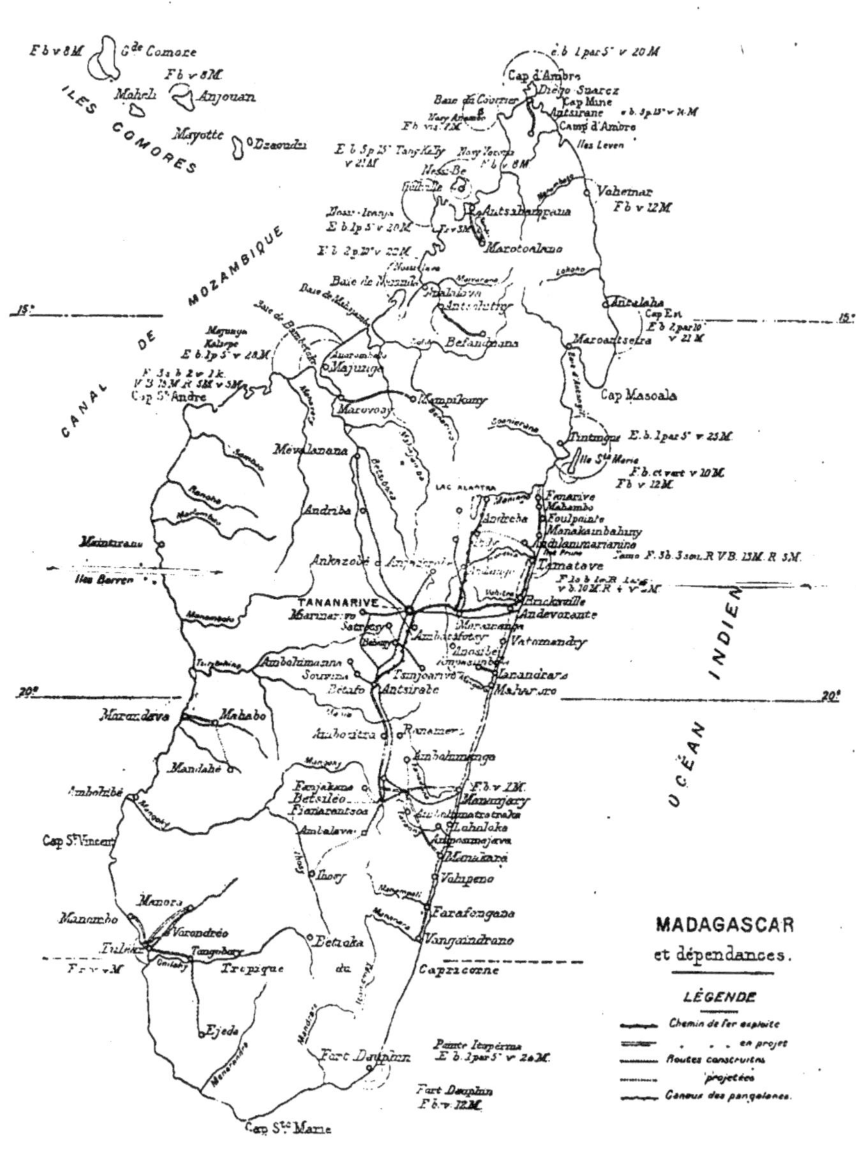
ILES COMORES
F b v 8 M   Gde Comore
Fb v 8 M
Mahrli   Anjouan
Mayotte   Dzaoudzi
CANAL DE MOZAMBIQUE
e.b 1par 5' v 20 M
Cap d'Ambre
Baie du Courrier   Diego Suarez
Cap Mine
Nosy Anamba   Antsirane   e.b 3p 13' v 14 M
Fb v 4 M   Camp d'Ambre
Iles Leven
E b 3p 13' TangKaly   Nosy Tseves
v 21M   F b v 8 M
Nosy Be   Vahemar
Helville   Fb v 12 M
Nosy Irenya   Rahatsiharpeana
E b 1p 5' v 20 M   F v 3 M
F b 2p 13' v 22 M   Marotoalana
Nossi Vara
Baie de Momsa   Antalaha
Baie de Mahayamba   Cap En
Analalava   E b 2 par 10
Antsohihy   v 21 M
Befandriana   Maroantsetra
Majunga   Kalarpe
E b 1p 5' v 18 M   Cap Masoala
F 3p b 2 v 1k.   Ampitsony
V 3 13 M R 5M v 5M   Marovoay   Tintingue   E.b 1par 5' v 25 M
Cap St André
Ile Ste Marie
Mevatanana   F b et vert v 10 M
Fb v 12 M
Andriba   LAC ALAOTRA
Fenarive   Mahambo
Maintirano   Andreba   Foulpointe
Manakaimbahiny
Iles Barren   Andilanimarianino
Ankazobe   Tamatave
TANANARIVE   Brickaville
Manmarvo   Andevorante
Satrasy   Vatomandry
Ambatofotsy   Mananjara
Ambatamanna   Maharuro
Souvina   Tsinjoarivo   Antsirabe
Betafo
Marandava   Mahabo   Ramena
Ambositra
Mandahé   Ambalamanga
Ambohibé   Fenjakara   Fb v 1M
Betsileo   Mananjary
Cap St Vincent   Fianarantsoa
Ambalava   Ihaholaka
Antipamojava
Manakara
Ihosy   Vohipeno
Manora   Farafangana
Manambo   Varondreo   Betioka   Vangaindrano
Tulear   Tanghary   Tropique   du   Capricorne
Fr v M   Gnliaky
MADAGASCAR
et dépendances.
Ejeda
Pointe Itaperma   LÉGENDE
Fort Dauphin   E b 1par 5' v 20 M   Chemin de fer exploite
. . . en projet
Fort Dauphin   Routes construites
Fb v 12 M   projettees
Cap Ste Marie   Canou des pangalanes.
OCÉAN INDIEN
15°
20°

possède le « premier climat du type tropical humide » : il y pleut presque toute l'année, et ses productions sont bien particulières.

A partir de la ligne bordière de l'Est jusqu'à la côte Ouest, le climat est du « type tropical à saisons tranchées », comportant six mois de pluies orageuses et six mois de sécheresse. L'altitude des hauts plateaux, qui

Fig. 4. — Paysage caractéristique. Environs d'Antsirabé.

tempère la chaleur, leur assure le climat et les productions du Midi de la France ; il faut remarquer, en outre, que, sur ces hauts plateaux, les massifs montagneux du Tsaratanana, de l'Ankaratra et de l'Andringitra, atteignant des altitudes de près de 3000 mètres, forment trois îlots à climat très tempéré, où les productions sont celles du centre et du nord de la France. Les régions de l'Ouest, dont le relief s'abaisse graduellement jusqu'à la mer, ont un climat et des productions analogues à celles du Soudan et du Sénégal.

Dans le Sud d'une ligne allant de Tulear à Fort-Dauphin les pluies sont rares, et il en résulte un climat à productions subdésertiques.

Sur la côte Nord-Ouest, sur l'île même de Nossi-Bé, une étroite bande de 50 kilomètres reçoit, par une sorte de couloir est-ouest creusé dans les plateaux,

Fig. 5. — Paysage (sur les hauts plateaux).

d'abondantes pluies venant de la côte Est, dont cette petite enclave présente ainsi le climat et les productions.

Sur le versant Est, qui s'élève très rapidement, comme nous l'avons vu ci-dessus, vers l'arête faîtière de l'île, coulent une multitude de petits fleuves tombant dans une série de lacs et lagunes côtières, qui forment une ligne navigable, presque continue, du Nord de Tamatave au Sud de Farafangana, sur une longueur de 600 kilomètres. La ligne est coupée, de loin en loin, par des langues de terre appelées *pangalana* (*portage* des pirogues d'une lagune à l'autre), qui sont en voie de

percement, ce qui permettra bientôt une navigation
intérieure destinée à remédier au manque de rades
et de ports caractérisant cette région. Le seul fleuve
vraiment important à citer est le Mangoro.

Fig. 6. — La mission Moureu passant la rivière Andiantsay,
près Betafo.

La côte Ouest, au contraire, ayant un *interland* profond, qui se prolonge encore par les hauts plateaux,
possède quelques grands fleuves, habités par d'innombrables caïmans, les seuls animaux dangereux de Madagascar, et dont les principaux sont la Betsiboka, la
Tsiribihina, le Mangoka et l'Onilahy. Pour donner une
idée de l'importance de ces fleuves, il suffira d'indiquer
que la Betsiboka a un kilomètre et demi de large au

moment où elle se jette dans la baie de Bombetok, à l'entrée de laquelle s'élève la ville prospère de Majunga, métropole commerciale de la côte Ouest.

Fig. 7. — La mission Moureu traversant la Manandona
au sud d'Antsirabé.

Signalons enfin, à l'extrémité Nord de l'île, la magnifique baie de Diégo-Suarez, qui peut contenir toutes les flottes du monde et commande l'Océan Indien.

Géologie.

La grande masse des hauts plateaux du Centre est constituée, à partir du pied des collines qui limitent la zone côtière de l'Est, par des terrains archéens (granits, gneiss, micaschistes, cipolins, quartzites). Dans ce massif se trouvent l'or, le plomb, le fer, le nickel, le titane, le graphite, l'ardoise, les marbres cipolins, le kaolin, les gemmes (béryls, topazes, améthystes, tourmalines, grenats), les minéraux radioactifs. C'est là

surtout qu'Alfred Lacroix, dans son importante mission
de 1911, porta ses investigations, qui furent bientôt
suivies de la publication d'un ouvrage de haute synthèse
révélant la valeur précieuse du sous-sol de Madagascar.
Je rappellerai ici que cette étude ne cesse, depuis de

Fig. 8. — Antsirabé : Les Bains.

longues années, de passionner un savant naturaliste,
Perrier de la Bathie, bien connu de tous les européens
et aussi des indigènes. Et je ne saurais non plus oublier
les remarquables études de Paul Lemoine, ni le savant
ouvrage de Gauthier sur la géologie et la géographie
physique de Madagascar.

Dans les boutons éruptifs du Tsaratanana et de
l'Ankaratra jaillissent de nombreuses sources thermales,
dont les caractères d'ensemble rappellent les sources du
Plateau Central de la France (¹).

____

(¹) C'est là que grandit de jour en jour la jolie et riante

Tout autour du massif central archéen et dans les vallées profondes qui le creusent on trouve encore un grand nombre de sources (plus de 60), la plupart sulfurées, dont l'étude réservera peut-être d'intéressantes surprises.

A l'Ouest se trouve une longue dépression, dite *vallée permotriasique*, allant presque sans interruption de Nossi-Bé à Tulear. On y rencontre des régions entières de grès bitumineux, avec suintements de bitume liquide, indice d'un bassin étendu, dont les études récentes par Léon Bertrand et Joleaud, outre les travaux des ingénieurs qualifiés, apporteront les plus sérieuses indications pour les recherches de pétrole.

Au sud de la vallée permotriasique, au nord et au sud du fleuve Onilahy, à 150 kilomètres de Tulear, on a découvert dernièrement de nombreux affleurements d'un important bassin houiller.

A l'ouest de ces formations se trouvent les plateaux calcaires, crétacés et tertiaires du Bémaraha.

Productions végétales et animales.

C'est dans la plus large mesure que la nature de la végétation dépend des facteurs climatériques — tempé-

---

station d'Antsirabé, aux eaux minérales analogues à celles de Vichy, au climat tempéré et tout embaumé de mimosa, où le séjour est délicieux. On peut prévoir qu'elle deviendra en peu d'années un centre important. Depuis longtemps, d'ailleurs, Madagascar, La Réunion, Maurice, les pays sud-africains, lui assurent une clientèle de colons et d'indigènes, qui viennent y suivre un traitement médical, y faire une cure d'altitude et de repos.

rature, humidité, sécheresse — et de la constitution du sol.

A la côte Est, ainsi qu'au couloir sur Nossi-Bé, reviennent les productions des climats tropicaux humides : café (liberia, kouilou, canephora, robusta), girofle, cacao, vanille, manioc, canne à sucre, riz, tous

Fig. 9. — Bœuf malgache (Zébu).

produits de culture, et aussi les fruits spéciaux : bananes, letchis, avocats, ananas, mangues, oranges, mandarines, etc. Le raphia, le caoutchouc de lianes, la gomme copal, le crin végétal, sont des productions naturelles de cette région.

Les palmiers à huile *Eleïs*, importés de l'Afrique occidentale, y végètent et fructifient aussi parfaitement ; mais ils ne sont pas encore, comme ils devraient l'être, l'objet d'une culture intensive.

De Diégo-Suarez à Fort-Dauphin s'étend à l'Est,

presque sans interruption, une grande forêt tropicale.
Épaisse de 200 kilomètres environ au niveau de la baie
d'Antongil, elle a été en maints endroits réduite, par les
abatis et les incendies des tribus forestières Betsimisaraka et Tanala, à une bande plus ou moins etroite.
En face de Tananarive, cette bande, séparée en deux
branches par les savanes de la plaine du Mangoro, n'a

Fig. 10. — Bœufs. Piétinements de rizières à la méthode indigène.

tout au plus qu'une épaisseur d'une quarantaine de
kilomètres; vers Mananjary, elle ne dépasse pas 25 kilomètres. La forêt, très dense, humide, et, grâce à ses sous-
bois, presque impénétrable, est très pittoresque, avec
ses hautes futaies, habitées, entre autres animaux rares,
par des singes lémuriens, avec ses fougères arbores-
centes, ses ruisseaux et ses cascades. Les « essences »
précieuses, telles que l'ébène et le palissandre, y abondent.
De grandes quantités de miel, de cire, de caoutchouc
de lianes, sont produites dans cette forêt. Une telle

zone de verdure forestière est précieuse : en couvrant
les montagnes Betsimisaraka elle régularise le cours
des eaux. Malheureusement elle est menacée d'une destruction totale, du fait surtout des incendies allumés
par les tribus indigènes, qui y vivent de miel, de racines

Fig. 11. — La mission Moureu dans la forêt de l'Est.
sur la route de Mananjary.

et d'éphémères plantations de riz, semées sur les
cendres des végétaux dévorés par le feu. Les exploitations de la forêt par les Européens, le long des voies de
communication, ne semblent guère améliorer cette déplorable situation, et l'on ne peut que souhaiter qu'un
service forestier ayant toute l'autorité désirable établisse
solidement les charges des exploitants et tienne sévè-
rement la main à leur exécution.

Dès que l'on arrive sur les hauts plateaux, au climat

plus frais et moins humide, on est frappé par un aspect
de dénudation des montagnes presque absolu. Les arbres,
dont les seuls représentants sont les eucalyptus, les
mimosas et les arbres fruitiers, ne se voient que le long
des routes et dans les villages. La végétation naturelle
y a totalement disparu, conséquence de la déforestation
par les incendies qui, jusqu'à nos jours, a été; ici encore,

Fig. 19. — Bœufs sur les hauts plateaux.

un principe chez l'indigène, pour le maigre avantage
d'une repousse un peu hâtive de l'herbe destinée aux
pâturages. Une telle dénudation donne souvent un
aspect lunaire à ces hauts plateaux. On doit espérer
qu'à l'exemple de certains particuliers, ainsi que du
service des chemins de fer, la restruction forestière
sera réalisée, au plus grand bénéfice de la régularité
du climat, ainsi que de l'hygiène et du bien-être des
habitants, qui en sont réduits à cuire les aliments avec
de l'herbe sèche.

Cependant, au sortir, assez brusque, de la zone tropicale humide, avec ses végétations luxuriantes d'un vert plutôt sombre, cette dénudation, si impressionnante dès le premier contact, est compensée par une véritable débauche de couleurs, où passe toute une gamme allant des rouges les plus tendres et les plus foncés jusqu'aux mauves et aux violets. Certaines terres sont rouge sang, d'autres sont ocres, d'autres rouge brun, d'autres roses, etc. Les villes et les villages, construits en terre sèche ou en briques, s'harmonisent parfaitement avec toutes ces teintes. Plus les plans s'éloignent vers l'horizon, plus nuancés sont les mauves et les violets. Sur cette riche tonalité tranchent les verts variant à l'infini des rizières et des bosquets d'arbres, le tout étant recouvert par un ciel bleu turquoise dont nous n'avons en France aucune idée. Une telle symphonie des teintes, véritablement sublime, est un des spectacles les plus étranges et les plus prenants, dont l'œil ne peut se rassasier. Quant à la magnificence des couchers de soleil sur ces hauts plateaux, je renonce à la dépeindre.

Dans ce pays dénudé, l'industrie des habitants a transformé toutes les vallées, des plus larges, comme l'immense plaine de Betsimitatra, qui entoure Tananarive, aux plus étroites, en rizières cultivées avec amour, qui par leur surproduction assurent la prospérité de la région. En outre, la base des collines est plantée de manioc, de maïs, de haricots, d'arbres fruitiers, et même de riz, celui-ci sur des gradins artificiels irrigués par d'ingénieuses canalisations venant des montagnes.

Le riz, le manioc, les haricots, le maïs, les légumes, les fruits d'Europe, les vers à soie, des chevaux, des porcs, des moutons, quelques bœufs et vaches laitières, sont les seules productions des plateaux. Elles arrivent

non seulement à nourrir une population assez dense,
mais à fournir un tonnage relativement élevé à l'exportation. Signalons, en passant, l'avenir immense qui
semble réservé dans cette même région aux plantations
de mimosas à tannin, d'un aspect vraiment féerique,
qui couvrent chaque année des milliers de nouveaux

Fig. 13. — Paysage d'Imerina : Maison, rizières, battage du riz.

hectares; et l'on sait à quel point l'industrie des extraits
tannants intéresse la Métropôle.

Le blé, l'avoine, l'orge et la pomme de terre sont
cultivés avec succès dans les terres volcaniques de
l'Ankaratra.

Le climat du versant Ouest, avec six mois de pluies
et six mois de sécheresse absolue, en a fait le domaine
des feux annuels, et ce qui reste de la forêt primitive
est confiné au bord des cours d'eaux. Sur les plateaux
intermédiaires entre le Centre et la Côte s'étendent,
presque du Nord au Sud, d'immenses déserts d'herbes,
vertes à la saison des pluies, sèches et brûlées après

quelques mois de sécheresse, les savanes. C'est là que
vivent les quatre cinquièmes des dix millions de bœufs
zébus qui sont une des grandes richesses de Madagascar. Les espaces pour ainsi dire indéfinis dont ils
disposent et la réserve graisseuse de leur bosse leur
permettent de vivre assez bien d'une saison de pluies

Fig. 14. — Bœufs dans les savanes de l'Ouest.

à l'autre, la race étant parfaitement adaptée à ce régime.
C'est par dizaines de milliers que l'on y peut chiffrer les
bœufs sans maîtres redevenus complètement sauvages.

Un peu plus bas que ces plateaux intermédiaires
s'étendent d'immenses plaines alluvionnaires à la végétation puissante, à peine cultivées, qui constituent des
réserves presque illimitées pour les cultures appropriées
à ce climat chaud et aux deux saisons bien tranchées.
C'est par milliers de tonnes tous les ans qu'il faut y

compter les progrès de la production du riz et des arachides. On y cultive avec un grand succès le pois du Cap, et l'exportation de cette denrée a fait la fortune de Tulear et de Morondava. Le coton y promet un brillant avenir. Et nous mentionnerons encore : l'urena

Fig. 15. — Le baobab de Majunga.

lobata ou paka, qui remplace avantageusement le jute, si largement employé pour la confection des sacs ; l'aloès, dont la fibre sert à la confection des cordages et pour la sparterie, et le sisal, dont la fibre est encore plus résistante, etc.

La région Ouest sera celle des grandes cultures industrielles et de l'élevage intensif. En dehors des bords des rivières, où la belle forêt a pu subsister, la végétation naturelle est ici caractérisée surtout par des arbres à feuilles caduques : lataniers, baobabs, euphorbiacées. Les bords de la mer, et plus particulièrement les estuaires des rivières et des fleuves, sont couverts par la végétation des palétuviers, si riches en tannin, qui poussent en pleine eau salée.

Dans la région subdésertique du Sud, au-dessous de la ligne Tulear-Fort-Dauphin, poussent, sur d'immenses espaces, les euphorbiacées, les cactus et les plantes épineuses, donnant à ce pays un aspect étrange. Les diverses tribus Antandroy et Mahafaly, assez populeuses, qui y vivent, profitent des rares orages de la saison des pluies pour y faire pousser le sorgho et le maïs, et elles arrivent à y entretenir, par des miracles d'ingéniosité et grâce à d'exceptionnelles facultés d'adaptation, un assez important cheptel de bœufs, de moutons à poils et grosses queues ([1]) et de chèvres. Les autruches, importées dans ce pays il y a une vingtaine d'années, y prospèrent et y sont l'objet d'un élevage rationnel et rémunérateur de la part de certains colons.

Géographie humaine.

Malgré la proximité des côtes d'Afrique, on s'accorde à admettre que Madagascar a été peuplée par des hommes venant de l'Insulinde : Java, Bornéo, Sumatra, Philippines, etc. Les habitants de ces îles lointaines,

---

([1]) Le mouton à laine remplacera bientôt, par métissage, le mouton à poil. Les nombreuses expériences faites à ce sujet sont absolument concluantes. Et l'on peut espérer que cet élevage fournira un gros apport de matière première à l'industrie lainière française.

hardis navigateurs, ont été sans doute entraînés vers l'Ouest par le grand courant transversal de l'Océan Indien qui vient aboutir à la côte orientale de Madagascar, et aussi par les cyclones, dont les trajectoires aboutissent obliquement à cette même barrière, longue de 1600 kilomètres. Les caractères ethnologiques et linguistiques concordent avec cette hypothèse, que confirment d'ailleurs d'autres observations. C'est ainsi que les plantes naturelles de la Grande Ile ont pour la plupart des affinités indo-océaniennes, et leurs graines ont dû parvenir à Madagascar par les mêmes voies. Rappelons, en outre, l'éruption fameuse du Krakatoa (île de la Sonde), qui y amena des bancs énormes de pierres ponces. Signalons enfin que les Malgaches ont la même pirogue à balancier que les Polynésiens.

Il est à remarquer que ces Indo-Océaniens, qui forment le fond de la population de Madagascar, n'existent plus dans l'Insulinde, leur pays d'origine, qu'à l'état de tribus isolées dans les montagnes ou dans quelques îles écartées, où on les appelle *négritos*. Ils ont été partout submergés et refoulés par les Malais originaires du continent asiatique.

On parle à Madagascar d'une population primitive, semi-fabuleuse, très clairsemée, les *vazimba*, dont les origines ne sont pas encore bien établies.

A côté de ce fond de population indo-océanien, qui forme tout le bloc malgache, s'est constitué, à une époque relativement récente (600 ans environ), une tribu du type mongoloïde (teint jaune olivâtre, yeux bridés, comme les Chinois et les Japonais), d'origine javanaise, dont les ancêtres furent probablement jetés sur Madagascar par quelque naufrage. Prolifique, intelligente, restée, malgré ses premières alliances indigènes, dans un état de pureté presque parfaite, grâce à un isolement de plusieurs siècles dans l'*Imerina*, région des hauts plateaux autour de Tananarive, qui en est la capitale, cette tribu est celle des *Merina*, communément mais improprement appelés *Hova*. Elle était en

Fig. 16. — Danseurs indigènes à Tananarive.

train d'acquérir la domination sur toutes les autres races lorsque arrivèrent les Français. Ces Javanais, parlant une langue assez voisine de leurs devanciers indo-océaniens, ont fini par adopter l'idiome général de l'île, en y ajoutant seulement quelques rares vocables javanais.

A Madagascar, il n'y a de vrais nègres que ceux qui descendent des esclaves africains, importés à une époque assez récente par les Arabes et les Européens. Les nègres d'Afrique, en effet, ne sont pas des navigateurs, et ils n'auraient pas pu traverser le courant, alternativement nord-sud et sud-nord, suivant les saisons, qui longe la côte africaine dans le canal de Mozambique.

Il faut noter un assez important métissage, dû aux Arabes et même aux Européens. Les métis ont même été l'origine des familles régnantes de l'Imerina et des Côtes.

Le total de la population est d'environ trois millions et demi d'habitants, dont une vingtaine de milliers d'Européens ou assimilés (Créoles), six mille Indiens, quinze cents Chinois (les Arabes sont considérés comme indigènes).

L'ensemble comprend une quantité de tribus. La plus importante est celle des Hova, que l'on rencontre, un peu partout dans l'île, comme fonctionnaires ou comme commerçants.

Je passerai rapidement en revue les autres tribus malgaches, toutes indo-océaniennes par leur origine.

Les Betsileo habitent une province des Hauts-Plateaux située au sud de l'Imerina, avec Fianarantsoa pour capitale. Antsirabe est en plein pays betsileo, ainsi qu'Ambositra.

Sur la côte Est, on trouve, du Nord au Sud : 1º les Antankara (le centre est Vohemar); 2º une suite de tribus parentes appelées Betsimisaraka, avec Tamatave pour centre; 3º les Antaimoro, les Antesaka et les Antefasina, tribus plus ou moins arabisées, dont le centre est Farafangana; 4º les Antanosy, qui habitent dans la région de Fort-Dauphin.

Les régions du Sud, au climat subdésertique, sont habitées par les Antandroy et les Mahafaly.

A l'extrémité sud des Hauts Plateaux on trouve les Bara, pasteurs semi-nomades et guerriers.

La côte Ouest, de Tulear à Nossi-Bé, a constitué jusqu'au siècle dernier un grand royaume unifié par les Sakalava, guerriers célèbres partis de la vallée basse du Mangoka.

La région forestière de l'Est, depuis Farafangana jusqu'à Vatomandry, est habitée par une série de « clans » de la tribu Tanala, qui vivent presque uniquement des produits de la forêt (miel, racines).

Dans la dépression lacustre de l'A'aotra et la vallée du haut Mangoro vivent les Tsianaka et les Bezanozano.

Enfin l'extrémité Nord des Hauts-Plateaux, avec le centre de Mandritsara, est peuplée par les Tsimihety.

Chaque tribu était, il y a peu de temps encore, bien confinée sur son territoire. Cette répartition se complique maintenant de pénétrations réciproques, facilitées par la sécurité absolue du pays et par le déplacement des centres d'activité. C'est ainsi que les travailleurs Antaimoro, véritables « auvergnats » de Madagascar, peuplent maintenant Majunga, Nossi-Bé et Diégo, à mille kilomètres de leur province d'origine. De même les riziculteurs betsileo envahissent la vallée de la Betsiboka et les terres de riz à l'Ouest; les Bara, avec leurs troupeaux, remontent très loin dans le Nord, sur les moyens plateaux de l'Ouest; les Tsimiety, grâce à des mœurs sévères et une natalité élevée, couvrent peu à peu l'extrémité Nord de l'île.

Nossi-Bé et Sainte-Marie, vieilles colonies françaises, présentent un mélange de races très variées : Betsimi-saraka, Sakalava, Makoa (d'origine africaine), Comoriens, mulâtres ou métis divers.

La population des Comores est également assez disparate. A Mayotte dominent des Sakalava émigrés, plus ou moins islamisés, et les Comoriens.

A Mohely et Anjouan, la haute classe est constituée par des descendants plus ou moins purs d'Arabes de Mascate (en Oman), de Schiraz (en Perse), tandis que le fond de la population campagnarde est constitué par des nègres Bantou, amenés jadis comme esclaves de la côte d'Afrique. Tous sont musulmans sunites.

A la Grande Comore, pays exempt de paludisme, l'élément descendant des Arabes, à divers degrés de ·mélange, prédomine nettement et se multiplie assez rapidement. Cette île, surpeuplée sur son étroite bande littorale (l'intérieur est entièrement montagneux), voit son surcroît de population émigrer sur la côte d'Afrique et à Madagascar. A Zanzibar, les Comoriens qui se réclament du consul de France se comptent par milliers.

La langue, les croyances, les mœurs ([1]).

La langue. — Les Malgaches parlent une langue indo-océanienne pure, ne comportant pas plus. d'un cinquième de mots étrangers, d'origine africaine, arabe ou européenne. Elle est parente de celle des habitants de Taïti et des Philippines. Elle a été très bien étudiée, notamment par les R. P. Calet et Malzac et par Julien, Berthier et Ferrand.

Les idées religieuses. — Pour parler des mœurs des Malgaches, il est nécessaire de considérer ce peuple tel

---

([1]) Pour plus de précision et de détails, on consultera avec profit la partie ethnographique de l'ouvrage de Grandidier, qui vient de paraître.

qu'il se présentait avant de connaître les religions islamiques et chrétiennes, qui modifient assez rapidement, à la vérité, la mentalité et les coutumes, mais qui laissent cependant persister, sous le vernis religieux, certaines croyances et nombre de pratiques ancestrales.

Les peuplades restées intactes de tout prosélytisme religieux nous montrent actuellement les mêmes mœurs que celles qui ont été décrites par les anciens voyageurs pour les tribus aujourd'hui christianisées. Citons, parmi ces peuplades ayant gardé toute la pureté de leurs mœurs primitives, les Tsimihety, les Tanala, les Bara, les Antandroy, les Mahafaly. Leurs idées religieuses sont réduites à une sorte de polythéisme, qui admet une série de petites divinités de lieux appelées Zanahary, dirigées par un dieu chef appelé soit Zanahary-Bé (grand dieu), soit Andriamanitra (le noble parfumé). Les Zanahary ont tout un cortège d'esprits ou âmes des morts, qui sont des lutins familiers mêlés à la vie de chaque jour. Ces revenants sont ou bienveillants ou malveillants, ou même fous, suivant les caractères et les qualités qu'ils présentaient durant leur vie terrestre.

Le culte des morts. — Les âmes des ancêtres veillent sur la famille. Elles sont l'objet d'un véritable culte, consistant en sacrifices de bœufs, moutons, volailles, qui sont mangés par l'assistance, non sans que les prémices (sang, tête, pattes, plumes de la queue) aient été mises de côté. Les esprits familiers sont tous appelés ensemble, au festin, par les anciens de la tribu, qui débitent alors de longues généalogies, auxquelles sont adressés des compliments et des invocations appelant leur protection sur les vivants. S'il arrive un malheur individuel ou collectif, une calamité quelconque, on recherche ce qui a bien pu déplaire aux ancêtres, on leur fait un sacrifice et on leur adresse un acte de contrition. Le malheur survenu peut être aussi le fait d'un esprit étranger et hostile : on s'efforce de l'apaiser par un sacrifice spécial.

Les Zanahary ou dieux ne semblent être autres que les esprits impersonnels des morts très anciens dont on a oublié les noms.

Le culte des morts, avec les pratiques qui en découlent, donne un aspect très curieux à tout un côté de la vie indigène ; il reste superposé à toutes les religions importées, qu'elles se rattachent au christianisme ou au mahométisme.

Les morts, suivant les tribus, sont enterrés ensemble, dans les tombeaux de famille, appelés *fasina drazana* (tombeaux des ancêtres), ou même dans les tombeaux de tribus (*hibory*), véritables maisons où sont entassés hommes et femmes, chaque sexe étant à part. Ces tombeaux sont tous les ans l'objet d'une visite pieuse accompagnée de festins propitiatoires.

Le plus grand malheur pour un malgache est de ne pas reposer dans le tombeau de famille ou kibory. Quelle que soit la contrée éloignée où il décède, au bout d'un an ou deux ses restes sont exhumés et rapportés au tombeau par les proches parents ou par la tribu, sur qui, faute d'avoir ramené ce mort de l'exil, fondraient inévitablement toutes les calamités. C'est ainsi que, du nord au sud de Madagascar, sur des centaines et des milliers de kilomètres, on voit transporter, soit ouvertement, soit dissimulés dans des bagages, les restes des morts. Lorsque, pour une cause accidentelle, le corps ne peut être retrouvé, il est représenté au tombeau par une pierre cravatée d'un lambeau d'étoffe. Les pierres levées qui se remarquent à tout bout de chemin sur les hauts plateaux de Madagascar sont, en général, représentatives d'un mort qui n'a pu rejoindre le tombeau de la famille ou le cimetière de la tribu.

Tombeaux et pierres levées sont l'objet d'un grand respect de la part non seulement des habitants de la région, mais encore de tous les passants. Lorsque, très anciens, ils sont devenus anonymes, on les attribue aux Vazimba, peuplade dont l'origine remonte très loin et qui est aujourd'hui fondue dans la population.

Certains de ces Vazimba ont une grande réputation de puissance, et ils sont l'objet de sacrifices propitiatoires et de véritables pèlerinages. A Ambohimanarina, dans la banlieue de Tananarive, se trouve la pierre d'Andriambodilory, Vazimba renommé, à qui sacrifient, plus ou moins ouvertement, les catéchumènes catholiques et protestants de la région. On vient lui demander sa protection dans les grandes calamités : épidémies, guerres, etc., en arrosant la pierre du sang des victimes ou en l'oignant de leur graisse.

Les enfants. — Comme conséquence de ces croyances, l'esprit de famille est très développé chez les Malgaches. Tous les parents plus ou moins éloignés ont droit à l'assistance pécuniaire, matérielle et morale. On honore beaucoup les anciens, qui tiennent conseil dans les circonstances extraordinaires.

Les enfants sont très désirés et très recherchés; aussi la femme stérile est-elle très malheureuse. L'adoption est de règle en ce cas; si bien qu'un enfant peut avoir, outre son père et sa mère naturels, un père et une mère d'adoption, qu'il honore à l'égal des auteurs de ses jours et dont il est l'héritier. Une femme trouve d'autant plus aisément à se marier qu'elle apporte plus d'enfants à son nouveau mari.

Le célibat est tellement « hors la loi » qu'une vieille femme qui n'a plus de parent mais qui possède de l'argent « se paie » un mari honoraire dans la personne d'un jeune garçon, qui habite avec elle. Si elle ne peut se payer ce chaperon, elle devient forcément une sorcière et l'objet des persécutions de toute la population; elle ne pourra plus vivre désormais qu'en s'adonnant aux pratiques mystérieuses des sorts (ody, gris-gris, talismans). Dans l'ancienne société malgache sa vie tenait à un fil : à la moindre mort suspecte, à la moindre calamité, elle subissait l'épreuve du poison (tanghena), et on la sacrifiait cruellement si cette épreuve était positive.

La polygamie est encore en pratique dans les peuplades pastorales des Bara et des Sakalava, mais elle est réservée aux chefs et aux riches.

Le Fady. — Une croyance dominante des Malgaches, qui les rattache nettement aux Indo-Océaniens, est celle du *fady* (*tabou*, en Polynésie). Pour tel individu, pour telle race, est fady (contraire) telle espèce de nourriture ou de pratique. Il y a les fady particuliers aux individus et ceux communs à toute la tribu. Pour certaines peuplades, il est fady de manger de l'anguille; pour d'autres, ce sera le poulet : rouge, ou noir, ou blanc; pour d'autres, la pintade; pour d'autres, même le sel.

Certains jours fady (néfastes) ne permettent aucune entreprise : culture, construction, voyage. Il y a peu d'années encore, certaines tribus soumettaient à une épreuve atroce les enfants nés dans un mauvais jour. Aussitôt la naissance, ils les exposaient à l'entrée du parc à bœufs : si la frêle créature résistait au piétinage du troupeau, elle était sauvée; au cas contraire, elle était jetée sur le tas de détritus du village et abandonnée aux chiens. Un enfant né un mauvais jour ne pouvait être qu'un mauvais sujet et attirer des malheurs sur ses proches et sur toute la tribu.

La croyance, un peu atténuée, du *fady*, entretient encore une quantité de devins, de sorciers, appelés *ombiasy*, qui, grâce à une pratique curieuse de divination, appelée *sikidy*, solutionne tous les cas difficiles, trouve les infractions aux fady particuliers et familiaux, en indique les remèdes et répond aux questions qui lui sont posées sur les faits à venir.

Toutes ces pratiques tendent à disparaître grâce aux religions importées, à l'exemple des Européens, à la pénétration réciproque des races, et grâce surtout au contact des médecins européens ou des médecins indigènes formés à l'École de Médecine de Tananarive.

Comment vivent les Malgaches. — La manière de vivre de chaque peuplade est parfaitement adaptée à la région qu'elle habite.

Les peuplades des régions de l'Est, où règne le climat tropical humide et où abondent les productions naturelles, ont une tendance marquée à réduire au minimum leurs cultures vivrières et à se nourrir des produits qui viennent spontanément dans la brousse ou dans la forêt. Les patates douces poussent naturellement au bord des rivières, les iguames abondent, les bananiers « subspontanés » donnent leurs fruits tout au long de l'année, les abeilles sauvages se trouvent partout. Le raphia et le ravenala donnent les textiles du vêtement et les matériaux de construction des cases d'habitation (*voir* plus loin). Le caoutchouc de lianes, la cire d'abeilles, le raphia, sont des matières d'échange, qui assurent aux habitants la possession de ce qui leur manque. Quelques plants de manioc et de mais, un champ de riz planté sur les cendres d'un abatis, leur suffisent, avec un minimum de travail. Ce sont de grands enfants, indolents, amateurs d'accordéon et friands de betsabetsa (jus fermenté de la canne à sucre) ou d'hydromel.

Les habitants des Hauts-Plateaux, vivant plus nombreux dans un pays moins prodigue en productions naturelles, sont devenus d'industrieux cultivateurs, qui labourent avec ardeur leurs rizières et leurs champs de manioc, de patates, ou simplement, dans les régions les plus élevées, de pommes de terre.

Dans les régions immenses des pâturages de l'Ouest et du Sud-Ouest, les Bara, les Mahafaly et les Sakalava sont des pasteurs et, comme tels, alternativement propriétaires ou voleurs de bœufs. Tout le monde dans ces tribus est plus ou moins, et suivant l'occasion, voleur de bœufs; mais il y a des spécialistes, des « as » en la matière. Le voleur de bœufs est une espèce de héros, dont la renommée peut s'étendre très loin; c'est le « sigisbée de ces dames », et il est très recherché pour le mariage.

Les fractions des tribus Betsimisaraka ou Sakalava qui habitent sur les *côtes* sont toutes adonnées à la pêche, soit en mer (sur la côte Ouest, qui est plus hospitalière), soit aux embouchures des fleuves et des rivières et des lagunes, où se construisent des barrages parfois très étendus, formés de claies avec des casiers pour le poisson.

Les lacs Itasy et Alaotra ont aussi leurs pêcheurs. Les produits de cette industrie sont consommés sur place; ce qui en reste, séché et fumé, est l'objet d'un trafic assez actif sur tous les marchés de l'intérieur.

Le Malgache primitif de la côte Est fait ses vêtements avec des nattes de jonc ou d'écorces d'arbres battues donnant une sorte de feutre.

Les Sakalava, les Bara et, en général, les peuples de la côte Ouest, qui habitent un pays chaud, ont réduit le vêtement « à sa plus simple expression ».

Les habitants des Hauts-Plateaux, Hova et Betsileo, tendent de plus en plus à s'habiller à l'européenne; toutefois, ils conservent généralement une espèce de toge blanche, portée avec la même élégance par les hommes et par les femmes, et qui s'appelle *lamba*.

La case d'habitation du Malgache est conçue dans toute l'île sur le même plan. C'est une petite maison carrée, dont l'unique pièce sert à la fois de cuisine, de salle à manger et de chambre à coucher. Mais les matériaux varient suivant les régions, et l'on constate, en outre, quelques particularités commandées par les différences de climats. En forêt et dans l'Est, où le climat est humide, les cases sont sur pilotis, à 30 ou 40 centimètres au-dessus du sol, et la construction est en charpente, garnie et couverte de bambous ou de feuilles de palmier. Dans l'Ouest, pays plus sec, les maisons, faites avec des matériaux analogues, reposent à même sur le sol. Sur les Hauts-Plateaux, pays froid et totalement dépourvu de bois, elles sont construites en briques, crues ou cuites et couvertes d'herbes.

L'ÉVOLUTION ÉCONOMIQUE ET SOCIALE.

Vingt-huit années à peine nous séparent du jour où la France a apporté aux populations de Madagascar son « drapeau de liberté » : vingt-huit années, absorbées par la tâche de pacifier, d'organiser, d'aménager un domaine plus vaste que la Métropole, et d'élaborer, suivant le plan conçu par le « génie lucide de Gallieni », la grande œuvre d'assistance humaine qui est la forme la plus haute de la colonisation » (¹).

« Nous avions trouvé un pays dont toute l'activité, par suite des obstacles naturels d'une orographie tourmentée et de l'inexistence des moyens de communication, était concentrée sur les Hauts-Plateaux; un système de transactions réduit à des échanges de produits sur les marchés locaux, reliés entre eux par de simples sentiers où des générations successives avaient marqué leurs pas; une organisation sociale assez avancée dans l'Imerina et le Betsileo, où des races intelligentes et fines étaient depuis longtemps adonnées à la pratique d'industries familiales, pendant que d'autres régions de l'île demeuraient lourdement grevées de la double hypothèque de l'ignorance et de la maladie.

» Il fallait sortir de son isolement le haut pays, le seul dont la valeur économique, en dépit de son sol plus ingrat, se fût jusque-là affirmée par le travail de ses

---

(¹) Les documents ci-dessous, avec diverses citations, sont tirés de l'exposé synthétique qu'en a fait M. le Gouverneur général p. i. Auguste Brunet, dans son beau discours prononcé à l'inauguration de la foire de Tananarive le 15 septembre 1923.

habitants, et, à travers les barrières physiques constituées par la montagne, les zones désertiques ou la forêt impénétrable, ouvrir un libre passage vers les débouchés de la Côte.

» Problème de sécurité, problème d'outillage, lié lui-

Fig. 17. — Voyageurs en filanzane dans un village. Vinanikarena, sud d'Antsirabé.

même à la création d'un instrument fiscal destiné à procurer à la Colonie des ressources adéquates aux nécessités de son développement. »

Le bilan de ces années, la somme des efforts de tous, militaires, ingénieurs, administrateurs, est inscrit dans la courbe des budgets et dans les statistiques des exportations; sur ce sol que nos colons ont « patiemment

et passionnément conquis sur la brousse et le marais »;
et enfin dans le « magnifique témoignage des sacrifices
de ces nouveaux enfants de la France s'offrant eux-
mêmes, à l'heure du suprême danger de la Patrie,
comme la rançon des bienfaits reçus d'elle, de tout ce

Fig. 18. — Avenues des cocotiers, à Mayotte.

grand labeur de création et d'éducation que j'ai
rappelé ».

Voici comment il se traduit dans les faits et dans les
chiffres : de 1896 à 1922, il a été construit 2000 kilomètres de routes d'intérêt général et régional, sans
parler d'une multitude de routes secondaires, 700 kilomètres de voies ferrées, 400 kilomètres de canaux,
répondant aux besoins d'un service de chalands et de
vedettes; 11 000 kilomètres de fil télégraphique ont été
posés; des circuits téléphoniques, d'un développement
de 2400 kilomètres, ont été ouverts aux communications urbaines et interurbaines; des postes radio-

télégraphiques ont été installés à Tananarive, à Diégo-Suarez, à Nossi-Bé, à Majunga, à Tulear et aux Comores.

La progression du budget a été rapide. Inférieur à 2 millions dans l'année qui suit la conquête (1896), ses recettes s'élèvent dix ans après à 25 millions. Grâce à l'institution de taxes de communication et de droits de sortie, il a acquis, dans la suite, toute l'élasticité nécessaire, et il a pu résister « sans surmenage » aux épreuves nées du désordre de la Guerre. En 1919, les recettes ordinaires étaient passées à 40 millions, pour atteindre en 1922 le chiffre de 75 millions.

On peut dire que le budget normal de Madagascar s'élève actuellement à près de 100 millions. Sur ce total, 10 millions sont consacrés chaque année à l'œuvre la plus urgente de toutes, celle de l'assistance et de l'hygiène sociales (hôpitaux, dispensaires, laboratoires, postes médicaux, etc.), 5 millions à l'enseignement, 6 millions aux services d'intérêt économique, 15 millions à l'outillage collectif (chemin de fer, routes et ponts, lignes télégraphiques et téléphoniques).

A ces deniers publics sont venus s'ajouter les apports des Sociétés, des industriels, des agriculteurs, des commerçants, dans la création d'exploitations agricoles représentant une superficie cultivée de plus de 1 200 000 hectares, d'exploitations forestières et minières, d'usines, d'ateliers et de chantiers, d'entreprises de transport et de chalandage sur les rivières et les rades.

Les mouvements des importations et des exportations rendent compte de cette transformation progressive du pays par l'utilisation d'un outillage moderne sous « l'effort colonisateur » de la France. Le commerce total de Madagascar était, en 1897, de 22 millions, dont

18 millions aux importations et 4 millions seulement
aux exportations. A partir de 1907, c'est-à-dire dès que
le rail a pénétré sur les marches de l'Imerina, on voit
les exportations dépasser les importations, suivant une
progression constante, jusqu'à la Guerre, dont les pertur-
bations se traduisent par des « soubresauts » du marché

Fig. 19. — Le marché d'Antsirabé.

de la Colonie. A la veille de la Guerre, le chiffre du
commerce global est de 102 millions, dont 46 millions
aux registres d'entrée et 56 millions aux registres de
sortie. 1914 voit un premier recul des exportations,
dû, pour une part notable, à la mobilisation de « nombreux chefs d'exploitation » et de « capitaines d'industrie ». Pendant les années 1916, 1917, 1918, la balance
est nettement défavorable aux sorties. Et, tout à coup,
la fin des hostilités détermine un « vertigineux mouve-

ment d'ascension » dans la courbe des exportations.
C'est que la Guerre a épuisé les ressources européennes.
Et il s'ensuit, dès 1919, une extrême activité commerciale, à laquelle Madagascar participe en fournissant
d'énormes quantités de viandes frigorifiées, de légumes

Fig. 20. — Au marché d'Antsirabé.

secs, de café, etc., si bien que les exportations se révèlent
de 78 millions supérieures aux importations, avec un
commerce global, pour cette année, de 220 millions.
En 1920, le total des transactions atteint un *demi-
milliard*. Puis est venue la crise, affectant gravement
entrées et sorties. Mais l'année 1923 a vu un trafic
exceptionnel des lignes et une intense circulation des
charrois sur les routes, et l'on assiste manifestement

à une forte poussée économique, qui autorise pour Madagascar les plus belles espérances.

Il y aurait un vif intérêt à suivre, une à une et pas
à pas, dans leur développement progressif, les diverses
productions. On verrait comment le riz, denrée d'importation au cours de la première décade et pour des sommes
s'élevant jusqu'à 5 millions de francs (1901), a donné
lieu, au contraire, à partir de 1905, à des exportations
de plus en plus actives de la Colonie, se chiffrant par
des valeurs de 6 millions en 1916, 25 millions en 1920,
15 millions en 1922; comment la vanille, qui s'inscrit
aux sorties, en 1897, pour une somme de 170 000 francs,
s'élève à 2 millions en 1911, à 5 millions en 1917, à 21 millions en 1920, à 15 millions en 1922; comment les cuirs,
dont l'exportation s'inscrit, en 1897, pour un total
de 260 000 francs, atteint 6 millions en 1907, 14 millions
en 1913; comment la très brillante industrie locale des
viandes conservées et des viandes salées donne lieu à un
trafic extérieur d'amplitudes extrêmes comprises entre
les chiffres de 1 600 000 francs en 1911, 3 millions et demi
en 1913, 22 millions en 1918, 66 millions en 1919, 29 millions en 1920, 8 millions en 1922; comment l'or, qui
s'inscrivait en douane pour une valeur de 300 000 francs
en 1918, est monté brusquement à des chiffres de 6, 7,
8, 10 millions pendant les années 1906, 1907, 1908, 1909,
1911, pour descendre à 5 millions en 1912, passer à 14 millions en 1913, et pour se stabiliser autour de 1 à 2 millions
au cours de ces dernières années. On verrait enfin comment les essences forestières (ébène, palissandre, bois
de rose, etc.), comment le graphite, une des principales
richesses minières de Madagascar, comment les pierres
précieuses, comment les minerais radioactifs d'urane,
ceux de mica, d'amiante, comment cent autres produits

du sol ou du sous-sol ont donné lieu à un intense mouvement industriel et commercial, offrant aux exploitants les plus favorables perspectives.

On peut affirmer que, « dans la nouvelle économie qui s'élabore parmi les crises et les souffrances où le Vieux Monde cherche anxieusement son équilibre, Madagascar se prépare à remplir sa tâche d'ajouter par ses échanges, par son effort industriel, à la circulation universelle ».

L'avenir. Les conditions d'un nouvel essor.

Madagascar, malgré son éloignement, malgré l'obligation où se trouve cette colonie, à peine née d'hier, de se suffire par elle-même, en raison des graves difficultés où se débat la Métropole, possède une vitalité propre, qui se traduit par une situation économique dont l'exposé qui précède a fait ressortir les incessants progrès.

Les grandes entreprises de colonisation — plantations, industries — enrichissent, et parfois en peu d'années, leurs auteurs, qui tous laissent dans le pays leurs bénéfices, pour l'amélioration des mêmes entreprises et la création de nouvelles affaires. Mais les capitaux de la Colonie sont insuffisants pour sa mise en valeur. Le taux légal de l'intérêt est à Madagascar de 12 pour 100 (les emprunts d'État ou de Communes étant de 8 ou 9 pour 100), et néanmoins il permet à l'emprunteur de réaliser des bénéfices. Il est donc souhaitable que de l'argent métropolitain, prêté par des particuliers, apporte son aide à celui de la Colonie. De même, les moyens financiers dont dispose actuellement le gouvernement de Madagascar, pour seconder et féconder les efforts de l'initiative privée, doivent être largement accrus par un emprunt, tel que celui qu'a proposé M. le ministre Albert Sarraut. On pense que 100 ou 150 millions, gagés sur les 25 millions d'excédent de recettes que présente le budget, seraient nécessaires pour l'achèvement rapide de l'outillage économique.

C'est pendant la période de prospérité actuelle que doivent être exécutés ces grands travaux. Le temps perdu le serait sans retour, et l'indifférence de la Métropole serait une faute grave, impardonnable, contre ses propres intérêts les plus évidents. Madagascar, en effet, peut lui fournir toutes les matières premières coloniales qu'elle achète ailleurs à de hauts prix et à l'inévitable taux des changes. C'est un pays neuf, où la vie est peu coûteuse et les salaires encore très bas, qui pourra pendant longtemps, s'il est bien outillé, produire toutes sortes de denrées à des prix défiant toute concurrence. La Grande Ile doit être un facteur puissant dans la lutte commerciale, de plus en plus âpre, que nous avons à soutenir au lendemain de la Guerre mondiale.

Quoique la main-d'œuvre actuelle soit suffisante, si elle est bien utilisée, pour les entreprises en cours et en projet, il est incontestable que la terre malgache n'est pas assez peuplée. Les races indigènes, qui constituent la presque totalité de la population (près de 3 millions et demi), sont cependant, par nature et par tendances, très prolifiques; et, grâce à leur précocité, elles donnent une nouvelle génération tous les vingt ans. Il y a, à ce chiffre beaucoup trop faible de la population, plusieurs causes.

Tout d'abord, les affections vénériennes stérilisent beaucoup de femmes pendant la période favorable à la grossesse (de 20 à 30 ans) et causent une infinité d'avortements. Ces plaies sociales sont combattues par un système de dispensaires spéciaux qui ont été récemment organisés, mais dont le nombre, faute de personnel médical, est insuffisant. La question est d'importance : il faut multiplier et intensifier l'action médicale, indispensable pour les soins et précieuse pour les conseils préventifs. Mais il faut aussi augmenter le bien-être des populations. Pour cela rien ne vaut la voie de communication, avec son aboutissement logique aux ports de commerce : routes et voies ferrées, permettant aux habitants des régions traversées de vendre leurs produits, autrement invendables et pour eux sans nul profit, et, par suite, de se mieux nourrir, de se vêtir plus chaudement, de se mieux loger et de mieux élever leurs enfants. La route et la voie ferrée assurent une vie matérielle satisfaisante aux populations qu'elles desservent ; elles les civilisent en leur créant des besoins, elles les moralisent en suscitant le travail rémunérateur. On peut être certain que le développement du réseau des voies de communication, conjugué avec la création de nouveaux ports et l'amélioration des ports actuels, outre la vive impulsion qu'il donnera à la vie économique, aura les plus heureuses répercussions sur l'état sanitaire du Pays.

Le paludisme règne à l'état endémique, depuis des siècles, sur les Côtes et sur les régions intermédiaires entre les Côtes et les Hauts-Plateaux. Il n'y fait pas beaucoup de ravages parmi les populations autochtones, qui sont adaptées à la maladie, par un effet d'accoutumance sur une longue suite de générations. Par contre, c'est récemment (1905) qu'il s'est implanté dans les provinces populeuses du Centre, en Imerina et en Betsileo. Les races prolifiques qui, auparavant, y étaient exemptes de cette endémie, lui paient aujourd'hui un lourd tribut. Il arrive, dans nombre de districts, que la proportion des décès dépasse celle des naissances. Cette mortalité, d'après les médecins avec qui j'en ai causé, tient unique-

Fig. 21. — Le bain de pieds à la source thermale de Ranovisy, à Antsirabé.

ment au paludisme et au « pneumopaludisme ». Le paludisme diminue l'énergie phagocytaire des globules blancs, et l'organisme devient ainsi la proie du pneumocoque. En fait, on constate que la répartition de la pneumonie se superpose exactement à celle du paludisme. Là encore, pour combattre le fléau, la voie de communication, par le bien-être qu'elle engendre autour d'elle, sera un puissant élément de succès. Et aussi là encore, pour l'étude de cette question vitale du paludisme, pour la direction effective des mesures à prendre, et spécialement pour celles qui ont trait au problème de la « quininisation » générale de la population, le service médical est notoirement insuffisant.

Et cependant, que d'utiles et belles choses déjà faites dans ce domaine! Peu après la conquête, Gallieni fonda à Tananarive une École de Médecine, pour la formation de médecins indigènes. Placée sous l'autorité supérieure du Directeur du Service de Santé des Troupes coloniales, la direction en fut confiée au Dr Fontoynont, ancien interne des hôpitaux de Paris. Cet homme éminent, aujourd'hui Correspondant de notre Académie nationale de Médecine, est encore à la tête de l'Établissement. Plus de 500 médecins en sont sortis, qui répandent dans toute la Colonie les bienfaits de leur instruction professionnelle. Celle-ci a été naturellement dirigée dans le sens de l'utilisation immédiate en pratique courante, et le médecin indigène a besoin d'être guidé et tenu au courant des progrès par un docteur en médecine, c'est-à-dire par un médecin ayant fait des études complètes. Il y a bien à Madagascar des docteurs venant de nos Facultés, mais le nombre en est infime; on n'en trouve même pas un dans chaque province. A quoi tient cette pénurie de médecins, alors qu'ils sont si nombreux, et peut-être trop nombreux, dans la Métropole ?

Si l'on veut avoir des médecins, il faut les payer. Or, la situation qui leur est faite n'est pas en rapport avec l'importance de leur fonction et avec les exigences de la vie actuelle. Un médecin de colonisation, après vingt ans de service, reçoit un traitement qui ne dépasse pas 15 ou 20000 francs. Aussi, médecins civils et médecins militaires fuient-ils avec raison Madagascar. Un tel état de choses ne saurait durer sans faire courir un grave danger à l'avenir de la Colonie. Il est urgent d'augmenter dans la mesure nécessaire le budget de l'Assistance médicale indigène.

Je signalerai ici la situation, analogue à celle des médecins, dont pâtissent les vétérinaires : elle les éloigne, eux aussi, de Madagascar, où leur rôle est

Fig. 22. — Avenue d'Antsirabé.

cependant primordial pour la sauvegarde de ce cheptel de dix millions de bœufs qui forment l'une des principales richesses de la Colonie.

Parlons maintenant d'un autre élément, essentiel, lui aussi, pour le développement de la Colonie : le colon. C'est lui le pionnier, l'inventeur, l'organisateur de la production et de la vie commerciale. Le colon, au bout de quelques années, fait d'ordinaire sien le Pays. Il constitue avec les indigènes une manière de société patriarcale; il organise leur travail incohérent, leur assure sa protection, ses conseils, les soins médicaux, la sécurité; et une association étroite et féconde en résulte, basée sur la confiance et la sympathie mutuelles. Du moins en va-t-il ainsi entre le bon colon et le bon indigène (¹). Les malhonnêtes, les brutaux, les paresseux, qu'il s'agisse de celui-ci ou de celui-là, ne sont pas faits pour s'entendre, et ils tombent bientôt au rebut.

Par la natalité, ainsi que par l'effet de l'immigration de La Réunion et de Maurice, le nombre des colons s'élève graduellement. On peut le considérer comme étant presque de vingt mille. Mais des apports nouveaux sont nécessaires au développement de l'Agriculture, de l'Industrie et du Commerce. Il faut, pour les attirer, faire mieux connaître ce lointain pays dans la Métropole, par une bonne propagande, honnête et réfléchie. Il faut organiser un système de stages, préalables à la vie de colon, pour des jeunes volontaires, qui apprendront, avant toute entreprise, à voir sous leur vrai jour, auprès de leurs anciens, les hommes et les choses de Madagascar. Les aventures de colonisation, issues de conceptions théoriques métropolitaines, font le plus grand tort à la Colonie. Il y a, à Madagascar — et l'augmentation continue du nombre des colons par la seule natalité en est la preuve — un champ indéfini d'activité, avec des perspectives de prospérité et de bonheur sain, pour toutes les bonnes volontés qui vivent chichement et sans horizon dans la société française contemporaine.

(¹) Je pourrais citer, entre bien d'autres, tel grand colon dont j'ai été l'hôte, qui possède une propriété de 2500 hectares, acquise il y a quinze ans pour l'infime somme de 10 000 francs, où travaillent aujourd'hui 350 métayers et qui fait vivre 3000 personnes.

Je n'aurais garde d'oublier les administrateurs des provinces et des districts, pour la plupart anciens élèves de notre École Coloniale, que j'ai vus à l'œuvre et dont j'ai pu apprécier la distinction et les mérites. Délégués du Gouverneur général, leurs attributions s'étendent à tous les services. C'est à eux qu'incombe la mission de garantir l'ordre et d'établir la justice, de diriger l'exécution des travaux publics, d'assurer l'équitable répartition de l'impôt, de stimuler la production, de pourvoir au fonctionnement régulier des services sociaux par l'aide morale apportée à l'instituteur et au médecin, ouvriers eux-mêmes d'influence et de civilisation. On est heureux de constater qu ils ont généralement une belle dignité de vie et une conception élevée de leur charge, dont ils s'occupent avec autant de succès que d'intelligence et de dévouement. Ils accomplissent discrètement, loin de la mère patrie, une fort belle tâche, et je m'acquitte d'un agréable devoir en rendant à ces fonctionnaires d'élite l'hommage qui leur est dû.

Il n'est que juste de reconnaître aussi l'importance du rôle civilisateur des missionnaires de toutes confessions. Tous font l'effort le plus méritoire pour l'instruction, tant générale que professionnelle, des Malgaches. Leur dévouement est au-dessus de tout éloge.

Un dernier point retiendra notre attention. Pour encourager l'établissement des colons, pour favoriser le recrutement des administrateurs et des médecins, la création des foyers et des familles, il est nécessaire de faciliter l'instruction des enfants. Le lycée de Tananarive, destiné à former, en principe, les générations des futurs pionniers de la Colonie, doit être, à cet effet, doté d'un corps professoral excellent, ainsi que des

meilleures conditions possibles d'hygiène physique et
morale.

En ce qui concerne les indigènes, il faut réserver
l'instruction « livresque » pour les sujets d'élite. Les autres
iront dans les écoles pratiques d'industrie et d'agriculture, qu'il y aura lieu de développer. Le grand défaut
du système actuel est de multiplier le nombre des demi-
intellectuels, facilement aigris et déclassés. Mieux vaut
préparer, par des écoles professionnelles, de bons
auxiliaires et surtout des cultivateurs, qui seront des
propriétaires avisés, au courant des méthodes modernes,
et qui à leur tour feront école dans les villages. On a
le regret de voir s'éloigner de la terre, en ce moment,
trop d'enfants malgaches, au grand préjudice du rendement des cultures, abandonnées à leurs vieux parents,
qui les laissent infailliblement péricliter.

Si je cherche, pour terminer, à résumer mes impres-
sions, Madagascar m'apparaît, grâce à la bonne entente
des éléments indigènes et européens, dont l'activité se
tourne uniquement vers les entreprises économiques;
grâce à l'assimilabilité facile de l'indigène, qui n'est
retenu par aucune religion ou civilisation anciennes antagonistes des nôtres; grâce à une situation insulaire qui
met le Pays à l'abri des complications extérieures dont
sont menacés beaucoup de peuples et d'autres colonies;
grâce à la multiplicité de ses productions naturelles,
qui lui assureront une belle indépendance économique,
Madagascar m'apparaît comme un pays qui, s'il est
bien gouverné et bien administré — et il le sera — doit
s'acheminer d'un pas rapide vers d'heureuses destinées.
Et l'on peut espérer qu'il y aura là, dans un avenir
peu éloigné, un grand et prospère foyer français, qui

jettera tout le reflet de notre civilisation sur le Monde Austral en formation.

Dois-je ajouter que, parmi les considérations que j'ai exposées dans cette étude sur Madagascar, il en est beaucoup qui s'appliqueraient aussi bien à nos autres possessions coloniales ? En vérité, chaque colonie est un rameau de la France, dont elle prolonge, par delà les mers plus ou moins lointaines, le génie bienfaisant et le charme séducteur; et il est indéfini le champ que cet immense Empire offre à nos efforts d'activité agricole, industrielle et commerciale. Nos industriels y trouveront l'écoulement de grandes quantités de produits manufacturés, et il ne dépend que de nous qu'exploité rationnellement, par la mise en œuvre encore peu pratiquée des procédés scientifiques de travail, il leur fournisse, ainsi qu'à nos agriculteurs, outre un supplément important de productions métropolitaines, toutes les matières premières qu'ils tirent à prix d'or de l'Étranger, au grand désavantage de notre balance commerciale et, par suite, de notre change.

Mais les Colonies, chez nous, sont trop méconnues. Nous ignorons trop que toute la France n'est pas en France. On dit couramment que notre population atteint à peine quarante millions. On oublie les soixante millions d'habitants des Colonies. Ne sont-ils donc pas des Français, et de bons Français ? Qui ne se souvient avec émotion et reconnaissance du secours inappréciable, et peut-être décisif, qu'apportèrent les troupes indigènes à la Patrie en danger ? Et que de produits nécessaires à la Défense nationale n'avons-nous pas retirés de nos Colonies ! Sans nos Colonies, eussions-nous gagné la Guerre ? Qui pourrait le soutenir ?

Regardons vers nos Colonies. Préparons et encourageons les vocations coloniales. Inspirons-nous, à cet effet, des sages conseils de M. le ministre Albert Sarraut. Envoyons aux Colonies, en ayant grand soin de prendre en considération le tempérament et les aptitudes de chacun, de jeunes hommes instruits, sérieux et résolus, qui s'y imposeront une règle de vie basée sur le travail persévérant. Le succès leur est assuré, ils contribueront directement et efficacement à la prospérité et à la grandeur de la France, et ils serviront aussi la cause de l'Humanité en portant au loin les traditions de générosité et de bonté qu'incarne le drapeau français.

STÉRÉOCHIMIE, PHYSICO-CHIMIE, BIOLOGIE.

CONSIDÉRATIONS SUR LA STÉRÉOCHIMIE.

Quelques aspects physico-chimiques et biologiques ([1]).

MONSIEUR LE MINISTRE,
MES CHERS COLLÈGUES,

« Lorsque dans la formule de constitution d'une molécule on peut mettre en évidence un atome de carbone dont les quatre forces attractives sont satisfaites par quatre atomes ou radicaux monovalents différents, cette molécule doit faire tourner le plan de polarisation de la lumière polarisée. S'il arrive que l'expérience ne vérifie pas les prévisions, cela tient à ce que chaque molécule de la substance considérée est accompagnée de son inverse optique, qui doit pouvoir en être séparé par dédoublement du mélange. Dans de semblables molécules, l'atome de carbone occupe le

---

([1]) Discours prononcé, le 22 décembre 1924, à la célébration du cinquantième anniversaire de la Stéréochimie par la Société chimique de France, sous la présidence de M. le Ministre de l'Instruction publique, en présence de nombreux représentants de Sociétés scientifiques françaises et étrangères.

centre d'un tétraèdre imaginaire, aux quatre sommets duquel les quatre atomes ou radicaux sont placés de telle sorte qu la configuration de chaque isomère n'est pas superposable à celle de l'autre. »

C'est à peu près en ces termes que se pourrait résumer l'hypothèse du « carbone asymétrique » qu'émirent en 1874, à quelques semaines d'intervalle et indépendamment l'un de l'autre, le Hollandais Jacob-Henri Van't Hoff [1] et le Français Joseph-Achille Le Bel [2]. Conception hardie, qui s'attaquait à la structure intime de la matière avec une pénétration jusqu'alors sans pareille et qui, en dépit de son caractère purement spéculatif, a eu des effets considérables pour le développement des sciences physico-chimiques. Tous les Chimistes la tiennent pour une de leurs acquisitions essentielles, et il n'est pas contestable que ce ne soit une date importante de l'histoire du progrès scientifique que commémore aujourd'hui la Société chimique de France en célébrant le cinquantième anniversaire de la théorie de Le Bel et Van't Hoff.

Cette théorie venait à son heure. Un quart de siècle auparavant, Pasteur, dans ses célèbres recherches sur la dissymétrie moléculaire, dont on sait qu'elles furent. le point de départ de l'œuvre biologique qui devait faire de lui le plus grand bienfaiteur de l'Humanité, avait affirmé, par une géniale intuition, que si deux molécules sont inverses optiques, elles doivent être, telles la main droite et la main gauche, constituées

---

[1] 1852-1911.

[2] Né à Péchelbronn en 1847. Notre compatriote est en parfaite santé et dans toute la plénitude de sa vigueur intellectuelle.

semblablement, mais non superposables l'une à l'autre, ou, si l'on veut, superposables chacune à l'image de l'autre dans un miroir. Ces vues, si précoces, impliquaient, pour la structure de la molécule, une rigidité qui permettait de parler de la position de ses atomes dans l'espace à l'égal de la composition élémentaire. C'était un éclair dans la nue. Il devançait de loin la théorie qui provoquerait le pas décisif. La notion fondamentale de valence, qui était en germe dans la succession des travaux de Gay-Lussac, Avogadro et Ampère, de Dumas, de Laurent et Gerhardt, de Williamson, établissant l'égalité des volumes moléculaires de tous les corps gazeux, la loi des substitutions et la « théorie des types », ne devait en être nettement dégagée que par les études de Frankland, Couper et Kékulé, bientôt grandement développées par celles de Wurtz et de ses disciples. Dès ce moment, la doctrine atomique, avec son mode de représentation si simple et si séduisant de la constitution des molécules par la saturation réciproque des valences, devenait un instrument de travail incomparable. Ce fut le mérite de Le Bel et de Van't Hoff d'en tirer un parti inattendu, par l'hypothèse du carbone asymétrique, pour éclairer le mystère de la dissymétrie moléculaire.

En ces temps héroïques d'une lutte sans trêve pour la propagation et la défense des nouvelles doctrines, où d'ailleurs une discussion passionnée fut si fructueuse pour la Science, il y avait là, dans ce coup d'audace de l'esprit créateur, une évolution de la Théorie atomique qui était presque une révolution. Les chimistes de la vieille école se montraient, en effet, fort éloignés de convenir qu'une molécule organique pût être ainsi une véritable construction architecturale. Mais la théorie du carbone asymétrique se montra, dès le début, si précieuse pour interpréter ou prévoir quantité de faits, qu'elle eut bientôt conquis droit de cité dans tous les milieux scientifiques. Dans les ténèbres venait d'apparaître la lumière d'un phare puissant.

Après une multitude de travaux qui ont édifié toute une discipline nouvelle, la Chimie dans l'espace ou Stéréochimie, il est aujourd'hui démontré que la présence d'un atome de carbone asymétrique dans une molécule, pour n'envisager que le cas le plus simple, entraîne réellement et toujours la possibilité de deux inverses optiques. L'importance de cette règle se trouve encore accrue du fait que l'on a réussi à prouver que d'autres éléments polyvalents, comme l'azote, le soufre, le silicium, l'étain, pouvaient jouer dans les molécules un rôle analogue à celui du carbone.

Et qu'importe que les études stéréochimiques des vingt dernières années aient montré que la théorie des atomes asymétriques, si commode pour une orientation rapide du chimiste, ne représente, comme l'avaient du reste indiqué Le Bel et Van't Hoff, qu'une partie de la vérité, et que l'atome asymétrique ne corresponde qu'à un cas tout spécial, d'un intérêt majeur, certes, des conditions générales de la dissymétrie moléculaire ! Qu'importe aussi que la dissymétrie moléculaire elle-même ne soit probablement qu'une grossière extériorisation d'une configuration, dissymétrique dans son ensemble, de certains constituants atomiques (électrons), à la présence desquels serait liée l'activité optique de la molécule ! La valeur d'une hypothèse se juge à sa fécondité, et l'hypothèse de Le Bel et Van't Hoff a été vraiment féconde, par toutes les recherches dont elle a été le ferment dans les laboratoires du monde entier, et par toutes les substances, en dehors d'elle insoupçonnées, qu'elle a fait surgir du néant, et non seulement en Chimie organique, mais aussi en Chimie minérale, où elle a fait une brillante incursion.

Ce sont là, en vérité, des résultats magnifiques. Ils eussent déjà suffi à rendre illustres les noms de Le Bel et Van't Hoff. Mais la Chimie doit à la Stéréochimie un bienfait peut-être moins apparent, et cependant plus important encore. En poussant dans ses extrêmes conséquences la conception de la structure moléculaire basée sur la valence des atomes, et en la soumettant à l'épreuve de la plus large expérimentation, la Stéréochimie a donné pleine confiance aux Chimistes dans la valeur objective des schémas par lesquels ils prétendaient représenter l'enchaînement des atomes dans les molécules. Sans cette confiance, l'emploi des formules de constitution se fût difficilement généralisé, et, sans ces formules, on peut affirmer qu'il eût été vain de vouloir atteindre tant de matières de toutes sortes dont les applications n'ont cessé, depuis un demi-siècle, d'enrichir la Science et d'améliorer la condition humaine.

Mais laissons notre esprit, toujours avide de connaître, se fixer sur un tout autre aspect de la Science. Envisageons les rapports de la Stéréochimie avec la Vie, avec la synthèse des substances particulières à l'organisme. Du coup, nous nous trouvons aux prises avec la plus grande de toutes les questions de philosophie naturelle : la relation qui existe entre la matière vivante et la matière inanimée.

Les plantes et les animaux fabriquent une infinité de substances douées du pouvoir rotatoire. Or, nos méthodes synthétiques ordinaires, où sont mi· en œuvre, en dehors de toute action vitale, des réactifs d'origine exclusivement minérale, aboutissent, non pas directement à des corps actifs sur la lumière polarisée, mais à des mélanges des deux inverses optiques en proportions égales, donc inactifs, qu'il faut ensuite dédoubler. Pasteur pensait que ce caractère constituait peut-être « la seule ligne de démarcation bien tranchée » que l'on pût placer « entre la chimie de la nature morte et la chimie de la nature vivante ». Mais des recherches ultérieures ont établi que, si le processus synthétique se développe dans un milieu déjà doué lui-même de pouvoir rotatoire, donc dissymétrique, comme c'est le cas dans les organismes, on peut produire directement des composés actifs. Il y a là un renseignement du plus haut intérêt sur le mécanisme possible de la synthèse dissymétrique chez les êtres vivants, en même temps qu'une indication sur la voie à suivre pour réaliser au laboratoire la synthèse dissymétrique totale, sans intervention de réactifs doués eux-mêmes de pouvoir rotatoire. Hâtons-nous d'ajouter que la Stéréochimie a permis de fixer les formules exactes des molécules dissymétriques d'un grand nombre de composés d'origine vitale et, par là, de reproduire artificiellement ces substances, avec tous les caractères qu'elles possèdent chez l'être vivant, y compris le pouvoir rotatoire, au signe duquel on sait que sont souvent liées les propriétés biologiques. Ainsi la Synthèse, inaugurée par Wœhler et constituée par Berthelot, a franchi, grâce à la Stéréochimie, une des grandes étapes de son développement.

Toutefois, on ne peut se défendre ici de quelques curieuses réflexions. L'origine de la Vie fut probablement conditionnée par la préexistence de certaines substances optiquement actives. Celles-ci furent utilisées par la première cellule, et elles durent dès lors imposer, en quelque sorte, leur hérédité, en déterminant la direction des synthèses unilatérales pour tous les temps à venir. Comment, tout d'abord, ces substances optiquement actives ont-elles pu prendre naissance ? On peut penser qu'elles furent créées sous l'action de forces dissymétriques, dont la nature nous échappe encore. Les différentes tentatives qu'on a déjà faites pour produire, à l'aide de forces dissymétriques, une substance active, exclusivement ou simplement en plus grande proportion que son inverse, ont été infructueuses. Mais le but ne semble pas hors de notre portée. Une semblable découverte résoudra une grande énigme de l'Univers.

Voici encore un autre point, non moins suggestif. Si les premières substances actives avaient été leurs inverses optiques, quel monde vivant en serait issu ? Fatalement l'image dans un miroir de notre monde actuel. Faut-il même se demander, comme le faisait naguère devant la Société chimique un brillant conférencier, qui dissimulait mal sous l'humour de ses expressions la profonde philosophie de ses pensées, faut-il se demander si quelque part, dans l'espace infini, il n'existe pas un monde identique au nôtre, à cette différence près qu'il en serait l'image dans un miroir ? Ainsi se trouverait réalisée, par la coexistence de deux systèmes inverses, la symétrie générale de l'Univers.

Dans un champ plus restreint, Pasteur se demandait quels effets résulteraient d'une inversion soudaine de toutes les synthèses dans les plantes et les animaux. Si une telle transformation du monde vivant dépasse notre pouvoir, peut-être des inversions partielles ne

seront-elles pas toujours inaccessibles à notre expérimentation. Et qui pourrait alors prédire, pour la Biologie
générale et pour les applications pratiques, les conséquences des découvertes effectuées dans une direction
aussi profondément nouvelle !

Si, comme on le voit, la Stéréochimie a dévoilé à la
Chimie et aux études sur la Vie de vastes horizons,
non moins heureuse est l'influence qu'elle a eue sur la
marche générale de la Science en ouvrant une voie
que devait dans la suite rencontrer et élargir considérablement celle des plus merveilleux progrès de la
Physique moderne. On peut dire que de nos jours
presque toutes les recherches des Physiciens sont basées
sur la discontinuité de la matière et se déroulent dans
le domaine de l'Atomisme. Or, si l'idée première des
atomes remonte aux philosophes grecs; si, au début
du XIXᵉ siècle, Dalton, après les travaux de Lavoisier,
qui fonda la Chimie sur la notion d'élément, après ceux
de Richter et les siens propres, put parler, d'une manière
pleinement objective, des atomes constitutifs des différentes substances; si, plus tard, l'Hypothèse Atomique,
solidement constituée, connut des succès éclatants, c'est
un fait bien présent à l'esprit des chimistes de ma
génération que cette belle théorie trouva longtemps peu
de crédit auprès de nombreux physiciens, les physiciens
« énergétistes », et aussi, on ne le regrettera jamais
assez, auprès de quelques chimistes, et non des moins
illustres. Il y eut des railleries et des sarcasmes. Et on
les vit redoubler, comme il fallait s'y attendre, dès
l'entrée en scène de la Stéréochimie, où l'on prétendait
non plus seulement à accéder à la connaissance des

molécules, mais même à fixer les positions respectives de leurs constituants dans l'espace.

A quoi les atomistes, dans l'enthousiasme de leur foi raffermie, répondaient en accumulant les découvertes. N'était-il pas dès lors naturel de leur part de penser qu'une théorie aussi féconde devait être plus qu'une simple vue de l'esprit et correspondre à quelque chose de réel ? Et cependant, oh ! sagesse des sagesses !. ils disaient : « Tout se passe comme si... » C'est que les hommes adonnés aux recherches expérimentales sont difficiles en matière de preuves scientifiques. De leur côté, les énergétistes, trop enclins à ne vouloir utiliser que les grands principes de la Thermodynamique, se refusaient, et avec quel dédain, à croire à l'existence de ces atomes qu'on ne pouvait, même grossièrement, ni dénombrer ni mesurer, et qui peut-être échapperaient toujours à notre étreinte. Et il n'y a pas plus de trente ans qu'un physico-chimiste notoire publiait un article retentissant sur la « déroute de l'Atomisme ».

Le temps a marché, et ce même prophète pourrait aujourd'hui écrire une non moins retentissante étude sur le « triomphe de l'Atomisme ».

Il était dans la destinée de cette doctrine d'origine chimique qu'un magnifique regain de vitalité et de force lui viendrait des recherches effectuées surtout dans des laboratoires de Physique. C'est une joie pour nous que les Physiciens, il serait trop long de rappeler à la suite de quelles circonstances, aient expérimentalement prouvé la réalité des atomes, qu'ils nous les montrent, qu'ils les comptent, qu'ils les pèsent, qu'ils en déterminent les dimensions, les distances qui les séparent, les mouvements. Et comment n'éprouverions-nous pas une véritable fierté lorsque, scrutant directement l'inti-

mité des agrégats matériels, que nous savons aujour-
d'hui éclairer par des radiations subtiles, nous vérifions
la configuration tétraédrique de notre atome de carbone, et constatons que les molécules organiques
sont construites selon les propres règles de la Stéréochimie !

Mais voici un champ entièrement nouveau. Étudiant
la structure atomique, comme les Chimistes ont étudié
la structure moléculaire, voici qu'à leur tour les Physiciens se mettent à disséquer l'atome, en constituants
électrisés, positifs et négatifs, protons et électrons. A ces
sortes d'atomes d'électricité ils assignent, dans l'édifice
commun, des positions, des trajectoires, et même des
fonctions. C'est la dynamique interne de l'atome, c'est
la Stéréochimie de l'atome.

Il n'y a pas jusqu'au monde immatériel où l'Atomisme
n'ait pénétré. Et il est déjà classique d'assimiler les
quanta à des atomes d'énergie.

Me sera-t-il permis de rappeler encore, en terminant,
une circonstance, capitale, elle aussi, où les Physiciens
ont rejoint les Chimistes ? C'est en 1869 que Mendéléeff
énonça la fameuse loi d'après laquelle les propriétés
chimiques et un grand nombre de propriétés physiques
des corps simples sont des fonctions périodiques de leurs
poids atomiques. Reposant sur d'innombrables déterminations strictement chimiques, cette vaste synthèse
était une sorte de charte embrassant virtuellement,
dans une large vue des choses, les doctrines et les faits
de la Chimie. Grande a été la satisfaction des Chimistes
en voyant récemment les Physiciens confirmer d'une
façon absolue, et par des méthodes radicalement différentes, l'exactitude de la loi de Mendéléeff, qu'ils ont
d'ailleurs, et très heureusement, complétée et rajeunie

par la notion de nombre atomique et celle d'isotopie,
et à laquelle ils ont même pu fixer des limites.

Ainsi progresse la Science, œuvre essentiellement
collective, où rien n'est nécessaire comme la controverse,
où rien n'est fertile comme la bataille des idées, où rien
ne suscite la découverte comme la découverte, où tout
est près de tout, où tout se tient. Nous devons désormais
chercher dans l'atome et ses constituants les causes
profondes de tous les phénomènes naturels. L'Atomisme
n'est qu'à son aurore : un avenir indéfini s'offre à lui.
Et l'Histoire n'oubliera pas l'impulsion vigoureuse que
la Science reçut de la Stéréochimie.

MAURICE BARRÈS ET LA SCIENCE (¹).

— Il faut absolument que vous entreteniez de tout cela
M. Barrès, me dit un ami du grand écrivain, à qui je
parlais un jour, au lendemain de l'armistice, de ce
qu'avaient fait les savants pour la Défense Nationale
et du rôle qui allait leur incomber dans la Paix.

— Mais, je ne connais pas M. Barrès.

— Oh ! qu'à cela ne tienne.

Et, à quelque temps de là, je me trouvai attablé, en
un déjeuner intime, avec Barrès et les frères Maury
(François et Lucien).

Pendant trois grandes heures je développai mon
sujet. Barrès était silencieux, concentré, de rares mono-
syllabes s'échappant seuls de ses lèvres. Je n'oublierai
jamais cet air de curiosité étonnée avec laquelle il
écoutait. Son regard était impressionnant.

— Comment vous remercierai-je, me dit-il à la fin,
de tout ce que vous venez de m'apprendre ! La cause
est vraiment grande et belle. Que faut-il donc faire ?

(¹) Préface à « MAURICE BARRÈS, *Pour la Haute Intelligence
française* » (Plon-Nourrit et Cⁱᵉ, 1925). — Les parties essentielles
de cette étude furent exposées dans une leçon faite au Collège
de France le 5 janvier 1924.

— Ah ! monsieur Barrès, répondis-je sur-le-champ, si j'avais votre plume et votre autorité, si j'étais M. Maurice Barrès, je sais bien ce que je ferais.

Nous sortîmes. J'accompagnai Barrès vers sa demeure. Il était de plus en plus pensif.

C'est sans doute en cette journée (27 février 1919) que Maurice Barrès aperçut un nouvel aspect du devoir envers la Patrie. Et déjà peut-être se dessinaient dans son esprit les premiers linéaments d'un plan d'action.

Son prestigieux talent avait toujours appartenu, avant tout, aux interêts généraux de la Nation. Maintenant, tandis qu'il aidait de ses conseils, par malheur trop peu écoutés, nos hommes d'État, pour la préparation du Traité de Paix, il lui tenait à cœur, en outre, de donner ses soins les plus vigilants à ce qui, en vue de l'avenir, pouvait et devait être réalisé à l'intérieur du Pays.

Après l'effroyable drame et malgré le triomphe de ses armes, la France n'en était pas moins toute désemparée et ruinée. Des fleuves de sang et de larmes, des centaines de milliards de richesses anéanties, telle était la rançon dont elle avait personnellement payé le salut de la Civilisation. Une existence nouvelle commençait pour elle, et il fallait que les bases, pour être durables, en fussent solides.

La Guerre, où chaque peuple avait jeté dans la balance du destin « la totalité de ses ressources, morales ou matérielles », se présentait comme la plus vaste expérience qu'eût jamais faite l'Humanité. Il y avait là une source de leçons sans précédent. Parmi les causes déterminantes de la victoire, Barrès discerna clairement le rôle de la Science, sans lequel l'héroïsme de nos troupes et le génie de leurs chefs eussent été stériles. Et il se persuada que la Science devait être maintenant un facteur primordial du relèvement économique et de la sécurité de la Nation. La reconstitution intellectuelle de la France, indispensable à l'exercice de son génie pour son bien propre et pour le bien de l'Humanité, telle était la tâche fondamentale qu'il fallait aborder sans retard. Dans ce cadre général, l'organisation méthodique de la recherche scientifique, d'où découlent, en dernière analyse, tous les progrès de l'Agriculture, de l'Industrie, de la Médecine, de l'Hygiène, et, par là, le développement de la force matérielle, support nécessaire des forces morales, apparaissait à la fois comme un but et un moyen.

Le but était aussi noble et élevé que précis, et, avec un Barrès, la réussite certaine. Pour l'atteindre, avant de tenter la moindre action au Parlement, ce parlementaire avisé, conscient de son ascendant personnel sur cette force irrésistible qu'est l'opinion publique dans un pays de libre démocratie, s'adressa à l'opinion publique. Il s'agissait de l'éclairer d'abord sur l'œuvre qu'avaient accompli les savants durant la Guerre et de lui exposer ensuite celle qu'ils devaient poursuivre dans la Paix. Et c'est ainsi que Barrès entreprit, dès le printemps de l'année 1919, une admirable campagne de presse (¹), qui remua profondément les masses populaires et émut les Pouvoirs Publics, pour aboutir, finalement, à ce mouvement national en faveur des laboratoires dont nous sommes aujourd'hui les témoins, et

---

(¹) M. François Maury y demeura étroitement associé, et il fut entre Barrès et moi un actif intermédiaire.

qui est un des gages les plus certains de la clairvoyante
sagesse du Pays. Ses articles de l'*Écho de Paris* et
du *Matin*, ses études de la *Revue des Deux-Mondes* et
de la *Revue Universelle* furent lus avec passion par
un public jusque-là ignorant de toutes ces choses, pourtant d'un si haut intérêt. Pour couronner l'effort, il
exposa l'ensemble de la doctrine dans un discours fameux
prononcé à la Chambre des Députés le 11 juin 1920. Ce
document, comme on pouvait s'y attendre, est un
chef-d'œuvre de dialectique et de force persuasive, et
l'on ne se lasse pas de le lire et de le relire.

« Les savants ont sauvé la France pendant la Guerre ;
ils peuvent la servir victorieusement dans la Paix ;
donnez-leur-en les moyens », tel est le thème.

Que le rôle de la Science pendant la Guerre ait été
primordial, personne ne pourrait le contester. L'Allemagne bloquée sut utiliser d'une manière admirable
ses savants. Au moment où les stocks de nitrates s'épuisaient, elle allait « tomber sur les genoux » ; la mise
au point de la fabrication de ces matières la sauva.
Et, ce que la chimie allemande fit pour « l'artillerie de
Hindenburg », elle le fit pour les autres armes, et « pour
la nourriture même de la population civile ».

« Jamais l'Allemagne n'aurait pu durer ce temps
prodigieux sans la supériorité de sa science.

» Supériorité ! Entendons-nous : il n'y a pas en
Allemagne une faculté d'invention, une puissance créatrice supérieure au génie des Français. De bons esprits,
dans tous les pays, enseignent qu'à l'origine des grands
renouvellements de la Science il y a une première invention française. Voilà notre solide gloire. Notre coup
d'aile va le plus haut. Mais, à défaut de notre faculté

divine de trouvaille et de création, il y avait, chez les Allemands d'hier, l'incontestable supériorité de l'organisation.... Leur activité et leur aptitude à tirer parti de leurs ressources, ah ! c'est exemplaire. Ainsi, leurs chimistes formaient un véritable corps d'armée. » Tandis que les nôtres avaient été appelés par la mobilisation à leurs postes militaires, l'Allemagne gardait les siens dans ses puissants laboratoires. Et il en fut de même pour tous les savants, qu'elle tenait en main à leurs postes de techniciens.

Et c'est ainsi que, quatre années durant, elle réussit à « faire face à l'univers entier ».

La France, pourtant, est venue à bout de ce « monstre d'organisation ». Les savants français « se sont multipliés, coordonnés et outillés en pleine guerre », en quelque sorte sous le canon. Ils ont accompli de « prodigieux tours de force ». « Nous avons fait face aux Allemands. Il y a eu le miracle des laboratoires de France, au même sens que nous disons le miracle de la Marne ou le miracle de l'union sacrée. » Et Barrès, dans un magnifique élan oratoire, aux applaudissements enthousiastes de l'assemblée tout entière : « ... Je demande, dit-il, que l'on inscrive dans les laboratoires de recherches les services éminents que les savants ont rendus à la Patrie en danger. Honneur au labeur génial de ces hommes effacés, dont l'esprit nous permit de vaincre ! »

Cet hommage solennel aux savants pour leur coopération à la victoire, Barrès, il est superflu de le remarquer, l'entendait dans toute sa généralité. « Pas de gratitude parcellaire.... Ce sont toutes les sciences qui soutinrent l'effort de nos soldats », celles mêmes qu'on eût le moins songé à « mobiliser » : comme la Météorologie, dont les données sur la direction et la force du vent furent de bonne heure mises à profit par l'artillerie et par l'aéronautique; comme l'Acoustique, qui permit, par l'observation du son, de repérer les positions des canons; comme la Photographie « aérienne », comme la Télégraphie sans fil et la Téléphonie sans fil, etc.

Voilà pour la Guerre : la Science au milieu des armes. « Mais, dans la Paix, n'avons-nous pas besoin du concours de nos savants ?... La lutte continue sous d'autres formes. » Il nous faut « une armature scientifique pour assurer notre paix, pour reconstituer notre pays et pour exister en face même de nos alliés ! La puissance matérielle de la France est d'avenir immense. Sol, sous-sol, Colonies, que de richesses qu'il appartient à son esprit de mettre en valeur... En Amérique, en modifiant l'alimentation du bétail, à la suite d'études scientifiques qui sont toujours poursuivies, on est arrivé à quadrupler le rendement de l'élevage et de tous les produits ». Et que dire de l'industrie ! Quel parti ne tire-t-elle pas déjà, et quel parti plus grand encore ne pourrait-elle pas tirer des études des laboratoires !

Nous devons rompre avec l'ancienne « inorganisation » et « travailler durant la Paix systématiquement », comme durant la Guerre, où l'on sut bien « gérer » le génie de la France. Barrès venait ainsi de suggérer, en quelque sorte, la création de ce qui allait être constitué peu après, par l'Académie des Sciences, sous le nom de Conseil National de Recherches, comprenant une série de comités spéciaux à chaque discipline. Et sans doute pensait-il plus particulièrement à quelqu'une de ces questions d'intérêt vital pour l'indépendance du Pays, comme celle de l'azote ou celle du carburant national.

« Mais les savants ont-ils les moyens de travailler ?...
Où en sont-ils ?... » Barrès, dans une enquête générale,
avait constaté que « la misère de nos laboratoires est
quelque chose de prodigieux ». Il était « confus jusqu'à
la honte des cuisines et des hangars » de notre Collège
de France, « où ont travaillé les plus grands savants à
qui l'Humanité doit pour une part sa prospérité matérielle et sa haute culture. Le trésor des sciences serait
plus riche si ces laboratoires eussent été meilleurs ».

Abordant la question, plus grave encore, du personnel
scientifique des laboratoires : « C'est, poursuit-il, un
prodige de la force des vocations françaises que nous
puissions trouver des savants avec la vie précaire et
obscure que nous faisons à ces hommes d'éclatant
mérite. Cela ne peut pas durer. »

Et voici que l'orateur aborde un point de vue tout
original, où nous allons constater encore une fois combien il avait réfléchi et combien il voyait juste sur
tous ces problèmes délicats :

« ...Voyez-vous, il existe une confusion perpétuelle
dans les esprits : les savants apparaissent à tout le
monde comme des professeurs. Je vous parle de création
scientifique, d'invention. On croit toujours que la
Science est quelque chose d'intéressant pour meubler
l'esprit. Non. La Science n'est pas nécessairement un
bagage d'idées que le professeur passe à des disciples,
qui, à leur tour, deviendront des professeurs et passeront le stock à de nouveaux élèves. Quelque chose de
plus important, de beaucoup plus important, c'est la
création... »

Il serait difficile de mieux dire. Le vrai savant, en

effet, au sens où l'entendait Barrès et où l'on devrait toujours l'entendre, est moins celui qui sait que celui qui fait, qui crée, qui invente. Et il est regrettable que nous n'ayons pas un bon vocable, dans notre langue, pour désigner l'homme qui consacre sa vie à la recherche scientifique. Le public l'appelle professeur : titre fort honorable, sans doute, mais qui ne répond pas à la fonction, essentiellement différente de celle de l'homme qui a pour tâche d'enseigner.

Barrès arrive enfin aux considérations pratiques.

« Si nous voulions, dit-il, consacrer à la reconstitution de la Science française simplement ce que coûtent deux journées de guerre, vous la mettriez en mesure de vous éviter la guerre et de nous donner la victoire dans la paix. » Et il ne demande pas des « réfections par bribes », mais un « plan d'ensemble de reconstitution de la Science ».

Ayant ainsi démontré qu'il est indispensable, pour le seul intérêt du développement économique de la France, d'organiser la recherche scientifique, Maurice Barrès, à cette première raison en ajoute une seconde, qui prend son origine dans un tout autre domaine de préoccupations, celui du rayonnement de la France dans le monde. « A cet effet, le plus utile des efforts n'est pas de disperser aux quatre coins de l'horizon l'éloge de la France, c'est de mettre très haut quelque chose de très beau qui soit vu par l'univers entier.

« Pendant la Guerre, rien n'a servi la propagande de la France comme le fait de Verdun. Un tel fait efface tout. Il sert la France plus que toutes les conférences qu'on multipliera jusqu'à la fin des siècles aux quatre coins de l'univers.

« Pareillement, quand vous avez des Claude Bernard, des Pasteur, des Berthelot, des Pierre Curie, pour ne parler que des morts, vous savez bièn que leurs travaux illuminent la France. A cette heure, le monde entier a l'idée que la France, ayant fourni un témoignage inouï d'énergie morale et physique, doit être un exemple. Nous avons une clientèle formidable dans toutes les parties du monde, dans les deux Amériques, notamment. Que leur fournir dans la Paix qui fasse suite à nos vertus de la Guerre, qui puisse satisfaire à l'appel des peuples tournés vers notre Patrie ? Inventons, créons, construisons la Science et toute la haute vie de l'esprit.

« Les sommes que nous consacrerons à mettre des ressources de matériel et de personnel à la disposition des savants rapporteront au centuple à la caisse publique. »

Et, toujours hanté par la situation misérable des laboratoires de recherches, Barrès y revient encore en signalant un des plus célèbres, à titre d'exemple, qui ne disposait que d'une somme dérisoire (5000^{fr}) pour subvenir à tous ses besoins, avec, pour tout personnel, un préparateur et un garçon.

« Alors, ce sont les expédients, les habiletés les plus honorables de savants qui font des virements, s'adressent à des amis, dénichent de petites sommes. Et puis, comment voulez-vous qu'ils aient un personnel ? Comment voulez-vous que, dans une époque caractérisée si durement par le besoin d'argent, on trouve des vocations scientifiques en dehors des vocations de génie ? »

C'est ici que le tempérament de Barrès va se manifester avec un relief vraiment saisissant. Et combien ce qu'il dit en songeant au physicien, au chimiste, au biologiste, à l'homme qui poursuit la vérité scientifique, s'appliquerait identiquement au romancier ou au peintre !

« C'est entendu, il y a des hommes poussés par un tel feu intérieur que, quelles que soient les difficultés du dehors, ils se marieront étroitement avec le travail du laboratoire, parce que là seulement est leur bonheur. »

Et ce bonheur, Barrès savait combien il est grand. Rien n'égale, en effet, pour le chercheur, l'émotion, la jouissance supérieure dont il se sent enivré quand il atteint le premier un des sommets de l'inconnu. Faut-il remarquer que, dans l'océan de mystère où nous vivons, la surprise est notre joie ? L'essentiel, en effet, n'est pas toujours de trouver ce qu'on cherche, mais simplement de trouver du nouveau ; et il arrive d'ailleurs souvent que ce que l'on trouve est plus intéressant que ce que l'on cherchait ; or, c'est en cherchant qu'on trouve. Cherchons donc. Et la Nature est si merveilleuse et étrange qu'elle est une source intarissable de découvertes imprévues et imprévisibles, donc de joies toujours nouvelles pour qui en pénètre les secrets.

Mais, poursuit Barrès :

« ...A côté des superbes fanatiques de la Science, qui sont indemnisés par les jouissances mêmes de leur génie, il y a des hommes habiles et instruits qui sont tentés d'aller demander à des industries largement rémunératrices une vie quotidienne moins sublime et plus dorée... Cette industrie qui les attire, elle périclite elle-même si le laboratoire périclite ; car, à l'origine de toutes les grandes découvertes qui ont modifié la pensée scientifique ou les conditions de bien-être, il y a essentiellement un travail de laboratoire... »

« Développement économique, utilité pour le rayonnement de la France », voilà « deux arguments en faveur du secours » que Barrès demandait d'urgence pour « l'intelligence créatrice française ».

Voici un troisième argument, qu'il trouve dans le point de vue social :

« A cette heure, nous vivons sur l'idée que les richesses humaines sont limitées, et alors, nécessairement, autour de ces richesses humaines, on se bat pour savoir à qui elles appartiendront; c'est toute la question sociale. Les savants dans leurs laboratoires nous ouvrent une autre vue. »

Pratiquement, en effet, il n'y a aucune limite à la somme des richesses susceptibles d'être produites si l'on se décide résolument à mettre en œuvre des méthodes de production scientifiques. Dès lors, se battre autour des richesses acquises revient à une stérile dépense d'efforts. Ce qui importe essentiellement, c'est la mise au jour de richesses nouvelles, qui apportera l'apaisement général en donnant à chacun la part de bien-être à laquelle il a droit. Quand on l'aura partout compris, on aura assuré, avec le bonheur général de l'individu, l'équilibre et l'harmonie générale des collectivités. Et ainsi sera pleinement confirmée, dans toute sa vérité, cette parole célèbre de Pasteur, toujours tourmenté par la fièvre généreuse que donne le souci de soulager les malheurs d'autrui : « Elle serait bien belle et bien utile à faire, la part du cœur, dans le progrès des sciences. »

Ayant fini son exposé parlementaire, Barrès adjurait

la France d'inscrire, parmi les tâches du lendemain
de la Guerre, la reconstitution de la vie scientifique,
préface de la reconstitution de la vie agricole, industrielle et commerciale, car, à la base de toutes ces
« réalisations », il y a toujours une pensée « issue des
laboratoires ». Par-dessus tout, il fallait « favoriser la
fabrication de la pensée ». Et il concluait ainsi : « Assu-
rons à la France une grande puissance scientifique.
Fournissons aux sciences, selon le vœu des savants, et
d'après un plan d'ensemble, du matériel et du personnel, une organisation. »

Un des résultats pratiques de cette mémorable intervention fut la décision de subventionner immédiatement
la Confédération des Sociétés scientifiques, dont les
divers Bulletins, par suite des nombreux vides que la
Guerre avait faits dans tous les rangs, et aussi comme
conséquence de l'excessif renchérissement du coût de
toutes choses, cessaient de paraître ou se réduisaient
à des proportions douloureusement infimes, absolument insuffisantes pour la vie scientifique. Et il était
grand temps : les Sociétés scientifiques se mouraient,
et, le découragement pénétrant dans nos milieux, d'habitude enclins à l'optimisme, il apparut que c'est la
Science elle-même qui se trouvait en danger de mort.

La seule promesse de la mesure qui devait sauver la
pensée scientifique française suffit à ranimer les esprits :
rien n'était perdu. Et quel bonheur fut le nôtre de voir,
à partir de ce jour, la Chambre et le Sénat, en accord
avec nos ministres et nos commissions des finances,
faire assaut de bonne volonté et de zèle, en dépit de
la détresse budgétaire, pour doter nos Sociétés scientifiques, et aussi, bien entendu, nos laboratoires, des

crédits indispensables, en attendant mieux, à la conti-
nuation du travail scientifique (¹).

C'est une grande date pour la Science française, et,
l'on peut hardiment l'ajouter, c'est une grande date,
si l'on considère les causes profondes de l'évolution de
notre pays, que l'avènement de cet état d'esprit nouveau : et l'on ne louera jamais assez, de ce point de vue,
la clairvoyance du Parlement issu des élections de 1919.
En proclamant l'intérêt supérieur de la Science; en
affirmant, par des actes, qu'en dehors d'une forte armature scientifique il n'y a pour la Nation ni prospérité
ni sécurité possibles; bref, en appliquant résolument
ce principe qu'il est des économies ruineuses, comme
le seraient celles que le semeur réaliserait sur la semence,
il a rendu à la France un service dont la portée est
incalculable.

Et combien n'est-il pas réconfortant de se rappeler
que tous les partis politiques, de l'extrême droite à
l'extrême gauche, communièrent dans la Science ! Que
nos « politiciens » aient trop souvent la « hantise élec-
torale », on ne peut que le déplorer. Mais la Science est
de ces domaines où nous comptons bien que se réalisera
toujours « l'union sacrée » ! Et il le faut, à tout prix.
Le but, certes, n'est pas atteint. Nos Bulletins, image
fidèle de nos Sociétés scientifiques, ne rivalisent encore
que de loin avec ceux que l'Allemagne vaincue, sans
parler des pays anglo-saxons, conserve et développe si
jalousement. Et, surtout, un grand souci nous reste :
nos laboratoires, comment les peuplerons-nous ? Car
enfin, les découvertes ne sortent pas des appareils, et

(¹) Il n'est que trop juste de rappeler ici les efforts méritoires
que, dès avant la Guerre, avait déployés le sénateur Goy, en
faveur de la recherche scientifique.

ne faut-il pas, avant tout, des cerveaux dans les laboratoires ? Pour que l'élan ne s'arrête point, pour que nous
reprenions entièrement confiance, il faut que nous soyons
assurés de pouvoir transmettre à une génération nouvelle, avec le flambeau confié à nos mains, l'ardeur qui
nous anime. Recruter et former de jeunes chercheurs
est le plus impérieux besoin de l'heure présente.

Nous demanderons à l'État de nouveaux sacrifices,
et il les consentira. Mais l'État, dans la situation critique de ses finances, est impuissant à tout faire, et
c'est d'ailleurs que doit venir le supplément de crédits
indispensable. Et le voici qui vient, ce supplément,
aux appels réitérés des amis des sciences et de leur
grand interprète Maurice Barrès, sous la forme de
fondations, de dons, de legs : en 1921, fondation Edmond
de Rothschild pour le développement de la recherche
scientifique (dix millions) (¹); en 1922, don à l'œuvre des
Bulletins scientifiques, par M. Henri Bernstein, du produit du gala de *Judith* (soixante mille francs); en 1923,
don par Criqui de sa part de revenu d'un match de boxe
(cent mille francs); en 1923, legs de la marquise Arconati-
Visconti à la Sorbonne (douze millions); en 1924, legs
de Paul Pousson à la Faculté de pharmacie de Paris
(toute sa fortune, quelques centaines de milliers de
francs); en 1924, fondation Léonard Rosenthal pour
l'avancement des sciences (un million), etc. (²). Et nous
sommes tous encore sous l'impression de la *Journée*

(¹) Le même grand Mécène se dispose à affecter une somme
de trente millions à la création d'un *Institut de Biologie
physico-chimique* (1927).

(²) Signalons le don (quatre millions) tout récent (1925-1926)
que vient de faire M. Sauberan à l'Université de Paris pour
l'œuvre des « prêts d'honneur » aux étudiants.

Pasteur. Ce fut une pensée fort opportune que de demander à la multitude des subsides pour la Science à l'instant même où l'on glorifiait un homme qui, par ses découvertes scientifiques, apparaissait à l'Univers comme le plus grand bienfaiteur de l'Humanité; et il est incontestable que le 27 mai 1923 marquera « un moment » de l'histoire de la Science, moins cependant, sans nul doute, pour les sommes recueillies (douze millions), considérablement inférieures à l'étendue des besoins, que parce qu'une semblable manifestation matérialisa avec un relief sans pareil, aux yeux de tous, l'idée que la recherche scientifique peut et doit améliorer indéfiniment la condition humaine.

Mais, de même que le progrès scientifique ne se conçoit que dans la continuité, de même l'effort, pour être réellement efficace, doit être continu. Telle sera la tâche du *Comité national pour l'aide à la recherche scientifique*. Conçu de bonne heure par Barrès, constitué de fait voici trois ans, avec le double caractère d'institution privée et d'organisme permanent, il groupe, sous la présidence de M. Paul Appell, recteur de l'Université de Paris, membre de l'Institut, des hommes de toutes les opinions, sans distinction de parti, et de toutes les confessions, dont la commune préoccupation est l'avenir intellectuel de la Nation, sa prospérité et sa sécurité.

Pour recevoir toutes sommes, nulle caisse ne semble mieux appropriée que celle de ce grand Comité. Et l'on peut avoir confiance que, par ses commissions d'études et ses commissions consultatives, il fera la répartition des fonds de la manière la plus équitable et la plus utile.

Barrès, il est superflu de l'observer, en était la grande autorité et la force principale. C'est par lui, pour une bonne part, que d'importants dons et legs commençaient à affluer. Il voulait que le mouvement scientifique devînt général et s'étendît à toute la Nation. Nous le voulons avec lui. Et ce n'est pas seulement au public, c'est, spécialement, aux agriculteurs, aux industriels, aux commerçants, à leurs syndicats, à leurs chambres professionnelles, qu'il faut demander « la vie de la Science ». Les premiers à profiter des bienfaits de la recherche scientifique, ils ne sauraient être les derniers, ne fût-ce que dans leur propre intérêt, à la favoriser [1]. C'est, au même titre, un devoir, pour les établissements de crédit, de subventionner la Science. Il faut aussi qu'une taxe spéciale soit prélevée pour la Science sur les recettes des salles de spectacle et des établissements de jeu. Mieux encore, il faut que les départements et les communes de France (il en est qui sont déjà entrés dans cette voie) inscrivent dans leur budget annuel un crédit pour les laboratoires scientifiques. Si des lois spéciales sont nécessaires, qu'on les fasse ! Il s'agit de prévenir, de toute urgence, un déclin de la pensée française et de son rayonnement dans le Monde.

---

[1] C'est à une préoccupation de cet ordre que répond un amendement à la loi de finances de M. Émile Borel, membre de l'Académie des Sciences, professeur à la Sorbonne, député de l'Aveyron (aujourd'hui ministre de la Marine), instituant ce que M. Borel a appelé si heureusement *le sou des laboratoires*. Il sera prélevé cinq centimes sur cent francs de salaires payés par le Commerce et l'Industrie. Charge minime, insignifiante pour ceux qui la verseront, puisqu'elle ne correspond qu'à quatorze secondes sur les huit heures de travail journalier, mais dont on n'espère pas moins de douze millions. *Le sou des laboratoires* a recueilli l'adhésion à peu près unanime de tous les partis de la Chambre (23 février 1925). Nous comptons fermement que le Sénat ne témoignera pas d'un patriotisme moins clairvoyant.

Barrès était si intimement pénétré de la puissance de la Science, et de la nécessité vitale de donner à la France la plus solide structure scientifique, qu'il estimait que tout devait être mis en œuvre pour que dans ce pays, imprégné surtout de culture littéraire et artistique, mais où il y a tant de souplesse d'intelligence et tant de variété dans les aptitudes, une large part fût faite aux sciences et à la technique dans le choix des carrières.

Le recrutement des futurs savants ne cessait de le préoccuper. Il voulait que les situations matérielles fussent améliorées. Et il voulait aussi que les savants fussent honorés. On peut tenir pour certain que la campagne de Barrès en faveur des laboratoires fut pour beaucoup dans le vote de la loi mettant à la disposition du ministre de l'Instruction publique et du ministre de l'Hygiène un important contingent de décorations dans l'ordre de la Légion d'honneur, pour commémorer le centième anniversaire de la naissance de Pasteur en reconnaissant, par un hommage solennel, l'intérêt et l'utilité de toutes les sciences. Avec quel étonnement, mêlé d'un sentiment de blâme rétrospectif pour les Pouvoirs Publics, ne vit-on pas figurer dans cette belle promotion les noms de dix doyens de Facultés, atteignant en moyenne la cinquantaine et plus, et depuis longtemps d'ailleurs connus à l'étranger pour leurs travaux personnels, qui jusque-là n'avaient même pas reçu le simple ruban ! Et, à ce propos, rappellerons-nous, remontant à quinze années dans le passé, que deux lauréats du prix Nobel, auteurs de deux grandes découvertes : celle du radium et celle d'une méthode de synthèse chimique d'une extraordinaire fécondité, étaient dans le même cas au moment où l'Académie de Stockholm

leur décerna la célèbre récompense internationale ?
Voilà comment on favorisait alors la Science dans notre
pays.

Il y a longtemps, par contre, qu'il en va tout autrement en Allemagne, où les savants, considérés comme
les principaux artisans de la fortune publique, non
seulement ont de fort belles situations matérielles, mais,
en outre, jouissent dans tous les milieux de la plus
grande considération et sont comblés d'honneurs. Il
en résulte que les carrières scientifiques y sont recher-
chées entre toutes, et nombreux sont les fils de grands
industriels, de grands propriétaires, de financiers, qui
se consacrent à la Physique et à la Chimie.

C'est le devoir de nos ministres de s'informer sur les
mérites de nos hommes de science et de leur décerner les
distinctions honorifiques légitimes. Et, sous ce rapport,
un bon éclectisme devra être pratiqué. L'ancienneté a
des droits, assurément, mais la valeur réelle en a davantage. Si un savant compte à son actif une œuvre d'un
incontestable intérêt, qu'on le décore, quels que soient
son âge et sa condition, comme on décorerait un écrivain
ou un artiste de talent. Quelques nominations hardies
seront d'un encouragement précieux pour les chercheurs
vraiment originaux. Nous ne distinguons pas, d'ailleurs,
les travaux de science pure des travaux de science
appliquée, ni la qualité plus ou moins officielle de leurs
auteurs. Seul l'importance des découvertes doit entrer
en ligne de compte.

On ne peut que se féliciter de voir ces idées pénétrer
enfin dans la pensée de ceux qui ont la charge et la
responsabilité du pouvoir. Au ministère de l'Instruction publique, pour ne parler que de ce département
dont nous relevons directement, on les a délibérément

adoptées (¹). Et une manifestation fort opportune des dispositions d'esprit nouvelles vient de se faire jour par l'attribution, à la suite d'un vote unanime du Parlement, d'une pension nationale de quarante mille francs à Mme Curie.

Tout cela est de bon augure. Mais, hélas ! Barrès n'est plus, et c'est pour la cause une perte irréparable. Planant au-dessus des partis, son autorité s'imposait à tous les partis. Tous ne voyaient en lui qu'un grand Français. Pour entretenir et intensifier encore le mouvement qu'il a créé, où trouver l'équivalent de son action personnelle ? Nous espérons que son souvenir, l'ardeur avec laquelle il se fit l'avocat de la Science, gagnera à cette grande œuvre la foule encore nombreuse des indifférents, que peut seule excuser une complète ignorance de la situation.

On me permettra maintenant d'aborder un sujet délicat. La puissance de l'homme par la Science, qui le remplissait d'orgueil, vient d'avoir, comme par une revanche de la Nature domptée mais demeurée rebelle, la plus terrible rançon. C'est que, en vérité, dans l'instrument de progrès forgé par le génie de la recherche, le tranchant est double; et, si sa part contributive dans l'amélioration de la condition humaine est considérable, il s'est rencontré une nation de proie qui l'a détournée de sa mission humanitaire pour tenter de satisfaire ses appétits de domination universelle. Par bonheur, alors que la Force voulait étouffer le Droit par la Science,

---

(¹) On se souvient que, dès le début, M. Léon Bérard s'était, de tout son pouvoir de ministre et d'orateur, associé à Barrès pour la croisade de la recherche scientifique.

c'est par cette même Science que le Droit a triomphé, mais au prix, hélas ! des plus sanglantes hécatombes et des plus effroyables dévastations dont l'Histoire fasse mention.

Devant l'immensité du malheur, il en est qui hésitent, et même qui inclinent à penser qu'il eût mieux valu pour l'Humanité qu'elle demeurât éternellement dans l'obscurantisme des anciens âges. Ceux-là oublient bien vite que « l'intelligence de l'homme, incorporée aux organes de la machine, a substitué au dur labeur musculaire le simple effort d'attention dont se contente un rôle de contrôle et de direction »; ils oublient que le bien-être est installé dans les foyers modestes où il était jadis inconnu; ils oublient que la souffrance physique a été vaincue; ils oublient que les grandes épidémies, ces épouvantables fléaux de l'Humanité, ne sont plus qu'un affreux souvenir, et qu'un chimiste, un Pasteur, a sauvé par ses découvertes plus de vies humaines en trente années que n'en ont fauché les massacres de toutes les guerres; ils ignorent, enfin, qu'en ce qui touche les pertes matérielles la Science, si l'on veut mettre en œuvre et développer ses méthodes, permettra de les récupérer rapidement et créera la richesse où était la désolation.

Mais ce n'est point ainsi que se pose la question. La Science a pour objet de découvrir la Vérité, sans plus. Elle n'est, en soi, ni bonne ni mauvaise. Elle est, comme toutes les forces, ce que l'on veut qu'elle soit, d'après l'usage que l'on en fait : elle est comme la langue, qui, déjà au temps du vieil Ésope, passait pour la meilleure et la pire des choses; comme la Presse, qui peut faire et qui fait tant de bien, mais qui peut faire et fait parfois aussi tant de mal; comme la Littérature, comme le

Théâtre, comme l'Art. Du jour où l'homme sut fabriquer les métaux il disposa d'une grande force nouvelle, qu'il utilisa pour mieux se nourrir, mieux se vêtir et mieux se loger, mais dont il se servit aussi pour tuer plus aisément et plus sûrement son semblable. La poudre, connue des Chinois depuis deux mille ans, sert à tirer le canon, mais la même poudre permet de couper les isthmes et de percer les monts. En vérité, le progrès matériel n'est qu'un des éléments de la Civilisation, et c'est un tout autre facteur, la Moralité, qui doit en être l'élément déterminant. Sans la Morale, en effet, la Science, en multipliant indéfiniment la puissance de l'homme, deviendrait un danger mortel pour la Civilisation. Et il apparaît comme indispensable que parallèlement au progrès des sciences de la Nature se développe le progrès moral. Il ne dépend que de l'homme, en définitive, d'user pour son bonheur du pouvoir qu'il tient de la Science.

Barrès sentait pleinement toute la haute et sereine philosophie de l'harmonie générale qui règne dans la Nature, et il voyait les profondes affinités que présente la Science avec les autres domaines du labeur intellectuel, spécialement par les plaisirs nobles et délicats qu'elle réserve à ses adeptes. Et ceux-là sont bien assurés que cet homme de lettres se serait adonné à la tâche de protecteur des sciences avec une ardeur toujours croissante qui savent, outre l'utilité pour lui évidente de la Science comme source de tout progrès dans l'ordre matériel, combien son âme d'artiste avait été séduite par l'attrait esthétique de la recherche scientifique, de même qu'elle s'était émue de « la grande pitié des Églises de France », qui représentaient, en dehors du point de vue proprement religieux, le plus magnifique passé artistique. Le rapprochement, par leur constitution, de l'infiniment grand : le soleil et ses planètes, et de l'infiniment petit : l'atome, lui-même un véritable système planétaire, l'émerveillait. Il fallait voir comme sa physionomie, d'ordinaire si grave, s'illuminait devant une belle série d'expériences imaginées en vue d'aboutir à la découverte de quelque nouveau phénomène naturel. Il était enthousiasmé par nos facultés de prévision. Qu'on pût dire à l'avance, par exemple, quelle serait la couleur, ou l'odeur, ou la vertu thérapeutique de telle substance inconnue, en écrivant simplement sa formule de structure, cela le remplissait d'admiration. On avait l'impression que cet homme d'exquise sensibilité goûtait entièrement la joie de ce qui pour lui était toute une révélation. Il devinait ce que devait être pour le savant « la joie de connaître » et la joie de découvrir. Dans les hautes spéculations de la pensée tous les esprits se rencontrent et communient dans un même idéal de beauté.

A ce propos, peut-être ne sera-t-il pas superflu d'ajouter quelques mots sur un point qui nous tient à cœur. Notre sollicitude pour la Science, notre souci de son avenir pour l'avenir même du Pays, est bien loin, en dépit de certaines apparences, de nous porter à souhaiter que l'on néglige à son profit les Lettres et les Arts, qui font tant aimer et admirer la France. Et l'on professe couramment, dans les milieux scientifiques, que les humanités doivent être alliées aux études scientifiques dans la plus large mesure. N'avons-nous pas, d'ailleurs, dans l'ordre des disciplines littéraires, une Fédération de philosophes, d'historiens et de philologues, incorporée à notre Confédération des Sociétés scientifiques ? Mais, pour pouvoir briller, ne faut-il pas d'abord exister ? Or, est-ce vraiment exister que de vivre sans la liberté, sans l'indépendance, sans la sécurité, sans la tranquillité du lendemain, et aussi sans un minimum de bien-être ? Et comment posséderions-nous ces bienfaits si nous ne nous tenions pas en contact étroit avec les sciences de la Nature, dont l'étude poursuivie sans relâche conduira en les connaissant mieux, à toujours mieux utiliser des réserves de forces inépuisables ?

En vérité, de quelque côté qu'on envisage l'avenir, la culture des sciences s'impose, nous ne disons point exclusivement, — de telles vues seraient bien étroites, et nous aurions gravement tort — mais irrésistiblement. Ce pays — Barrès l'a clamé en toutes circonstances — ne restera une grande nation et une des lumières de l'Humanité, il ne restera, en un mot, la France, que s'il sait faire à la Science et à ses applications, dans le développement de l'activité nationale, toute la part compatible avec le génie de la race. Et l'on peut alors prévoir qu'avec la Science pour soutien la pensée française, par ailleurs si nécessaire à la santé morale du Monde, rayonnera d'un plus vif éclat qu'elle ne le fit jamais.

Il y a du paradoxe, et plus encore de la présomption, dans le fait qu'un homme de laboratoire écrit la préface d'un livre dont l'auteur est un grand homme de lettres, ce livre fût-il consacré aux laboratoires. S'il est incontestable que la cause des Sciences ne pouvait avoir de meilleur avocat qu'un écrivain aussi populaire qu'illustre, de même eût-il mieux valu, pour présenter un semblable ouvrage au public, la plume de tel autre éminent ouvrier de notre littérature.

La flatteuse insistance de Mme Maurice Barrès et

de M. Philippe Barrès, qui voulaient bien me rappeler l'amicale confiance que, dès le premier jour, m'avait témoignée le grand disparu, a cependant eu raison de mes scrupules et de mes hésitations; et, si redoutable qu'il fût, j'ai cru devoir accepter l'honneur qui m'était offert.

Il m'a paru, d'ailleurs, qu'il y avait là une occasion nouvelle, pour les savants, de dire à Barrès, au nom des intérêts essentiels du Pays, leur reconnaissance et leur admiration, et aussi d'affirmer, une fois de plus, que, dans le domaine de la pensée et du savoir, dans le domaine de « la Haute Intelligence », le « front » est unique.

La mémoire de Barrès est impérissable. Après les obsèques nationales s'annoncent d'autres manifestations de l'unanime gratitude des Français. A Metz, à Sainte-Odile, à Beyrouth, à Marseille (¹)..., le souvenir sera perpétué d'un apostolat qui prépara le retour des provinces perdues, la libération du Liban et de la Syrie. Mais c'est sur la colline de Sion-Vaudemont, sur « la colline inspirée » que se dressera ce grand artisan de la force et de l'unité françaises. Nous demandons qu'une inscription sur le monument redise aux générations futures que ce « prince des Lettres » fut un ami des Sciences, et qu'en servant la cause des Sciences, il servit la Patrie et l'Humanité.

(¹) On sait quel magnifique hommage Marseille a déjà rendu (14 mars 1925) à Maurice Barrès.

Dans le même ordre d'idées, tous les Français ont été profondément touchés du témoignage de reconnaissance durable et spontané par lequel la ville de Tolède a tenu à perpétuer dans ses murs la mémoire du célèbre auteur du *Greco*.

L'IMPORTANCE ÉCONOMIQUE DES CORPS GRAS.

UNE TRADITION SCIENTIFIQUE A RENOUER EN FRANCE (¹).

Les rudes difficultés de l'après-guerre, loin de s'atténuer, semblent s'aggraver avec les années. De plus en plus notre pays doit s'efforcer de vivre de ses propres ressources. Notre situation économique et financière, toujours si inquiétante, nous commande impérieusement d'accroître par tous les moyens possibles la production nationale. Et non seulement les matières premières que nous tirons de notre sol, mais aussi, et peut-être surtout celles que nous sommes contraints de demander à l'Étranger, doivent être l'objet de nos efforts persévérants. Parmi les produits dont l'importation grève le plus notre balance commerciale, les oléagineux tiennent sans contredit une des premières places.

L'intérêt économique des corps gras est considérable. L'homme les utilise dans tous les besoins essentiels de sa vie : pour se nourrir, pour se vêtir, pour se loger. Les graisses sont nécessaires à l'alimentation de l'organisme. Des huiles ou graisses de toutes sortes constituent les matières premières d'importantes industries : savonnerie, stéarinerie, peintures, linoléums, etc., ou sont

(¹) Voir la *Revue de France* du 1ᵉʳ septembre 1925.

mises en œuvre dans des fabrications de première utilité : tannerie, tissage des étoffes, etc. Par ailleurs, un sous-produit des corps gras, la glycérine, est le point de départ de la fabrication d'explosifs tels que la dynamite.

Il semble bien que la disette qui fit le plus souffrir, pendant la Guerre, l'Allemagne bloquée, fut la disette de graisses, et particulièrement de graisses alimentaires. Elle eût certainement obligé nos ennemis à capituler si leurs chimistes n'avaient réussi à trouver des produits de remplacement et à tirer parti des déchets les plus infimes, comme les eaux résiduaires et les pépins de fruits.

I. — Les ressources de la France en corps gras.

Ressources de nos colonies. — On doit prévoir qu'avec les progrès de la civilisation, et nous ne parlons ici que des nécessités du temps de paix, les usages des matières grasses iront toujours en se développant. De quelles ressources dispose notre pays ?

La production des graisses animales : beurre (environ cent cinquante mille tonnes), suifs, saindoux, suffit presque à nos besoins, et les importations sont relativement faibles. Pour les huiles végétales, la situation est toute différente. La culture des graines oléagineuses : lin, colza, pavot à huile, est chez nous à peu près abandonnée.

Nous ne produisons que fort peu d'huile d'olive (dix à vingt mille tonnes, suivant les années) dans les quelques départements où la culture de l'olivier est possible, et nous laissons perdre la plus grande partie des vingt mille tonnes d'huile que nous pourrions retirer chaque année des pépins de raisins de nos vendanges.

Notre riche domaine colonial pourrait et devrait produire tous les oléagineux dont nous avons besoin : nous sommes encore loin de cet idéal. L'Inde anglaise nous fournit des noix de coco desséchées, des graines d'arachides, de ricin, de colza, de sésame et d'œillette; nous achetons en Amérique du Sud de grandes quantités de graines de lin, et, malgré la production toujours croissante des oliveraies tunisiennes, nous achetons encore de l'huile d'olive en Italie, en Grèce, en Espagne et au Portugal.

L'Afrique Occidentale française est certainement celle de nos colonies qui, avec les arachides du Sénégal et les noix de palmiste du Dahomey et de la Côte d'Ivoire, nous fournit le plus de graines oléagineuses. Mais combien faible paraît cette production quand on songe au développement qu'elle pourrait prendre !

Les vastes régions de la vallée du Niger, placées sous notre domination, deviendront, quand nous le voudrons, un pays où la culture du cotonnier, d'ailleurs plus précieux encore comme plante textile que comme plante oléifère, pourra nous affranchir des achats onéreux que nous faisons en Amérique et en Égypte.

Dans toutes les régions du Maroc qui jouissent du climat maritime, le ricin croît à l'état sauvage, et sa végétation y est véritablement luxuriante. La culture de cette plante, qui fournit une huile si recherchée pour le graissage des moteurs d'avions, sera probablement bientôt une des richesses agricoles de notre nouveau Protectorat.

Dans nos autres colonies, en Indo-Chine, à Madagascar, en Afrique équatoriale, la production des oléagineux s'organise peu à peu, et déjà elle suffit à la consommation indigène, mais les exportations sont encore très faibles. On assure cependant que le Tonkin produit une très bonne huile à peintures, l'huile d'abrasin ou huile de bois de Chine, dont une partie est utilisée sur place et l'excédent exporté en Chine, d'où il vient en Europe pour être vendu sur le marché anglais.

Au total, on peut estimer que nous achetons annuellement à l'Étranger, sous forme de graines oléagineuses, la moitié des quelque quatre cent mille tonnes d'huiles végétales nécessaires à nos besoins alimentaires et industriels. C'est au moins un milliard qui, de ce fait, vient peser sur notre change.

Huiles d'animaux marins. — Il est une importante source de corps gras beaucoup trop ignorée : les animaux marins. La production des « huiles de poissons », dont certaines de nos colonies tirent déjà quelques profits, pourrait être notablement accrue.

Parmi les régions les plus intéressantes à ce point de vue, il faut citer les îles Kerguelen, les îles Crozet, les îles Saint-Paul et Amsterdam. Ces lointains archipels, situés dans la partie sud de l'Océan Indien qui s'étend du cap de Bonne-Espérance jusqu'à l'Australie, sont inhabités, et nous nous y sommes jusqu'ici fort peu intéressés. Le gouvernement de Sa Majesté Britannique, qui en apprécie l'heureuse situation géographique, les aurait volontiers annexés à son vaste empire, comme il a progressivement annexé presque toutes les terres antarctiques. L'Angleterre possède aujourd'hui dans ces parages une immense superficie « d'arpents de neige », dont on aurait bien tort de sourire. Les grands animaux marins exploités pour l'huile qu'on en retire, baleines et phoques, y abondent, et leur chasse est une source de très gros bénéfices

Dans d'autres colonies, en Indo-Chine, et tout particulièrement au Cambodge, les huiles de poissons constituent un intéressant produit accessoire de la fabrication du poisson salé. Leur production est susceptible d'une grande extension.

Au Maroc, sur la côte française des Somalis, sur celle de Mauritanie et à Madagascar, les conditions naturelles permettraient, en de nombreux points du littoral, d'organiser d'une façon moderne l'industrie de la pêche et de ses sous-produits.

Signalons enfin que, sur les côtes du Congo et du Gabon, deux Sociétés franco-norvégiennes ont organisé la chasse à la baleine et obtiennent d'excellents résultats financiers.

II. — La chimie et les corps gras.

L'étude chimique des corps gras. — Dans tous les projets d'étude des corps gras que peuvent nous fournir nos colonies, on fait, avec juste raison, une grande place aux recherches des Botanistes, des Agronomes et des Zoologistes; mais il faut regretter le rôle effacé qu'on y réserve à la Chimie, bien qu'elle s'affirme ici comme l'auxiliaire indispensable des Sciences Naturelles. Il n'est que trop vrai que les chimistes spécialisés dans l'étude des corps gras sont très rares en France, où cependant est née cette branche de la Science. Les célèbres découvertes de Chevreul, qui établirent la véritable nature des graisses (éthers de la glycérine, 1813-1823) et furent l'origine de l'industrie des bougies stéariques, auraient dû nous placer dans une telle situation que cette partie de la Chimie devrait être surtout française. Mais les circonstances ne permirent pas à l'illustre chimiste de développer son œuvre ni de former des disciples. S'il n'abandonna jamais complètement l'étude des corps gras, il n'y revint que de loin en loin au cours de sa longue carrière.

L'éclatante lumière qu'avait jetée ses travaux sur ce domaine de la Science, auparavant si obscur, suscita néanmoins de nouvelles recherches. Bussy et Le Canu, Payen, Bouis, Berthelot, s'y intéressèrent pendant quelque temps. Berthelot, notamment, réalisa la synthèse des glycérides, et ce travail (1854) apparaît encore comme un de ses plus beaux titres de gloire.

Malgré tout, depuis plus d'un demi-siècle, l'étude des corps gras a été délaissée dans nos laboratoires, tandis qu'à l'Étranger on prenait sur nous une large avance. Il serait temps, et aussi bien pour l'intérêt économique du Pays que pour notre prestige scientifique, de renouer une tradition que nous n'aurions jamais dû abandonner.

On pourrait citer de nombreux faits qui prouvent à quel point nous avons été dépassés sur le terrain des applications comme sur celui de la Chimie pure. Nous n'en retiendrons que quelques-uns.

Avant 1914, les amandes de palmistes de notre Afrique Occidentale étaient presque toutes achetées par les Allemands, qui les transportaient à Hambourg pour en extraire un beurre végétal. Quand la Guerre éclata, nos huileries, dont l'outillage n'était pas adapté au traitement de cette matière première, durent la laisser perdre pendant de longs mois.

Le raffinage du beurre de Karité, mis à l'étude à Hambourg dès 1910, aurait été, sans le blocus, monté industriellement en 1914. La matière brute provenait, ici encore, de notre empire africain. Cette question, qui intéressait si fort nos rivaux, n'a encore fait l'objet d'aucune étude en France.

La préparation du chaulmoograte d'éthyle, remède spécifique de la lèpre, cette affreuse maladie qui ravage les populations indigènes de nos colonies, mériterait d'être sérieusement étudiée. Nous manquons de ce précieux médicament, dont nous préparons de petites quantités avec de l'huile de chaulmoogra de l'Inde, alors qu'il existe en Indo-Chine des *Hydnocarpus* dont les graines nous fourniraient une huile similaire.

On connaît fort mal la composition des huiles de poissons produites actuellement sur les côtes d'Annam et sur les rives des grands lacs cambodgiens. Des recherches méthodiques amèneraient l'accroissement de leur production par l'amélioration de la technique. Cette industrie est, de nos jours, particulièrement prospère au Japon, et ce sont incontestablement les recherches de quelques éminents chimistes qui lui ont donné l'impulsion décisive.

Un intérêt tout particulier s'attache, au point de vue du problème des combustibles liquides, à l'étude des huiles d'animaux marins. Il semble bien qu'entre les diverses théories émises pour expliquer la formation des gisements de pétrole, celle de l'origine animale marine rallie le plus de partisans. Si donc l'on admet, pour la genèse des pétroles, la bituminisation des matières organiques provenant des animaux qui peuplèrent jadis les océans, on voit toute l'importance des recherches sur les principes immédiats des animaux marins, et plus spécialement de ceux qu'on regarde aujourd'hui comme les derniers représentants de la faune des époques géologiques lointaines, squales, raies, etc. Les chimistes japonais ont obtenu dans cette voie des résultats remarquables. Ils ont découvert, dans les huiles retirées du foie de certains squales, des hydrocarbures analogues à ceux des pétroles, et le nombre des espèces reconnues comme contenant dans leur foie des huiles à hydrocarbures atteint à l'heure actuelle la trentaine.

On sait que les gisements de pétrole s'épuisent avec une rapidité qui pose dès maintenant la question des produits de remplacement. Nous devons prévoir que les huiles d'animaux marins, tout comme les huiles végétales, constitueront un jour une intéressante source de combustibles liquides, qui pourront alimenter les moteurs de l'avenir, soit directement, soit après transformation en d'autres produits semblables à ceux que nous tirons des pétroles (¹).

Nécessité d'une organisation nouvelle. — On pourrait multiplier les exemples. Partout on se rend compte de la nécessité de pousser activement l'étude chimique des graisses. En juillet 1924, le chimiste anglais E.-F. Armstrong inaugura à Liverpool l'assemblée annuelle de la *Society of Chemical Industry* par une conférence intitulée : « Un chapitre négligé de la Chimie : les graisses. » L'on sait combien, en Angeterre, on s'intéresse à tout ce qui concerne les produits coloniaux. Un organisme puissant, l'*Imperial Institute*, a pour mission d'étudier, au point de vue pratique, tous les produits utiles du vaste empire colonial du Royaume-Uni; il

---

(¹) A l'ouverture du Congrès de Chimie industrielle de 1921, Sir W. Pope remarquait fort justement que la culture des plantes oléagineuses, dans les régions chaudes du Globe, représente une manière avantageuse de tirer parti des énormes quantités d'énergie que le Soleil déverse sur la Terre sous forme de chaleur et de lumière.

publie un bulletin riche en documents les plus variés, dont une grande partie est consacrée aux travaux sur les corps gras. Les grandes firmes anglaises de l'huilerie et de la savonnerie possèdent toutes, ou presque toutes, un service de recherches, placé sous la direction d'un savant compétent, qui a sous ses ordres de nombreux chimistes. M. E.-F. Armstrong occupe une situation de ce genre, et nul plus que lui n'était autorisé à proclamer au Congrès de Liverpool l'intérêt des études chimiques sur les graisses.

Dans ce domaine, comme dans beaucoup d'autres, l'Allemagne était, avant 1914, la grande rivale de l'Angleterre. Elle occupait en Europe le premier rang, tant pour l'importation des graines oléagineuses que pour la production des huiles végétales; le deuxième revenait à l'Angleterre, et nous venions assez loin derrière elle, suivis de près par la Hollande. Dans aucun pays les chimistes qui se consacrent à l'étude des corps gras ne sont aussi nombreux qu'en Allemagne. A Berlin, à Hambourg, à Munich, à Stuttgart, existent des organismes officiels, spécialisés, où se poursuivent des recherches de Chimie pure et appliquée. Nulle part les publications périodiques spéciales ne sont aussi nombreuses et aussi bien documentées, et c'est d'une manière à peu près continue qu'on y publie des travaux originaux. Les chimistes norvégiens et japonais, qui ont donné à l'étude des huiles d'animaux marins une si brillante impulsion, sont de formation allemande, et leurs principaux travaux ont paru dans les périodiques allemands.

En dehors des organismes officiels d'étude, on trouve, dans les grandes huileries du Reich, des laboratoires de recherches, d'où sortent fréquemment des travaux d'une valeur indiscutable, ainsi qu'un grand nombre de brevets. C'est dans un brevet allemand que furent fixées pour la première fois, en 1902, les conditions pratiques de l'hydrogénation catalytique des huiles en vue de leur transformation en graisses solides. Reconnaissons, non sans mélancolie, qu'aucun industriel de notre pays ne prit l'initiative de mettre à l'étude cette application des magnifiques découvertes de deux savants français, Sabatier et Senderens.

Certes, la Guerre a porté un coup terrible à l'industrie huilière allemande, qui fut brusquement, et pour une longue période, privée de matières premières. Mais, à l'heure actuelle, les puissantes huileries de la région de Hambourg et de Brême sont de nouveau en marche, et, si l'ère de grande prospérité qu'a connue dans ce pays l'industrie des huiles végétales n'est pas encore revenue, on peut dire que la période de complète réorganisation touche à sa fin.

Allons-nous, alors que nous possédons l'empire colonial le plus vaste après celui de l'Angleterre, laisser ainsi l'Allemagne reprendre sa prépondérance ? La nation qui a perdu dans la Guerre toutes ses colonies va-t-elle reconquérir le premier rang dans une industrie où elle doit désormais tirer ses matières premières de l'Étranger ?

Que fait-on en France pour favoriser le développement des recherches chimiques sur les corps gras ? Bien peu, hélas! Depuis deux ans, on organise à Marseille un Institut technique supérieur. Une section de cet établissement est destinée à former des chimistes pour les huileries. Ceux-ci ne peuvent naturellement y apprendre que les données essentielles et les méthodes générales d'analyse de leur spécialité. C'est à l'usine qu'ils devraient compléter leur instruction ; mais malheureusement on réduit presque toujours le rôle des chimistes, dans nos huileries, au contrôle de la fabrication journalière et à l'étude de l'amélioration des détails techniques du raffinage et de l'épuration. Il n'y a jamais de service spécial de recherches, et l'on entend dire couramment qu'un semblable organisme serait une cause de dépenses inutiles ! Aussi les rares travaux publiés en France sur la chimie des corps gras ne sortent-ils jamais d'un laboratoire d'huilerie. Combien différent est l'esprit des industriels en Allemagne et même en Angleterre !

Ainsi, du côté officiel, peu de chose, et, du côté privé, à peu près rien. Ne soyons donc pas surpris de la modeste figure qu'est la nôtre auprès des nations rivales.

On imagine, par contre, ce qui serait advenu si Chevreul était né en Allemagne et avait publié dans la langue de Gœthe ses immortelles *Recherches chimiques sur les corps gras*. Dans un *Chevreul Institut*, supérieurement outillé et largement doté, un bataillon de chimistes, sous une direction éclairée, continueraient l'œuvre du maître. Des journaux scientifiques et techniques iraient répandre leurs travaux dans le monde, et cette forme de publicité, la meilleure de toutes, profiterait grandement à l'industrie et au commerce de la Nation.

Il faut que ce rêve devienne réalité. L'Institut Chevreul n'aurait-il pas sa place dans ce Muséum d'Histoire naturelle où flotte toujours l'ombre de l'auguste centenaire, dont la glorieuse existence s'y écoula tout entière, dans l'expérimentation et la méditation, au service des sciences de la Vie ?

En inaugurant sa statue à Angers, en 1893, Armand Gautier pouvait dire aux compatriotes de Chevreul : « Lorsque le cours des temps aura usé le bronze que vous venez d'ériger, nos descendants profiteront encore des travaux de ce savant, et quand même l'avenir lointain viendrait à effacer son nom de la mémoire des hommes, l'influence de son esprit sur la marche du progrès et des idées humaines ne périrait pas. »

Honorons la mémoire de Chevreul en retournant à Chevreul. Il faut que son œuvre, trop longtemps délaissée par nous, soit enfin reprise et poursuivie par nous. Et soyons assurés que, dans nul domaine, science et applications ne se tiennent plus étroitement que dans cette chimie des corps gras créée par son génie.

UN GRAND CENTENAIRE SCIENTIFIQUE
ET INDUSTRIEL.
CHEVREUL ET LES CORPS GRAS.

Monsieur le Président de la République,
Messieurs les Ministres,
Mes chers Collègues (¹),

C'est ici même, de 1813 à 1823, que Chevreul poursuivit ses classiques recherches sur les corps gras. Publiées d'abord dans une série de mémoires aux « Archives du Muséum », il les réunit en un volume en 1823.

En remettant à la présente année la célébration du centième anniversaire de cette publication mémorable, pour la faire coïncider avec celle de la première application industrielle des découvertes proprement scientifiques, le Conseil des professeurs du Muséum a tenu à affirmer, une fois de plus, que l'esprit du décret qui créa

(¹) Discours prononcé au Muséum d'Histoire naturelle le 11 octobre 1925 (de nombreux représentants des Sociétés scientifiques françaises et étrangères étaient présents à cette solennité).

cet établissement (y donner « l'enseignement des Sciences
Naturelles dans toute leur étendue, et spécialement dans
leur application à l'Agriculture, aux Sciences naturelles
et aux Arts ») y est toujours fidèlement conservé.

C'est, en effet, en 1825, que Gay-Lussac et Chevreul
songèrent, les premiers, à appliquer les acides gras à
l'éclairage et prirent un brevet d'invention. Il en sortit
une industrie nouvelle, l'industrie des bougies stéariques.
Ce que furent ces dix années de recherches dont ce
premier brevet fut l'aboutissement pratique, il importe
tout d'abord de le rappeler brièvement.

Chevreul, fils d'un médecin d'Angers, arriva à Paris à
l'âge de dix-sept ans. Admis auprès de Vauquelin dans son
laboratoire du Muséum, comme élève bénévole aidant
à la préparation du cours de Chimie appliquée aux Arts,
il fut nommé quelques années après aide-naturaliste
chargé des analyses. En dehors, en effet, des deux
chaires de Chimie, le Muséum possédait, à cette époque,
un laboratoire d'analyses, mis à la disposition de tous
les professeurs qui désiraient en utiliser les services.

La Chimie était alors classée parmi les Sciences Naturelles, et, plus encore qu'aujourd'hui, les Naturalistes
la considéraient comme un auxiliaire indispensable à
la poursuite de leurs travaux. Le célèbre abbé Haüy,
notamment, qui professait avec éclat la Minéralogie au
Muséum, s'attachait dans ses recherches à caractériser
l'espèce minérale à la fois par sa forme cristalline et
par sa composition chimique. Chevreul fut ainsi appelé
à analyser de nombreux minéraux et aussi quantité de
produits organiques : excellents exercices pour l'éducation d'un jeune chimiste.

Les relations que lui valurent ses fonctions avec la

plupart des professeurs, parmi lesquels, outre Haüy, on comptait des savants tels que Cuvier, Geoffroy Saint-Hilaire, Jussieu, etc., eurent certainement une grande influence sur la formation de son esprit. Il y eut souvent des discussions passionnées, qui l'obligèrent à beaucoup réfléchir sur les espèces minéralogique, botanique et zoologique. Par analogie, il fut conduit à envisager l'espèce chimique elle-même. Ses recherches personnelles en reçurent l'orientation la plus heureuse.

Le hasard d'un échantillon de graisse altérée, qui fut apporté à Vauquelin en 1811, l'amena, dit-on, à s'occuper de l'étude des corps gras. La Chimie organique, qui fait aujourd'hui notre émerveillement par l'immensité et les richesses de son domaine, n'existait guère encore que de nom. C'est aux vigoureux coups de hache dans les épaisses broussailles où allait tailler Chevreul qu'il convient, en toute justice, d'en rapporter la véritable origine.

L'opinion qui avait cours au début du XIXe siècle sur la nature chimique des corps gras n'était qu'un chaos de préjugés, au milieu desquels on aurait eu peine à trouver une idée nette. On opposait les huiles fixes aux huiles volatiles et l'on en faisait une espèce chimique unique. Pour expliquer leur grande diversité, on supposait que l'espèce grasse (ou huile) est susceptible, comme les espèces vivantes dont elle émane, d'exister sous une grande variété de formes.

De la saponification on ne savait rien de précis. L'empirisme avait depuis longtemps appris à fabriquer le savon, en faisant agir sur les corps gras des lessives de cendres végétales, rendues caustiques par la chaux. On imaginait que les graisses se combinent aux alcalis par un acide plus ou moins « enveloppé », et Fourcroy, dont l'opinion faisait autorité, avait émis l'hypothèse, à la suite des découvertes de Lavoisier, que cet acide prend naissance par l'action de l'oxygène sur les graisses en présence des bases. Scheele avait bien découvert, dès l'année 1779, que les huiles et les graisses peuvent fournir un principe sucré soluble dans l'eau, mais ses idées sur leur composition, embuées par la théorie du phlogistique, manquaient totalement de netteté et de précision.

C'est au milieu de tout ce désordre que Chevreul, admirablement préparé aux nouvelles recherches par ses analyses de minéraux et de produits organiques, aborda l'étude des corps gras.

Une idée directrice l'amena, dès le début, à des découvertes fondamentales : les huiles et graisses ne doivent pas être une espèce unique. Il leur manque un caractère essentiel, celui de la composition chimique invariable. L'espèce chimique, Chevreul l'avait déjà définie, et sa définition est restée un modèle d'une perfection achevée : « L'espèce, dit-il, est une collection d'êtres identiques par la nature, la proportion et l'arrangement de leurs éléments.... Ces composés, dont on ne peut séparer plusieurs sortes de matières sans en altérer la nature, je les nomme *principes immédiats*. » Rien n'y manque. Observons, en particulier, que de la notion d'arrangement des éléments devait sortir un jour, logiquement et sûrement, celle de l'isomérie avec toutes ses conséquences. Chevreul annonçait ainsi les travaux, pourtant si lointains, de Pasteur, de Le Bel et de Van't Hoff sur la Chimie dans l'espace.

Puisque les graisses n'avaient pas toutes une composition chimique identique, c'est que, apparemment, semblables aux roches, qui sont très souvent des agrégats d'espèces minéralogiques différentes, elles devaient être aussi des agrégats de divers principes immédiats associés en proportions variables. Et Chevreul de se mettre à l'œuvre pour tenter de séparer ces substances. En quelques années, il mit au jour toute une série de corps nouveaux : les acides butyrique, phocénique, caproïque, caprique, margarique, stéarique, oléique, retirés de diverses graisses animales; l'éthal, extrait du blanc de baleine; la cholestérine, extraite des calculs biliaires. Chevreul reconnaissait enfin la présence de glycérine combinée dans presque toutes les huiles et graisses, et il indiquait son caractère alcoolique. D'un seul coup la nature des corps gras était révélée d'une manière si complète que rien d'essentiel ne devait, par la suite, y être changé.

Chevreul annonce que les corps gras sont des sortes de sels, des combinaisons d'acides avec des alcools. Les acides peuvent varier, les alcools aussi. Parmi les acides, il en est de volatils, on les rencontre dans les beurres de vache et de chèvre, dans les huiles de dauphin et de marsouin. D'autres sont fixes et liquides comme de l'huile, d'autres solides et durs comme la cire. Parmi les alcools, la glycérine est de beaucoup le plus abondant et le plus fréquent; on peut en rencontrer d'autres, comme l'éthal et la cholestérine.

Le caractère gras est dû aux acides, qui constituent souvent les neuf dixièmes de l'huile ou de la graisse.

La saponification dédouble ces sortes de sels en leurs composants : les acides se combinent avec les alcalis, les alcools deviennent libres. Si l'on vient à décomposer les savons par un acide fort, les acides gras sont libérés à leur tour, et l'on constate que l'opération qui a consisté à séparer acides gras et alcools se traduit par une augmentation de poids : le dédoublement s'est accompagné d'une fixation d'eau. L'oxygène de l'air n'intervient pas dans la saponification, comme le croyait Fourcroy, puisqu'on peut tout aussi bien l'effectuer dans le vide qu'à l'air libre.

La diversité de caractère des différentes graisses n'est pas due à quelque propriété mystérieuse qui leur serait communiquée par l'espèce animale ou végétale dont elles proviennent ; elle tient à ce que ce sont des agrégats en proportions variables de principes immédiats distincts.

Des résultats aussi remarquables et aussi nets, en jetant des flots de lumière où régnaient préjugés et empirisme, étaient décisifs. Obtenus en si peu de temps, et l'on devine avec quels misérables moyens, ils portent la marque du génie. Et, à plus d'un siècle de distance, ils font encore notre admiration.

Que dire maintenant des applications ? « Chaque page du Traité des corps gras, écrit J.-B. Dumas, contenait en germe une industrie nouvelle. » C'est de la découverte des acides gras volatils, dont les éthers sont doués d'une odeur agréable, que l'industrie des parfums synthétiques tire son origine. L'industrie des savons doit à Chevreul la théorie qui lui sert de guide, et elle lui a valu de nombreux et importants perfectionnements L'emploi de l'acide oléique pour la préparation des laines au tissage est depuis longtemps devenu général. Les acides stéarique et palmitique, solides et durs comme la cire, et beaucoup moins onéreux, l'ont remplacée dans la fabrication des bougies. Et l'industrie de la glycérine, base, entre autres, de celle des dynamites, n'est-elle pas, elle aussi, une application directe des découvertes de Chevreul ?

C'est une vérité bien connue que les savants ne sont généralement pas aptes à tirer personnellement profit de leurs travaux. Chevreul ne fit pas exception à la règle. Le brevet qu'il prit, en commun avec Gay-Lussac, ne rapporta rien à ses auteurs. On a dit qu'il n'était pas industriellement applicable. Nous ne chercherons pas dans quelle mesure ces affirmations n'eurent pas pour but d'excuser une injustice. Une chose est sûre : Chevreul ne reçut jamais la moindre part des bénéfices que réalisèrent par la suite tous ceux qui, dans le monde entier, exploitèrent ses découvertes.

Si, à la vérité, les deux jeunes docteurs en médecine Milly et Motard, qui abandonnèrent leur profession pour monter en grand la fabrication de l'acide stéarique, durent dépenser, pour la mettre au point, des sommes assez élevées et beaucoup d'énergie, ils n'apportèrent, en fait, rien d'absolument nouveau avec leur procédé. Le brevet Gay-Lussac-Chevreul préconisait les techniques essentielles : pour la saponification, l'emploi des bases alcalines et des autres bases, y compris la chaux, avec l'utilisation de la pression en autoclave, et, pour la séparation des acides gras solides et des acides gras liquides, l'emploi de la pression à chaud et à froid. Il serait injuste, toutefois, de ne pas reconnaître le mérite de Bouis, qui démontra plus tard la possibilité d'opérer la saponification par une quantité d'alcali notablement inférieure à celle qu'exige le calcul théorique, et ceux de Milly lui-même, qui inventa la mèche nattée à l'acide borique.

Avant la bougie d'acide stéarique, on ne connaissait que la bougie de cire, qui était d'ailleurs un objet de luxe, ne servant qu'à l'éclairage des édifices du culte et des salons. La bougie stéarique pénétra peu à peu jusque dans les intérieurs les plus humbles. Elle remplaça les antiques chandelles coulantes et fumeuses, et les mouchettes, sorte de ciseaux spécialement réservés à l'opération du mouchage, devinrent des objets de musée.

Vers le milieu du siècle, la bougie stéarique était répandue dans la plupart des pays du monde. Et J.-B. Dumas, en remettant à Chevreul, en 1852, le grand prix (douze mille francs) de la Société d'Encouragement pour l'Industrie nationale, pouvait s'exprimer ainsi : « C'est par centaines de millions qu'il faudrait compter les produits auxquels vos découvertes ont donné naissance. La France, l'Angleterre, la Russie, la Suède, l'Espagne, le monde entier, trouvent dans leur emploi une source de nouvelles jouissances, de bien-être et de salubrité. »

A l'Exposition universelle de 1855, nombreux furent les exposants de l'industrie de la stéarinerie. Le jury décerna à Chevreul une grande médaille d'honneur, dédommagement bien médiocre, on l'avouera, pour les injustices d'une législation, du reste toujours en vigueur, qui n'accorde aucun droit à la propriété scientifique et exclut les savants de toute participation aux profits que peut procurer à d'autres l'exploitation de leurs découvertes. Souhaitons que les Pouvoirs Publics ne tardent pas trop longtemps à se préoccuper d'un état de choses aussi manifestement inique.

A partir de ce moment, l'industrie de la stéarinerie a connu une période de très grande prospérité. Il suffira de rappeler qu'en 1873 la production de la France dépassait trois cent mille quintaux et atteignait une valeur de cinquante-cinq millions de francs (francs-or, avec leur pouvoir d'achat de l'époque).

Certes, la bougie est bien déchue de cette splendeur.

Le gaz de houille, le pétrole, l'électricité sont venus, et sa consommation a beaucoup diminué dans les pays civilisés. Cependant, la bougie vivra. La bougie, c'est la lumière « passe-partout », que chacun peut emporter dans sa poche. Elle reste la providence du cycliste ou du voiturier que la nuit surprend démuni d'éclairage moderne. C'est la lumière qui ne trahit jamais et dont l'emploi nous ôte tout souci de fuites et d'explosions. Et, à notre époque de progrès, partout on tient prudemment en réserve quelques paquets de bougie. En fait, la plupart des pays d'Europe fabriquent encore, pour eux-mêmes ou pour l'exportation, d'assez gros tonnages de stéarine.

Il faut même prévoir, pour l'industrie des acides gras, tout un essor nouveau. Demain peut-être, ils seront notre suprême ressource comme combustibles liquides. Si nous sommes, en effet, contraints, par la pénurie de pétrole ou autres carburants, de brûler des huiles végétales et animales dans nos moteurs, comme nos pères en brûlaient dans leurs lampes, la glycérine étant un produit trop précieux et d'ailleurs doué d'un trop faible pouvoir calorifique pour un tel usage, il faudra déglycériner ces huiles, et les acides gras libérés seront d'excellents combustibles.

On peut être assuré que les découvertes de Chevreul rebondiront toujours par quelque application nouvelle, parce que la glycérine, avec ses trois fonctions alcooliques portées par une molécule très simple, et les acides gras, par leurs longues chaînes carbonées et leur forte teneur en carbone, sont des substances susceptibles d'une infinité de transformations.

Faut-il ajouter qu'avec la marche de la civilisation les usages des corps gras sont en perpétuel développement ? Alimentation, savonnerie, stéarinerie, peintures, linoléums, tannerie, tissage des étoffes, graissage des moteurs, fabrication des explosifs, telle est la liste, et combien incomplète, de leurs usages.

Pourquoi Chevreul, après des succès aussi brillants, n'a-t-il pas poursuivi méthodiquement l'étude des corps gras ? Avec une telle maîtrise, que n'eût-il pas découvert encore ? Il ne revint sur le sujet que de loin en loin au cours de sa longue carrière, par des études, intéressantes sans doute, mais d'une moindre portée que les premières.

Sur la demande du Gouvernement, il étudia, de 1850 à 1856, les huiles siccatives et les peintures. Nous lui devons les premières notions scientifiques sur la dessiccation des huiles et sur les phénomènes d'ordre physico-chimique qui la provoquent. C'est lui qui montra que la transformation des peintures en une pellicule solide n'est pas une dessiccation au sens strict du mot et qu'elle s'accompagne de la fixation d'oxygène de l'air. Son travail, où les aperçus originaux abondent, reste, aujourd'hui encore, l'un des plus importants qui aient été exécutés sur cette difficile question. Chevreul mit le premier en lumière l'influence des catalyseurs d'oxydation, et il entrevit même les actions antioxygènes.

Mentionnons enfin ses recherches sur les graisses de laine, dont il reconnut l'extrême complexité de composition et d'où il ne retira pas moins de vingt-neuf substances, tout en estimant d'ailleurs que l'analyse immédiate n'en était pas achevée.

Autre grand sujet de regret, Chevreul, dont les idées et les méthodes eurent pourtant une si grande influence sur les progrès de la Chimie, ne sut pas grouper des chercheurs autour de lui, et il n'en eut même jamais le goût ni le désir. Et c'est là certainement une des causes principales qui firent que la vive lumière apportée par ses travaux dans le domaine des corps gras ne continua pas à briller de tout son éclat dans notre pays.

Son exemple, cependant, suscita, en France même, différentes recherches, exécutées par Bussy, Le Canu, Frémy, Bayen, Bouis, Berthelot, Wurtz. Berthelot, notamment, parvint à réaliser la synthèse des glycérides, et ce travail (1854) apparaît encore comme un de ses plus beaux titres de gloire.

Mais, depuis plus d'un demi-siècle, c'est à l'Étranger qu'ont été accomplis les progrès les plus remarquables, aussi bien sur le terrain de la Science pure que sur celui de l'utilisation pratique. Les méthodes d'analyses commerciales mises en œuvre dans tous les pays du monde portent presque toutes des noms étrangers; et l'on ne saurait contester que le mémoire du chimiste autrichien Hübl sur les acides gras liquides ne soit, après le Traité des corps gras de Chevreul, la publication qui a le plus contribué à faire progresser nos connaissances sur la nature chimique des huiles et le développement de leurs applications.

C'est dans les pays de langue allemande que l'on trouve, à l'heure actuelle, le plus de chimistes spécialisés dans l'étude des graisses. Dans de nombreux laboratoires, officiels ou privés, tout un bataillon de travailleurs poursuivent des recherches originales ou étudient les applications que peuvent suggérer les publications parues dans les périodiques scientifiques du monde entier. Et nous devons à la vérité de reconnaître que c'est en Allemagne que furent fixées, pour la première fois, les conditions pratiques de l'hydrogénation catalytique des huiles en vue de leur transformation en graisses solides,

application directe, et combien grosse de conséquences
pour toute une branche de l'Industrie et du Commerce,
des belles découvertes de nos compatriotes Paul Sabatier et J.-B. Senderens.

Sans être aussi poussée, l'étude des corps gras, chez
nos amis Anglais, est loin d'être négligée. Les Lewko-
witsch, les Armstrong, les Chapmann, et bien d'autres,
sont des noms qui font partout autorité. L'imperial
Institute, chargé d'étudier toutes les matières utiles
fournies par les colonies, réserve aux oléagineux une
part importante de ses ressources et de son activité.
Très remarquables aussi sont les résultats obtenus par
les chimistes japonais, qui ont découvert dans les foies
de diverses espèces de poissons des hydrocarbures très
abondants analogues à ceux des pétroles.

Si, dans la patrie de Chevreul, nous pouvons être
fiers d'un lointain passé, notre position dans le passé
récent et dans le présent est beaucoup plus modeste.
Du côté officiel comme du côté privé, combien délaissé
est, hélas ! ce chapitre de la Science ! Et ce ne sont
pas les quelques efforts dispersés, d'ailleurs fort rares,
qui peuvent suffire à faire revivre une si belle tradition.

Et cependant, toutes les industries qui doivent leur
naissance ou leurs progrès à l'œuvre de Chevreul n'y
sont-elles pas directement intéressées ? Il est hors de
doute, pour n'envisager que cet aspect du problème, que
la culture des plantes oléagineuses de notre beau
domaine colonial, par des procédés scientifiques établis
avec la collaboration des Botanistes et des Chimistes,
produirait, en qualité comme en quantité, une notable
amélioration de leur rendement, et que nous disposerions
ainsi, non seulement de toutes les huiles nécessaires à
notre consommation — et l'on sait combien nous en

sommes loin — mais encore d'un large surplus, qui serait une précieuse matière d'échange.

Messieurs, on a dit de Chevreul qu'il fut un chimiste naturaliste, et cette épithète doit résonner agréablement dans cette enceinte. « Toute sa philosophie, a dit Berthelot, est renfermée dans cette notion de l'espèce qui préoccupait si fort les Botanistes, les Zoologistes et les Minéralogistes de son temps, et à laquelle il s'était particulièrement attaché. Les opérations qu'il a décrites avec tant de soin sont d'ordre purement analytique; il y manque une notion fondamentale, celle de la Synthèse, celle de la puissance créatrice de la Chimie, sur laquelle reposent ses progrès et son rêve. » Berthelot observe toutefois : « Il fit œuvre de bon travailleur dans l'ordre des connaissances de son époque. On n'est en droit d'en réclamer davantage à aucun d'entre nous. »

Et d'ailleurs, ajouterons-nous, sont-ils dans la logique ceux qui voudraient faire dater la Chimie organique du jour où, avec Wœhler reconstituant de toutes pièces l'urée, fut réalisée la première synthèse ? Certes, il faut admirer sans réserve les progrès magnifiques que la Chimie organique doit aux méthodes synthétiques. Mais on est forcé de reconnaître que, hormis quelques domaines, comme ceux des matières colorantes, médicamenteuses ou odorantes, où la Synthèse a fait merveille, les produits de synthèse n'ont pas remplacé les produits naturels, et que c'est toujours à ces derniers que nous devons recourir. Et elle est sans doute encore lointaine l'époque où l'homme se nourrira avec du pain de synthèse et où il se vêtira avec du coton et de la laine de synthèse.

En vérité, si notre engouement pour la Chimie organique fondée sur la Synthèse a été légitime, soyons justes aussi pour la Chimie des organes végétaux et animaux, et constatons, en fait, que celle-là s'est simplement juxtaposée, sans la remplacer, à celle-ci. Et qu'il nous soit permis, en ce jour où nous glorifions l'initiateur des principes immédiats, d'émettre le vœu que, tout en nous efforçant d'accroître sans cesse la puissance créatrice de la Synthèse, nous prêtions désormais une attention moins distraite au domaine, illimité lui aussi, des principes immédiats. Qu'ils soient à l'avenir moins rares, quels que puissent d'ailleurs être leurs succès, ceux qui cultiveront cette branche de la Science, où les sollicitent tant de découvertes, qui nous aideront à mieux pénétrer le secret de la Vie et à améliorer encore et toujours la condition humaine. Comme les Lettres et les Arts, comme toutes les disciplines de l'esprit, les Sciences se revivifient en remontant à leurs sources. La Chimie organique est fille des Sciences Naturelles; et, si elle venait jamais à renier ses origines, outre que, malgré toute leur noblesse, elle ferait figure de parvenue, c'est gratuitement que, par surcroît, elle abandonnerait tout un élément fécond de vitalité nouvelle et de progrès.

LA CATALYSE ANTIOXYGÈNE (¹).

Messieurs,

La plupart des corps simples, plus ou moins aptes à s'unir les uns aux autres, ne se trouvent pas, en général, à l'état libre à la surface de la Terre, mais sous forme de composés divers. En dehors de l'azote, pratiquement inapte à toute combinaison dans les conditions ordinaires de température et de pression, et de quelques métaux rares, l'oxygène est le seul des éléments doués d'affinités chimiques (on sait que les gaz rares en sont dépourvus) dont une partie notable existe en liberté. C'est que l'oxygène se présente comme un corps vraiment unique par les fonctions qui lui sont dévolues sur la Planète.

Observons d'abord qu'entre tous les constituants de l'écorce terrestre l'oxygène est le plus abondant : il y entre pour près de la moitié de la masse. L'oxygène constitue à l'état libre une partie essentielle de notre atmosphère, et, grâce à ses puissantes affinités, il tend partout à attaquer les corps à son contact. Rien de

---

(¹) Leçon faite au Collège de France, le 17 avril 1926. Le même sujet fut traité dans des conférences faites à Barcelone (1923), à Bruxelles (1923 et 1926), à Zurich (1925), à Bucarest (1925), à Prague (1926), à Paris (Soc. Chim. Ind., 1927).

plus naturel, dès lors, que de trouver l'étude de ce gaz, avec Lavoisier, à la naissance même de la Chimie.

Le rôle de l'oxygène dans la Nature est fondamental. Il n'y a pas de phénomène naturel plus important que l'oxydation spontanée à l'oxygène libre, communément désignée sous le nom d'autoxydation. La respiration, essence même de la Vie, pour nous borner à ce seul exemple, n'est-elle pas une autoxydation ?

C'est d'ailleurs de mille manières que l'oxygène réagit sur les êtres vivants ou sur les objets inanimés. Ces actions peuvent être, pour les besoins de l'homme, tantôt utiles et tantôt nuisibles. L'homme aura donc intérêt, suivant les cas, à les favoriser ou à les contrarier. On peut mettre en œuvre, pour y parvenir, des moyens fort divers, et, notamment, des procédés catalytiques. Dans cet ordre de phénomènes, les seuls dont il sera question ici, nous avons, Charles Dufraisse et moi ([1]), appelé actions *antioxygènes* (catalyse négative) celles qui en ralentissent ou arrêtent le cours, et actions *prooxygènes* (catalyse positive) celles qui l'accélèrent. Pour préciser cette définition, si nous considérons le mélange d'un corps autoxydable avec l'oxygène, mélange dont l'état d'équilibre correspond à la formation d'un composé (oxyde) stable, un troisième corps agissant sur ce système sera dit catalyseur négatif, antioxygène, ou catalyseur positif, prooxygène, suivant qu'il ralentira ou accélérera la vitesse de formation du composé.

A la différence des faits de catalyse positive, qui trouvent leur place naturelle dans les cadres de l'Énergétique classique, très mystérieuses étaient restées les

---

([1]) *Voir* aussi notre rapport au Conseil international de Chimie Solvay, Bruxelles, avril 1925 (chez Gauthier-Villars).

actions antioxygènes jusqu'à ces dernières années. L'objet propre de cette leçon est l'étude de la catalyse antioxygène, dont nous avons, Ch. Dufraisse et moi, considérablement agrandi le domaine (avec la collaboration de Marius Badoche) et élucidé le mécanisme. Comme on le verra, elle nous conduira souvent à parler aussi de la catalyse prooxygène, à laquelle nous avons établi que, contrairement à toute attente, elle se rattache par des liens étroits.

PREMIÈRE PARTIE.

LES FAITS.

Aperçu historique.

Il faut remonter jusqu'aux temps les plus lointains de l'évolution de l'espèce humaine pour apercevoir les premières préoccupations — elles étaient, à la vérité, bien inconscientes — d'effets antioxygènes. Et, de fait, il ne serait pas difficile de rencontrer, dans les pratiques dont on retrouve des traces dans la Préhistoire ou dans l'histoire de l'Antiquité, aussi bien que dans celles que nous ont léguées nos ancêtres immédiats, des recettes empiriques ayant pour résultat d'empêcher les réactions de l'oxygène. Parmi les observations effectuées suivant des méthodes vraiment scientifiques, nous rappellerons celles qui ont trait au phosphore, dont la première remonte à Berthollet (1797), à certains composés sulfurés (Delépine), au gaz tonnant (Davy, Faraday), à divers gaz ou vapeurs (Frankland), au chloroforme (Rump, Regnauld), au sulfite de soude (Bigelow, Young, Titoff, Lumière et Seyewetz), au chlorure stanneux (Young), à l'acide oxalique (Jorissen et Reicher), à quelques alcaloïdes (Richard et Malmy, Bridel), à la paraffine (Siebeneck), aux corps gras (Deschamps, Chevreul, Sisley), au caoutchouc (Bæyer, Helbronner), à la soie (Gianoli, Sisley, etc.). Et nous ne saurions omettre de signaler que Claude Bernard entrevit le premier, dans ses célèbres *Leçons sur les effets des substances toxiques et médicamenteuses* (1857), les effets empêchants produits par de petites doses d'acide cyanhydrique sur les oxydations par l'oxygène libre chez les êtres vivants.

On voit, en somme, que la légitime préoccupation d'éviter les actions nocives de l'oxygène de l'air a conduit à des observations très diverses. D'un autre côté, ainsi qu'on pouvait le prévoir, nos publications sur de nombreux faits de catalyse antioxygène, en appelant l'attention sur la possibilité d'éviter les oxydations et, par suite, leurs inconvénients, et aussi la publication de notre théorie, qui a permis, non seulement de coordonner les faits connus, mais encore de servir de guide pour les investigations, n'ont pas manqué de provoquer des recherches de la part d'un grand nombre de savants et d'industriels, qui ont ainsi réussi à obtenir d'importants résultats.

Ce rapide aperçu suffit à faire apparaître déjà comme fort étendu et varié le champ des actions antioxygènes. Nos recherches, que nous allons maintenant résumer, ont établi qu'un véritable corps de doctrine pouvait être dégagé et que l'action antioxygène, loin de constituer une rareté, comme pouvait le laisser supposer le caractère en apparence exceptionnel des faits énumérés ci-dessus, se présente, au contraire, comme un phénomène très général, et jouant même un rôle de première importance dans la Nature.

La genèse de nos travaux.

Un vrai roman, pourrait-on dire. C'est d'une manière toute fortuite, par l'étude d'un problème de guerre, que le sujet s'était présenté à nous. Il s'agissait d'empêcher l'altération de l'acroléine, pour rendre possible l'emploi de cette substance éminemment instable. On sait, en effet, que l'acroléine, malgré de nombreux travaux dus aux chimistes les plus habiles, restait un corps aussi réputé pour son altérabilité que pour ses propriétés irritantes; et nous rappellerons, en outre, que le disacryle, produit insoluble de la transformation, constitue une résine insoluble stable, d'où le retour à l'acroléine est impossible. Il en résultait pour l'emploi de l'acroléine les plus sérieuses difficultés : il fallait l'utiliser aussitôt après sa préparation et renoncer à en accumuler des quantités quelque peu importantes.

Nous fûmes assez heureux, après qu'un procédé empirique de stabilisation eût été trouvé (Moureu et Lepape), pour réussir, par une étude systématique, à reconnaître, avec Robin et Pougnet, que les phénols empêchent la transformation de l'acroléine en disacryle. Et leur pouvoir protecteur se montrait parfois considérable : un dix-millième d'hydroquinone, par exemple, maintenait l'acroléine absolument limpide et inaltérée, alors qu'un échantillon témoin se troublait très vite et se transformait rapidement en une masse inerte de disacryle.

Ainsi se trouvait entièrement résolu le problème de la stabilisation de l'acroléine, et celle-ci put, dès lors, être fabriquée par grandes masses dans les usines françaises. L'une d'entre elles avait une organisation qui

lui permettait d'en produire une tonne par jour, alors
que la quantité la plus importante obtenue avant nos
travaux, celle qui servit à Émile Fischer pour ses
célèbres recherches synthétiques sur les matières sucrées,
n'avait pas atteint deux kilogrammes, ce qui, à l'époque,
passa pour un tour de force.

Mais, dira-t-on, il s'agit d'autoxydation; quelle relation celle-ci peut-elle avoir avec l'altération et la stabilisation de l'acroléine ? Question assurément toute naturelle. Et nous étions nous-mêmes fort loin de nous douter
que nos recherches, arrivées à ce point précis, côtoyaient
l'autoxydation dans sa conception la plus générale.
N'est-ce pas, d'ailleurs, le propre de l'investigation
scientifique de conduire le chercheur méthodique dans
les voies les plus inattendues ?

C'est en effet, en nous préoccupant d'élucider le
mécanisme de cette action si étrange des phénols que
nous avons reconnu que l'autoxydation était la clef du
mystère. Nous ne donnerons pas ici le détail de nos
nombreux détours dans l'obscurité, ni des difficultés
de toutes sortes que nous avons rencontrées avant de
voir brusquement apparaître un trait de lumière qui
nous amena à concevoir l'expérience, en apparence
absurde, du 21 octobre 1917, à savoir : mettre dans
un tube manométrique, sur la cuve à mercure, de
l'oxygène, de l'acroléine, corps qui fixe activement
l'oxygène, et une trace d'une substance du type du pyrogallol, communément utilisé pour absorber l'oxygène,
avec l'espoir de constater que l'oxygène ne serait pas
absorbé dans ces conditions. Faut-il ajouter que l'idée
d'une semblable expérience, vraiment paradoxale, était
le fruit de déductions résultant de l'analyse approfondie
de multiples faits d'observation ? Aussi, ne fûmes-nous

nullement surpris en constatant que le niveau du mercure de notre manomètre ne variait pas, et, par conséquent, que l'oxygène ne s'absorbait plus : une proportion minime d'une matière aussi oxydable que le pyrogallol pouvait donc rendre l'oxygène inerte vis-à-vis d'un autre corps, lui-même oxydable à l'état pur.

On ne trouvera sans doute pas hors de propos ces renseignements circonstanciés concernant l'origine de nos recherches sur l'autoxydation. Il nous paraît qu'il y a là un exemple caractéristique de l'intérêt qu'il y a toujours à approfondir les phénomènes dont la nature n'est pas soupçonnée.

Aperçu des principales acquisitions.

Une incursion rapide dans des directions variées ne tarda pas à nous montrer que le phénomène de l'action antioxygène devait avoir, en réalité, un grand caractère de généralité. Et, en fait, contrairement à ce qu'on aurait pu penser vu le nombre, en définitive bien petit, des exemples isolés et sans l'apparence du moindre lien entre eux, qui avaient été antérieurement décrits, le phénomène antioxygène est très répandu et très commun. En réalité même, il est vraisemblable, comme on le verra, que tous les corps oxydables, dont le nombre est sans limite, peuvent, dans des circonstances appropriées, jouer le rôle d'antioxygènes. De telle sorte que, dans la pratique, ce qui serait exceptionnel, ce n'est peut-être pas l'action antioxygène, mais plutôt l'absence, dans un système *corps autoxydable-oxygène*, de toute impureté antioxygène.

Mais, avant d'entreprendre l'exploration du vaste champ de recherches qui nous était révélé, nous nous préoccupâmes immédiatement de concevoir une théorie qui pût nous servir de guide dans l'infinie variété des expériences dont la nécessité nous apparut. A la lumière de cette théorie, dont l'exposé fera l'objet de notre troisième partie, nous pûmes alors entreprendre diverses séries d'expériences, accompagnées de mesures, où nous faisions varier et le corps autoxydable et la substance catalytique.

Nous essais sont en plein développement, et nous abordons de proche en proche les différents domaines de la Chimie.

Dans cette large épreuve à laquelle se trouve ainsi soumise notre théorie, non seulement nous n'avons rencontré jusqu'à ce jour aucun fait qui soit avec elle en contradiction irréductible, mais nous avons pu en prévoir qui, sans elle, eussent été difficiles, sinon impossibles à imaginer. Nous y reviendrons longuement dans la discussion théorique. Indiquons simplement ici trois acquisitions particulièrement frappantes.

La parenté des deux catalyses inverses. — Le développement rationnel de notre théorie nous a amenés à penser que les deux catalyses inverses d'autoxydation, la catalyse négative (action antioxygène) et la catalyse positive (action prooxygène), devaient avoir entre elles une étroite parenté, et probablement une cause commune, de telle manière que, dans la pratique, un catalyseur déterminé se montrerait, selon les circonstances, accélérateur ou ralentisseur de l'autoxydation. Nos observations vérifient pleinement cette prévision.

L'iodhydrate de méthylamine, par exemple, antioxygène vis-à-vis de l'aldéhyde benzoïque, est prooxygène vis-à-vis du styrolène. L'éthylxanthogénamide ralentit l'autoxydation d'une solution aqueuse de sulfite de soude quand elle est légèrement alcaline, et elle l'accélère, au contraire, si la même liqueur est légèrement acide. On remarque, d'ailleurs, que les corps les plus actifs comme ralentisseurs sont souvent aussi les plus actifs quand ils deviennent accélérateurs.

Ainsi, le même catalyseur pourra, suivant les cas, jouer indifféremment un rôle antioxygène ou un rôle prooxygène. On ne saurait donc dire qu'un corps déterminé est un antioxygène et que tel autre est un prooxygène. A l'un comme à l'autre, il faudra appliquer, comme nous avons pris l'habitude de le faire, le terme générique de catalyseur d'autoxydation, le signe, positif ou négatif, de la catalyse, dépendant, non de la nature du catalyseur, mais des circonstances dans lesquelles on expérimente. Ce qui dépend de la nature de la substance que l'on fait agir sur le corps oxydable, c'est seulement la propriété de pouvoir être un catalyseur d'autoxydation.

La propriété catalytique est liée à l'oxydabilité du catalyseur. — Comme on le verra plus loin, notre théorie repose tout entière sur les relations entre l'oxydabilité du catalyseur et sa propriété catalytique. Nous nous bornerons ici à un exemple particulièrement frappant : le sesquisulfure de phosphore, qui doit à son oxydabilité d'importantes applications pratiques (allumettes), opposé à l'aldéhyde benzoïque à très faible dose ($\frac{1}{1000}$), se comporte comme un antioxygène remarquable.

Généralité des phénomènes antioxygènes et prooxygènes. — Nous avons trouvé la propriété catalytique, plus ou moins accentuée, dans des circonstances favorables, chez plusieurs centaines de corps, tous oxydables. Nous avons même pu démontrer (avec Pierre Lotte), par un procédé direct, que l'action catalytique se trouvait localisée sur la partie de la molécule qui était oxydable dans les conditions de l'expérience. Tout, d'ailleurs, nous porte à croire que, comme le prévoit la théorie, notre liste doit être allongée d'une infinité d'autres substances, les plus communes comme les plus rares. C'est que, en principe, un corps oxydable quelconque, doué de quelque affinité, forte ou faible, pour l'oxygène, doit pouvoir, dans des conditions appropriées, fonctionner comme catalyseur d'autoxydation. Cette idée légitime celle que nous avons émise plus haut, à savoir que l'action antioxygène est un phénomène très général, attendu qu'il y a partout de la matière oxydable.

Expériences typiques.

Actions antioxygènes. — Soit un tube manométrique en verre terminé, à sa partie supérieure recourbée en bec, par une ampoule contenant, par exemple, de l'aldéhyde benzoïque, corps qui, comme on sait, s'oxyde rapidement à l'air. Introduisons dans ce tube de l'oxygène pur jusqu'à ce que le mercure soit au même niveau à l'intérieur et à l'extérieur. On ne tarde pas à voir le mercure s'élever progressivement; après 24 heures, la pression intérieure n'est plus que de 2 à 3 centimètres. Ce phénomène est dû à la transformation, par fixation d'oxygène, de l'aldéhyde benzoïque en peroxyde, puis en acide benzoïque.

Répétons la même expérience avec de l'aldéhyde benzoïque additionnée d'une très faible proportion d'hydroquinone (de l'ordre de $\frac{1}{1000}$). Cette fois, on ne voit plus monter le mercure : l'absorption de l'oxygène ne se fait plus. Des traces d'hydroquinone empêchent donc l'aldéhyde benzoïque de fixer l'oxygène.

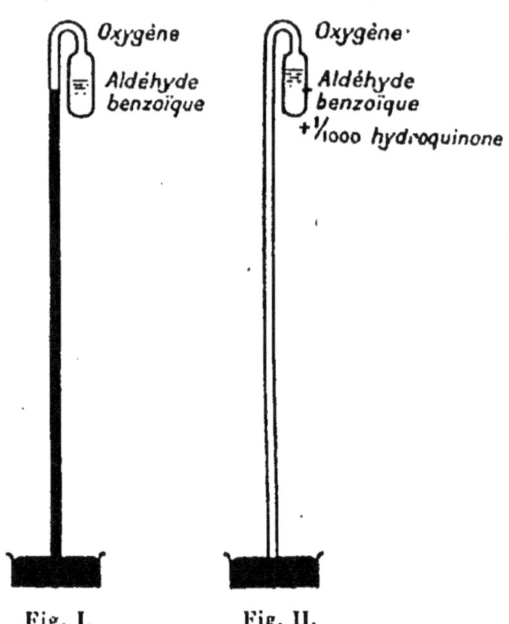

Fig. I.   Fig. II.

Nous avons constaté des résultats analogues, aux intensités près, en substituant à l'hydroquinone, aussi bien que des phénols divers, une foule d'autres substances de nature extrêmement variée, d'une part, et, de l'autre, la même action antioxygène a été observée avec les mêmes catalyseurs opposés à des corps autoxydables également très divers. Citons, entre autres, les catalyseurs suivants : pyrocatéchine, pyrogallol, naphtols, tannins; iode, iodures minéraux, iodhydrates de bases organiques, iodures d'ammoniums, iodures alcooliques, iodoforme, tétraiodure de carbone; soufre, sesquisulfure de phosphore, sulfures minéraux, sulfures organiques; amines, nitriles, amides, urées, uréthanes, matières colorantes ; et les matières autoxydables suivantes : aldéhydes de différentes séries, hydrocarbures non saturés, matières organiques complexes (caoutchouc, corps gras), sulfite de soude, etc.

Les actions antioxygènes variaient naturellement beaucoup suivant la nature du corps autoxydable et celle du catalyseur, ainsi que suivant les dilutions.

Notre technique nous permettait souvent de reconnaître des différences d'action très nettes pour des variations relativement faibles de la concentration en antioxygène. Nous avons, dans quelques cas, déterminé les limites de sensibilité du phénomène, qui se sont naturellement montrées très variables avec les corps mis en présence. C'est ainsi qu'avec l'hydroquinone ou l'iodhydrate de méthylamine opposés à l'acroléine, on observait déjà une action appréciable à la concentration du millionième.

Actions prooxygènes. — L'iode et beaucoup de composés iodés catalysent positivement l'autoxydation du styrolène. Et l'on obtient des effets analogues en les faisant agir sur l'huile de lin, ce qui est en accord avec la présence dans cette matière de liaisons éthyléniques, qui l'apparentent au styrolène.

Le sulfure vert de manganèse accélère considérablement l'autoxydation de l'aldéhyde benzoïque. Le sesquisulfure de phosphore, le thiophénol, le sulfure d'antimoine, catalysent positivement l'autoxydation du styrolène. Le thiophénol et le sulfure de manganèse vert sont accélérateurs vis-à-vis de l'essence de térébenthine. Citons encore, parmi tant d'autres faits, que le sesquisulfure de phosphore est accélérateur vis-à-vis de l'huile de lin.

D'une manière générale, les actions prooxygènes ont été trouvées peu intenses. Nous avons cependant rencontré des cas où la vitesse d'autoxydation était plus que centuplée.

Inversion de la catalyse. — Nous avons annoncé plus haut qu'en raison de l'étroite parenté qui existe entre les deux catalyses inverses, on observe fréquemment une inversion du signe de la catalyse. Nos travaux nous ont conduits à faire sur ce sujet un grand nombre d'observations d'une parfaite netteté. A celles qui ont été mentionnées ci-dessus ajoutons, au hasard, parmi tant d'autres, les suivantes :

L'iode, antioxygène très actif vis-à-vis de l'aldéhyde benzoïque, est prooxygène vis-à-vis du styrolène. L'iodoforme, prooxygène vis-à-vis du styrolène, est antioxygène vis-à-vis du furfurol. Le thiophénol, antioxygène quand on l'oppose à l'aldéhyde benzoïque, est prooxygène quand on l'oppose à l'essence de térebenthine. Le soufre et le disulfure de diéthylène, qui ralentissent l'autoxydation du sulfite de soude en solution aqueuse alcaline (au $\frac{1}{10}$), l'accélèrent, au contraire, si la liqueur est légèrement acide.

On observe d'ordinaire, dans les inversions, qu'aux actions antioxygènes les plus intenses correspondent les actions prooxygènes également les plus intenses. Par exemple, l'iodhydrate de méthylamine, qui se comporte comme un antioxygène extrêmement puissant vis-à-vis de l'acroléine, peut être considéré également comme un catalyseur des plus actifs quand, inversement, il fonctionne comme prooxygène vis-à-vis du styrolène, par exemple.

Les phénomènes secondaires de l'autoxydation et l'action antioxygène. — Les réactions d'autoxydation sont très souvent accompagnées de phénomènes secondaires, généralement liés à des condensations moléculaires, qui se manifestent par des colorations, des précipités, des épaississements, du rancissement, etc. En même temps que nos antioxygènes entravent la fixation d'oxygène, nous avons constaté qu'ils entravent aussi la production de ces divers phénomènes. Ainsi le furfurol, au lieu de se colorer fortement en noir, demeure presque incolore; l'acroléine ne se trouble plus par la précipitation du disacryle; le styrolène reste fluide et ne donne plus la résine soluble dite métastyrolène; l'huile de lin peut être exposée à l'air en couches minces sans perdre de sa fluidité (quatre ans d'observation); le beurre conserve ses propriétés organoleptiques, et, d'une manière générale, les corps gras ne rancissent pas, etc.

Il semble d'ailleurs que l'agent immédiat des phénomènes de condensation qui se produisent dans les réactions d'autoxydation, du moins dans beaucoup de cas, ne soit pas, comme on pouvait le croire *a priori*, l'oxygène libre lui-même, mais de l'oxygène combiné, un peroxyde, qu'il forme d'abord avec la substance autoxydable. Nous avons pu le démontrer en toute rigueur dans le cas de l'acroléine. Si l'on élimine par le vide les gaz qui peuvent s'être dissous dans l'acroléine ayant subi le contact avec l'air et qu'on la maintienne ensuite dans le vide, la condensation progresse comme dans l'air; ce n'est donc pas un gaz, donc pas l'oxygène libre, qui catalyse la transformation; et le contact de l'air a suffi à *inoculer*, en quelque sorte, un *virus* mortel à l'acroléine. Nous en concluons que l'agent catalyptique de la condensation de l'acroléine en résine insoluble est un peroxyde.

DEUXIÈME PARTIE.

RÉPERCUSSIONS DANS DIVERS DOMAINES.

Comme bien l'on pense, les actions catalytiques antioxygènes (et prooxygènes) doivent intervenir dans une multitude de phénomènes de la Nature, morte ou vivante.

Nous en examinerons ici quelques cas.

Les antidétonants. — Dans ces derniers temps, une grande importance a été, à juste titre, reconnue, pour le rendement des moteurs à explosion, aux substances qui ont la propriété d'empêcher à petite dose le *choc* (knock), et l'on sait la part prépondérante qui revient dans ce domaine au chimiste américain Midgley. Nous avons émis l'hypothèse que, là encore, il s'agissait d'actions antioxygènes tout à fait comparables à celles que nous avions décrites. D'ailleurs, nous signalerons que le plomb tétréthyle, qui s'est révélé comme un antidétonant très puissant, est susceptible de fonctionner à la température ordinaire comme antioxygène, par exemple, vis-à-vis de l'aldéhyde benzoïque. Modérant l'action de l'oxygène à chaud dans les mélanges tonnants du moteur, il exerce de même une action modératrice sur l'autoxydation dans les conditions ordinaires de nos expériences. Son mode d'action nous a paru semblable dans les deux sortes de cas.

Considérations biologiques.

Étant donné l'intérêt primordial de l'autoxydation dans les phénomènes vitaux, nous avons de bonne heure envisagé la répercussion que pourraient avoir les faits que nous mettions en lumière et les réflexions qu'ils nous suggéraient sur quelques conceptions générales de la Biologie.

Les phénols. — On remarquera, tout d'abord, que les êtres vivants contiennent des phénols. Mais, à ce point de vue, ils se séparent en deux catégories bien tranchées : ceux chez qui les phénols sont couramment répandus et ceux chez qui, au contraire, ils sont rares. Le premier groupe est constitué par les végétaux, où l'on rencontre, quelques-uns en abondance, les composés phénoliques les plus variés : mono- et polyphénols et leurs dérivés, parmi lesquels les tannins méritent une mention spéciale, en raison de leur dissémination très générale et de leurs proportions élevées. Les animaux constituent le second groupe : on y trouve, en effet, très peu de phénols, et toujours en minimes proportions. Or, les végétaux sont précisément des êtres à vie ralentie, où les phénomènes d'autoxydation n'ont pas la même intensité que chez les animaux, et il y a lieu de se demander si les phénols n'y jouent pas le rôle d'agents de protection contre une action trop vive de l'oxygène. Et comment, au surplus, ne pas être frappé par le fait que les tannins, composés phénoliques très actifs, abondent de préférence dans les parties du végétal où la vie est le moins intense ?

Parmi les expériences que pouvait suggérer la considération du pouvoir antioxygène, la plus séduisante était, sans contredit, celle relative à l'autoxydation de l'hémoglobine, vecteur principal d'oxygène chez les animaux supérieurs. Nous avons effectué, à ce propos, de nombreux essais, d'abord sur le sang hémolysé, puis sur une liqueur résultant de l'hémolyse de globules rouges préalablement lavés avec une solution isotonique, et enfin sur des solutions d'hémoglobine purifiée par cristallisation. Les résultats ont été négatifs avec les divers phénols que nous avons mis en œuvre. La raison en est sans doute dans la grande vitesse d'autoxydation de l'hémoglobine comparée à celle de l'action antagoniste des phénols.

Quoi qu'il en soit, il est vraisemblable que les phénols doivent agir énergiquement sur quelque stade des processus d'oxydation chez les animaux supérieurs. On peut en voir une preuve dans leur toxicité, les phénols les plus actifs comme antioxygènes se trouvant être en même temps les plus toxiques, et les symptômes de l'intoxication rappelant généralement ceux de l'asphyxie.

N'est-ce pas également à l'action antioxygène que doit être rapporté le pouvoir antiseptique des phénols, qui agiraient peut-être sur les microbes en entravant les processus d'oxydation ?

Si l'on songe, d'autre part, aux doses extraordinairement faibles auxquelles peuvent agir parfois les antioxygènes, on ne peut s'empêcher de rapprocher ces actions de celles des toxines et des venins, dont il en est qui causent la mort par asphyxie, ce qui laisse supposer qu'ils agissent peut-être comme antioxygènes. Une telle manière de voir trouverait quelque appui dans le fait que la quinone, dont nous avons reconnu les propriétés antioxygènes, a été rencontrée dans certains venins.

Enfin, nous ne saurions omettre de souligner les conséquences qui peuvent résulter de la notion nouvelle d'antioxygène pour la Pharmacologie. Il est remarquable, en particulier, que les phénols sont des antithermiques, et, sans doute, le sont-ils parce qu'ils atténuent l'intensité des oxydations dans l'économie. N'y aurait-il pas là une explication de l'action physiologique des antithermiques en général ? Il se trouve, en effet, que les antithermiques utilisés en thérapeutique sont des substances aromatiques, et l'on a constaté que les corps de cette série s'oxydaient dans l'organisme en donnant des composés phénoliques.

On voit ainsi que la connaissance de la propriété antioxygène des phénols sera peut-être de nature à modifier l'interprétation de certains effets thérapeutiques observés lors de l'administration des phénols. Dans cet ordre d'idées, on ne peut qu'être frappé des résultats favorables souvent obtenus par l'emploi de produits phénoliques (créosote, gaïacol et dérivés, etc.) dans le traitement d'une maladie qui touche précisément de très près aux processus d'oxydation de l'organisme, à savoir, la forme pulmonaire de la tuberculose. Il appartiendra aux techniciens de rechercher si ces substances, en dehors de leur action antiseptique sur le bacille, n'agiraient pas en tempérant l'hyperactivité respiratoire.

Iode et dérivés. — Constatons d'abord que l'iode est largement diffusé dans le règne minéral. Il y en a des proportions notables dans la mer, milieu iodé d'importance fondamentale, où vivent des êtres innombrables,

qui souvent accumulent le métalloïde dans leurs organes.
On le rencontre, d'autre part, chez tous les êtres vivants,
végétaux ou animaux, et on le range même d'ordinaire
parmi les éléments considérés comme étant nécessaires
à la vie (A. Gautier, Baumann, Gley, etc.).

D'après nos expériences, ne peut-on pas supposer
que l'iode agirait peut-être, dans beaucoup de cas,
comme agent de régularisation dans les phénomènes
d'oxydation ? De faibles quantités d'énergie suffiraient
pour faire passer l'iode de l'état de catalyseur positif
à celui de catalyseur négatif, ou inversement, suivant
les besoins de l'organisme.

Dans cet ordre d'idées, un fait remarquable est que
les animaux supérieurs, bien que vivant dans un milieu
très pauvre en iode, concentrent cet élément dans un
organe auquel on attribue précisément un rôle régula-
teur sur les oxydations : la glande thyroïde.

Soufre et dérivés. — Un grand nombre de matières
répandues chez les être vivants renferment du soufre,
et ce métalloïde entre, notamment, dans la composition
de l'un des principaux groupes de substances constitutives de tout organisme, les substances protéiques.
Aussi son rôle est-il essentiel dans les processus vitaux.
Au regard des phénomènes d'autoxydation, une fonction
catalytique d'importance primordiale serait remplie,
d'après Hopkins, par un principe particulier, le gluta-
thion, dont il a démontré récemment la présence générale dans les tissus animaux.

Il n'est pas douteux que nos expériences (poursuivies
avec Badoche), en établissant que le soufre et un
grand nombre de ses dérivés exercent dans une multitude de cas des actions antioxygènes ou prooxygènes

plus ou moins intenses, n'éclairent d'un jour nouveau le rôle physiologique de toutes ces matières.

Composés azotés. — L'intérêt biologique de ces corps dépasse de beaucoup celui des substances, organiques ou minérales, que nous venons d'envisager. L'azote, sous les formes les plus variées et les plus compliquées, fait essentiellement partie de la matière vivante, et il entre dans la composition des principales molécules élaborées par l'organisme. Son importance, du point de vue des mouvements de l'oxygène chez les êtres vivants, est donc vitale. Mais étant donnée précisément la complexité habituelle des formes sous lesquelles il s'y trouve, on ne doit pas s'attendre à voir son action se présenter sous un aspect simple. Les études que nous poursuivons (avec Badoche) nous permettront peut-être de faire apparaître des règles utiles à ce sujet.

Conséquences pratiques.

Ainsi que nous l'avons fait ressortir au début de cette étude, l'homme a besoin tantôt d'accélérer, tantôt de modérer l'action de l'oxygène au sein duquel il vit. Nos travaux donnent l'espoir que l'on pourra généralement résoudre le problème avec une extrême facilité. Nous avons d'ailleurs nous-mêmes réussi, dans un grand nombre de cas, à empêcher pratiquement certaines oxydations nocives et, par là, à éviter leurs conséquences fâcheuses. C'est ainsi que nous pouvons assurer la conservation des hydrocarbures non saturés, des aldéhydes, des parfums, du caoutchouc, des matières grasses, etc. Nous utilisons couramment la catalyse antioxygène dans notre laboratoire, pour stabiliser des produits aisément autoxydables.

Du reste, les avantages que l'on trouve à l'emploi des antioxygènes ne se bornent pas au fait que l'on préserve de l'oxydation des quantités plus ou moins notables de matières diverses. Les peroxydes, dont nous avons parlé plus haut, ayant très souvent, même quand il ne s'en forme que des traces, des effets catalytiques désastreux sur les rendements des opérations chimiques, en particulier par les réactions de condensation qu'ils déclenchent, il peut y avoir un gros intérêt, même avec des corps peu oxydables, ou même encore lorsqu'on doit s'efforcer de ne laisser que très peu de temps les corps autoxydables en contact avec l'oxygène, à utiliser la catalyse antioxygène. On a reconnu, par exemple, que l'acroléine donnait, dans les réactions de Grignard, de bien meilleurs résultats lorsqu'elle était préservée de l'autoxydation par un antioxygène que si elle avait été simplement conservée à l'abri de l'air. Une observation analogue a été faite pour la transformation de l'essence de térébenthine en camphre.

Dans différents points du globe, d'ailleurs, des savants qui ont remarqué nos travaux nous font l'honneur de les utiliser pour leurs recherches. Toutefois, et c'est par cette importante remarque que nous terminerons, il ne faudra jamais perdre de vue, dans l'emploi de nos antioxygènes, la parenté que nous avons établie entre les deux catalyses inverses : suivant les circonstances et sous des influences parfois très faibles, on produit, non pas une action antioxygène, mais une action prooxygène. Et c'est alors, comme il arrive avec les armes à deux tranchants, la catastrophe que l'on déchaîne en voulant l'éviter.

TROISIÈME PARTIE.

LES THÉORIES.

Considérations énergétiques.

Soit un corps autoxydable en présence d'oxygène. Le mélange tend vers un état d'équilibre stable correspondant à la formation d'un oxyde stable. Nous pouvons, à volonté, accélérer ou ralentir l'évolution en ajoutant au système un catalyseur prooxygène ou un catalyseur antioxygène.

L'action prooxygène est manifestement une catalyse positive, puisqu'elle favorise le déplacement du système corps autoxydable $+$ oxygène vers un état d'équilibre stable. Mais l'action antioxygène, qu'est-elle ? C'est, pour nous conformer à l'usage que nous avons employé, à son sujet, le terme de *catalyse négative*. En réalité, que faut-il entendre par là ? Si l'expression, qui ne paraît vraiment pas heureuse, traduit bien les apparences du phénomène, c'est-à-dire une action inverse de la catalyse positive, il présente ce grave inconvénient qu'il risque de prêter à une interprétation inexacte. Il semble impliquer l'idée de catalyse « à rebours », qui imprimerait à la réaction une vitesse de sens contraire à celle que lui imprime la catalyse positive. Tel le cas du déplacement d'un mobile : si l'on convient d'un sens pour le déplacement positif, la vitesse correspondante sera positive, comme sera négative la vitesse qui correspond au déplacement dans le sens inverse.

Il est bien évident qu'une semblable manière de voir serait ici grossièrement erronée. Aucun catalyseur ne permettra, sans apport d'énergie extérieure, de remonter le cours de réactions chimiques spontanées, celles qu'accélèrent les catalyses positives ; car cela reviendrait à élever le potentiel d'un système sans qu'il y ait dépense correspondante d'énergie, et l'on sait que les lois de la Thermodynamique nous indiquent que, lorsqu'un phénomène se produit spontanément, c'est-à-dire sans qu'il y ait intervention d'une énergie extérieure au système, il se produit toujours dans le sens d'une libération d'énergie, d'une diminution du potentiel : la catalyse négative, au sens littéral de l'expression, est donc impossible. Aucun catalyseur ne pourra donc, par exemple, reconstituer, à partir de l'acide benzoïque, le mélange initial d'aldéhyde benzoïque et d'oxygène, ce qui serait, au sens strict des mots, une catalyse vraiment négative.

Il suit de là que, si l'action antioxygène est réellement une catalyse, comme nous l'avons dit précédemment par anticipation, ce ne peut être qu'une catalyse positive, c'est-à-dire une catalyse poussant le système vers un état d'équilibre, un phénomène comportant un abaissement du potentiel. Comment donc allons-nous pouvoir trouver, pour expliquer l'action antioxygène, un mécanisme vraiment catalytique, c'est-à-dire se produisant dans le sens d'un état d'équilibre, mais la direction de cet état d'équilibre étant à l'opposé de la seule direction que l'on aperçoive, l'oxydation complète ? Ce problème paradoxal n'est pas insoluble, et nous pensons qu'il peut être résolu facilement avec les ressources actuelles de la Physico-Chimie.

Puisque l'action antioxygène ne peut être, comme toute catalyse, qu'une catalyse positive vraie, il est indispensable d'admettre que le phénomène de l'autoxydation ne comporte pas une chute continuelle de potentiel à partir du système corps autoxydable + oxygène. On n'échappe pas à cette fatalité que l'évolution doit impliquer à un certain moment une élévation du potentiel. C'est à cette phase que l'antioxygène contrariera l'ensemble du phénomène d'autoxydation par une action catalytique vraiment positive, c'est-à-dire favorisant un abaissement du potentiel.

Cette conception n'a pas été imaginée par nous pour les besoins de la cause. Il s'agit, au contraire, d'une notion déjà relativement vieille, que nous devons au grand théoricien suédois Arrhénius, et qui a pris, avec les théories physiques modernes, un sens de plus en plus profond et une importance chaque jour grandissante. S'appuyant sur des bases expérimentales solides, aucune ne se présentait mieux à propos pour nous permettre d'interpréter nos résultats.

Comme on le sait, toutes les données de la Physique et de la Chimie concourent à faire admettre que, dans un fluide (liquide ou gaz) constitué par une espèce chimique déterminée, toutes les molécules ne se trouvent pas dans le même état. En particulier, du point de vue énergétique, leurs états individuels se distribuent autour d'un état moyen, la proportion des molécules qui sont dans un état déterminé étant d'autant plus faible que cet état est plus éloigné de l'état moyen. Ces molécules éloignées de l'état moyen sont dites *activées*. D'autre part, le plus souvent les réactions chimiques ne sont pas accessibles à l'ensemble des molécules sur lequel on opère, et une petite proportion seulement, à un moment donné, peut entrer en réaction, la vitesse de la réaction se trouvant précisément réglée par la proportion de ces molécules actives et par la vitesse avec laquelle

elles se forment dans l'ensemble de la masse. On a pu
même, grâce aux développements donnés à la théorie
par Berthoud, Marcelin, Lewis, Perrin, Langevin,
calculer quel était le surplus d'énergie que devaient ainsi
acquérir, pour une réaction déterminée, les molécules
à partir de l'état moyen, pour devenir actives pour

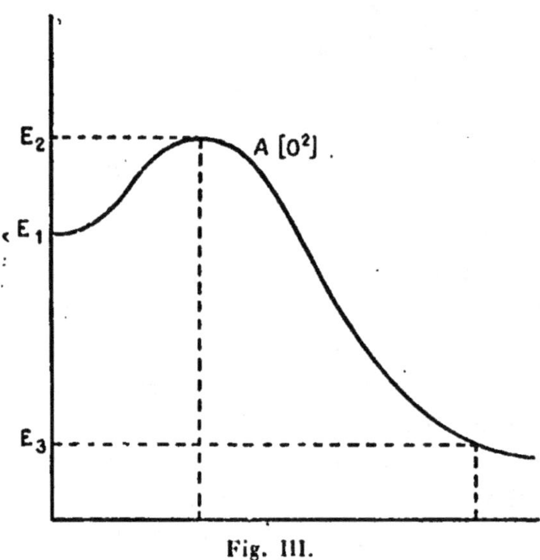

Fig. III.

cette réaction; et ce surplus, ce minimum supplémentaire
indispensable, a reçu le nom de *complément critique
d'énergie.*

Cet état très particulier, privilégié, des molécules actives, est acquis aux dépens de l'énergie moyenne suivant les lois de la statistique. Les molécules ordinaires se
trouvant au niveau énergétique moyen E_1, celles qui vont
réagir passent obligatoirement par le niveau E_2 avant
de descendre vers le niveau E_3, qui représente le terme
stable de l'autoxydation. On conçoit alors qu'au moment

où le phénomène subit le passage obligatoire par le niveau E_2, deux catalyses soient possibles, positives toutes deux, dont les effets seront diamétralement opposés : l'une, action prooxygène, favorisant le glissement vers E_3, l'autre, action antioxygène, favorisant le glissement de retour vers E_1. Et ainsi l'on comprend aisément que, si l'on réussit à faire rétrograder constamment les molécules du niveau E_2 vers le niveau E_1, on supprimera pratiquement le phénomène global, c'est-à-dire l'autoxydation.

Cette représentation du processus antioxygène rend très bien compte de l'une des particularités les plus saisissantes de ce phénomène, à savoir, qu'un nombre extraordinairement petit de molécules antioxygènes peut empêcher de s'oxyder un nombre énorme de molécules de corps autoxydable toutes au contact de l'oxygène. Il y a là quelque chose de vraiment déconcertant. Ainsi, par exemple, une molécule d'hydroquinone peut suffire à empêcher quarante mille molécules d'acroléine de s'oxyder, et l'on observe des effets encore notables, ainsi que nous l'avons vu, à des dilutions beaucoup plus grandes. Une telle disproportion entre l'effectif des molécules qui tendent à s'oxyder et celui des molécules antagonistes donne à penser que le flot des premières doit traverser quelque passage critique, où elles se montrent particulièrement vulnérables, et ce ne peut être alors que dans un tel passage que les rares molécules empêchantes peuvent être en nombre suffisant.

On nous permettra ici une comparaison, sans doute assez inattendue, qui nous reporte aux temps de l'Antiquité. Il est bien certain que si Léonidas avait prétendu, avec ses trois cents Spartiates, vouloir arrêter en rase campagne la marche envahissante de l'armée entière de Xerxès, l'idée d'un tel exploit eût été jugée pure folie par tout homme jouissant de sa raison. Mais c'est dans ce passage étroit constitué par le défilé des Thermopyles qu'il songea à arrêter l'invasion, et peut-être y eût-il réussi sans la trahison du trop fameux berger. Par bonheur, les lois de l'Énergétique sont fidèles et ne trahissent jamais, et c'est par leur jeu naturel que les antioxygènes, plus heureux que les soldats de Léonidas, tiennent en échec l'autoxydation dans ces nouveaux et inévitables Thermopyles que représente l'activation des molécules.

Ces préliminaires posés, voici comment nous concevons, Ch. Dufraisse et moi, le mécanisme de l'action antioxygène.

Théorie générale de l'action antioxygène.

Nous admettons que l'autoxydation débute par l'union d'une molécule du corps autoxydable A avec une molécule entière d'oxygène O^2, un peroxyde $A(O^2)$ prenant ainsi naissance, que nous appelons *peroxyde primaire*. Ce peroxyde, premier terme des formes successives que doit prendre la combinaison du corps autoxydable avec l'oxygène, est formé, non avec mise en liberté d'énergie, mais, au contraire, avec absorption d'énergie : il résulte de l'union, non pas de molécules moyennes, mais de molécules *actives* de A et de O^2, à partir desquelles cette union s'effectue avec perte de très peu d'énergie.

De la sorte, la combinaison $A(O^2)$, constituée avec élévation du potentiel à partir du système moyen $A + O^2$, doit être placée, au point de vue énergétique, vers le niveau E_2 (légèrement en dessous) des molécules actives (*fig.* 3, p. 300).

Nous avons alors pensé que les antioxygènes devaient agir en catalysant la réaction inverse de la formation du peroxyde $A(O^2)$, c'est-à-dire sa destruction. Outre qu'une telle réaction devait libérer de l'oxygène à partir d'oxygène combiné, il fallait, de plus, qu'elle fût à la fois très rapide et très complète (rappelons qu'une molécule d'hydroquinone protège contre l'autoxydation quarante mille molécules d'acroléine), et nous avons immédiatement songé, par un rapprochement tout naturel, à la destruction mutuelle de corps peroxydés, réactions classiques qui libèrent de l'oxygène et qui sont totales et pratiquement instantanées.

Voici donc comment nous apparaît le mécanisme :

Nous supposons que le peroxyde $A(O^2)$ oxyde l'antioxygène B avec formation du peroxyde $B(O)$, tandis qu'il se transforme lui-même en un autre peroxyde $A(O)$, l'oxygène de $A(O)$ et de $B(O)$ étant, comme celui de $A(O^2)$, très mobile. Les deux peroxydes $A(O)$ et $B(O)$, supposés antagonistes, se détruisent mutuellement, comme le fait a été observé pour de nombreux peroxydes antagonistes, avec régénération des trois molécules A, B et O^2 dans leur état primitif :

$$A(O) + B(O) = A + B + O^2.$$

Il importe de remarquer que, prenant A et O^2 à l'état de *molécules activées* au moment où les deux molécules se combinent, nous les rendons au mélange dans un état *désactivé*. Notre catalyse prétendue négative est donc bien, en réalité, une catalyse positive avec son effet normal, puisqu'elle favorise une chute de potentiel.

Cette théorie fait prévoir de multiples conséquences. En voici quelques-unes : le pouvoir d'empêcher l'oxygène libre de réagir appartient et ne peut appartenir qu'à des corps oxydables; l'activité de la molécule antioxygène est localisée dans sa partie oxydable; l'activité du catalyseur augmente avec son oxydabilité; tout corps oxydable peut, dans des conditions favorables, jouer un rôle antioxygène; les deux catalyses inverses, la positive et la négative, l'action prooxygène et l'action antioxygène, ont entre elles une étroite parenté, le signe de la catalyse étant déterminé par les conditions expérimentales, dont un faible changement pourra suffire à l'inverser.

On estimera que la moins curieuse de nos prévisions n'est assurément pas la dernière, relative à la parenté des deux catalyses inverses, et il ne sera pas superflu de montrer par quel raisonnement simple on y est fatalement conduit.

Reprenons les deux peroxydes transitoires A (O) et B (O) au moment où ils vont évoluer. Leur réaction mutuelle, avec désoxydation de chacun d'eux et libération d'oxygène, a été décrite ci-dessus : c'est l'action antioxygène. Mais remarquons que B (O), noyé dans une grande masse de molécules A fortement réductrices, tendra aussi à réagir en donnant A (O), qui évoluera vers sa forme stable, et B, ainsi régénéré, pourra recommencer immédiatement le même cycle de réactions, lequel constitue la définition même d'une catalyse positive d'oxydation de A sous l'influence de B.

On voit par là que B sera catalyseur négatif ou catalysateur positif suivant que B (O) réagira plus facilement sur A (O) ou sur A. Or, chacune de ces deux réactions a des chances sérieuses de s'accomplir, la première

ayant pour elle, d'après ce que l'on sait des réactions
entre peroxydes, la rapidité, et la seconde la concentration. Il pourra donc suffire, en principe, de bien peu
de chose, pour déterminer le signe de la catalyse. Il est
d'ailleurs à présumer que les deux réactions pourront
s'effectuer en même temps dans le même milieu, le
taux de chacune devant varier suivant sa tendance
propre à se produire, et alors le signe apparent de la
catalyse (accélération ou ralentissement) sera celui de
l'effet global, c'est-à-dire de la somme algébrique des
effets des deux catalyses inverses.

Quant à la prépondérance de l'une ou de l'autre des
deux réactions caractéristiques et, par suite, de l'action
antioxygène ou de l'action prooxygène, elle sera manifestement déterminée par les circonstances expérimentales : tout d'abord, la nature du corps autoxydable
et celle du catalyseur, et, en second lieu, la concentration du catalyseur, la température, l'éclairement, la
nature des parois, etc.

Étant donnée l'importance théorique et pratique
de toutes ces déductions, leur démonstration expérimentale était capitale. Hâtons-nous de rappeler que
nous l'avons établie en toute certitude, par une surabon-
dance de faits positifs observés sur plusieurs centaines
de corps oxydables de la plus grande diversité (*voir*
notre première partie).

On voit ainsi combien solides sont les bases de notre
théorie générale de l'action antioxygène. Quoi que puisse
lui réserver l'avenir, la preuve est faite de son extrême
fécondité. Il nous a été possible, à sa lumière, non seulement d'interpréter tous les phénomènes de catalyse
connus, mais, en outre, d'en prévoir une infinité d'autres
auxquels, en dehors d'elle, on n'eût jamais songé. On

nous permettra de souligner le fait qu'elle nous a permis de passer, sans transition, des phénols à des catégories d'antioxygènes d'une nature aussi essentiellement différente que le sont des dérivés, minéraux ou organiques, de l'iode, du soufre, de l'azote, etc. Nous estimons, en outre, qu'elle pourra rendre aisément compte de nombreux faits encore mystérieux, et nous avons déjà pu, dans des cas divers, proposer une interprétation rationnelle.

CONCLUSIONS.

Si l'on voulait caractériser d'un mot cette longue étude, peut-être dirait-on qu'elle abonde en surprises et en invraisemblances. A quoi nous répondrons qu'en Science, plus encore qu'à la Scène, selon le vers célèbre de Boileau,

Le vrai peut quelquefois n'être pas vraisemblable.

Et quel est d'ailleurs l'homme de pensée et de réflexion à qui la Nature n'apparaît pas beaucoup plus merveilleuse et étrange que tout ce qu'il pourrait tirer du plus profond de son savoir ?

On se rappelle par quels chemins tortueux nous fûmes conduits, Ch. Dufraisse et moi, sur une voie encore si étroite et obscure, la catalyse négative de l'autoxydation; comment, à la recherche d'un phare directeur, nous avons édifié une théorie grâce à laquelle il nous a été possible de tout expliquer et de beaucoup prévoir. Et nous avons indiqué aussi quelles répercussions de ces travaux se faisaient déjà sentir dans maints domaines, fort divers, de la Science spéculative, de l'Industrie et de la Biologie.

Faut-il s'étonner de voir ainsi s'élargir sans cesse notre horizon ? Nous vivons dans l'oxygène, agent essentiel de la respiration; l'oxygène baigne tous les corps et tous les objets qui nous entourent, et l'on sait toutes ses aptitudes et toutes ses énergies réactionnelles. Si donc on agit, par quelque moyen que ce soit, direct ou indirect, sur un tel élément, pour exciter ou pour calmer ses universels appétits, ne doit-il pas en résulter des perspectives nouvelles sur la Chimie de la Nature, morte ou vivante ?

A considérer les choses de haut, ce grand phénomène général qu'est l'Autoxydation nous apparaît comme favorisé par certaines actions et entravé par d'autres. Entre les catalyseurs positifs et les catalyseurs négatifs de la réaction se poursuit partout une lutte sans répit; et l'action antioxygène se présente ainsi, à côté de la fonction chlorophyllienne, régénératrice du gaz « vital », comme un facteur de l'équilibre général des mouvements de l'oxygène à la surface de la Terre.

Par ailleurs, en dehors des actions antioxygènes et des actions prooxygènes, il est rationnel de supposer que l'on pourra rencontrer, plus ou moins couramment, des effets analogues se rapportant à d'autres éléments, et même à des composés quelconques : effets antichlores, antisoufres, antiplombs, antialcools, etc. Déjà, certains phénomènes (Chavanne) peuvent venir se ranger sous ces rubriques. N'est-ce pas à un effet antichlore ou antibrome de l'oxygène que doivent être rapportées les actions retardatrices constatées dans certaines réactions? Sans doute ces observations seront-elles mises à profit dans les domaines les plus divers de la Science pure et de la Science appliquée.

Le champ est immense. Plus on réfléchit, plus on se

persuade que la mise en évidence de traces d'impuretés et l'étude de leurs influences nous donneront la véritable clef d'une multitude de phénomènes chimiques, sinon de la réaction chimique envisagée sous son aspect le plus général. Et il n'est pas douteux que, dans ce genre de travaux, les données précises sur la structure physico-chimique des molécules, qui nous viendront principalement d'études énergétiques utilisant les méthodes de la Photochimie et de la Thermochimie, ne nous apportent les plus fécondes lumières.

Que de grandes questions à résoudre ! Que de vastes champs à cultiver ! Et l'imagination prend son vol. Qui sait ? Après tant de conquêtes magnifiques, la Chimie n'en serait-elle encore, grâce à la catalyse, inaugurée par Davy et Berzélius, et, après plus d'un demi-siècle de somnolence, revivifiée surtout par Sabatier et ses collaborateurs (Senderens, Mailhe, Murat), la Chimie n'en serait-elle encore qu'à son aurore ? Mais arrêtons-nous. Car, sur un sujet aussi délicat, comme l'a fait observer Dumas, on risque toujours d'en trop dire, quelque peu qu'on en dise. Une chose est sûre : c'est que le domaine de l'inconnu est sans limite, en profondeur comme en surface, et que notre connaissance n'égalera jamais notre soif de connaître et notre joie de découvrir.

LES GAZ RARES DES GAZ NATURELS
DANS LEURS RAPPORTS AVEC LA RADIOACTIVITÉ
ET LA PHYSIQUE DU GLOBE (¹).

Trente ans ont passé depuis la sensationnelle découverte de l'argon, dans l'air atmosphérique, par Lord
Rayleigh et Sir William Ramsay, et ce grand événement
scientifique nous apparaît toujours, du point de vue
de la Philosophie naturelle, avec tout son relief.

L'entrée en scène d'un élément rebelle à toute combinaison était, en effet, une nouveauté absolue, qui
affirmait le caractère mystérieux et capricieux de la
Matière, et qui ouvrait aux Physiciens et aux Chimistes
un champ de recherches absolument imprévu sur le
problème de l'affinité. Si l'on songe, d'autre part, que
des milliers de chimistes, avant les deux illustres savants
anglais, avaient analysé notre atmosphère sans qu'ils y
eussent aperçu ce singulier élément, on pouvait penser
que l'étude systématique et approfondie d'autres

(¹) Leçon, faite au Collège de France le 6 janvier 1917, qui résume une série de conférences données à Paris (Société des Amis
de l'Université, 1909; Société chimique de France, 1914), à
Bruxelles (Exposition internationale, 1910; Institut des Hautes
Études de Belgique, 1921), à Madrid (Congrès international
d'Hydrologie, 1913), à New-York (Columbia University, 1921),
à Londres (Chemical Society, 1923).

milieux naturels mettrait en lumière des faits du même ordre encore insoupçonnés. Nombreux apparaissaient ainsi, dans la Nature, les problèmes analogues ou connexes se présentant à l'activité des chercheurs.

Suivant de près l'argon, l'hélium, qu'on savait, depuis l'éclipse du 18 août 1868, exister dans le Soleil, fut extrait par Ramsay d'un minéral uranifère, la clévéite.

Bientôt, sa présence était reconnue par Kayser dans l'air, ainsi que dans diverses étoiles. Et c'est également de l'air que Ramsay et Travers retirèrent les trois autres congénères : le krypton, le néon et le xénon.

Des recherches que j'ai effectuées avec Robert Biquard et, surtout, de celles que j'ai poursuivies depuis 1907 avec Adolphe Lepape, il résulte que les cinq gaz sont présents dans l'atmosphère interne comme dans l'atmosphère externe de la Terre, mais toujours en faible proportion (¹), d'où, eu égard aux gaz courants, leur nom de *gaz rares*.

Plus de deux cents mélanges gazeux naturels (gaz thermaux surtout, grisous, etc.) ont été examinés par nous (²).

GAZ RARES DES SOURCES THERMALES.

1. Un certain nombre de gaz *spontanés* de sources

(¹) L'air atmosphérique renferme en volumes : 93 dix-millièmes d'argon, 18 millionièmes de néon, 5 millionièmes d'hélium, 1 millionième de krypton, 1 dix-millionième de xénon.

(²) Un caractère commun à tous ces mélanges de gaz souterrains est l'absence complète ou presque complète d'oxygène, alors que l'air atmosphérique en renferme une proportion notable (un cinquième).

(gaz qui se dégagent spontanément au griffon) avaient été sommairement étudiés (Rayleigh et Ramsay, Bouchard et Desgrez, Moureu, Nasini, Moissan, etc.) au cours des premières années qui suivirent la découverte des gaz rares, lorsqu'en 1923, Ramsay et Soddy annoncèrent que le radium et son émanation engendrent de l'hélium.

Quelque temps après, Debierne constata que l'actinium produit également de l'hélium. Puis, successivement, la formation de l'hélium fut observée : à partir du thorium et de l'uranium par Soddy, aux dépens du polonium par Boltwood.

Ces faits se conçoivent aisément à la lumière des travaux qui ont été effectués principalement par Sir Ernest Rutherford sur les rayons α des corps radioactifs, et d'après lesquels les rayons α, tous de même nature, sont constitués par des atomes d'hélium portant des charges électriques positives (particule α) et animés de grandes vitesses (de l'ordre de vingt mille kilomètres par seconde).

D'un autre côté, de délicates et nombreuses recherches, qui ont été poursuivies jusqu'à nos jours, et parmi lesquelles celles d'Eister et Geitel, de Boltwood, d'Eve, de Bumstead et Wheeler, de Strutt, de Blanc, de Joly, de Piutti, etc., sont particulièrement remarquables, indiquaient la présence universelle de traces de matières radioactives dans l'atmosphère, le sol, les minéraux et les roches. En ce qui concerne les sources, depuis les travaux de Sir J.-J. Thomson (1902) et de Curie et Laborde (1904), c'est par milliers qu'il faut compter celles qui ont été examinées au même point de vue; et toutes aussi ont été trouvées plus ou moins radioactives.

La production d'hélium par les matières radioactives concordait avec la présence constante, préalablement établie, de cet élément dans tous les minéraux radio-actifs, ainsi que dans l'atmosphère terrestre, où l'on trouve des traces d'émanation du radium et du thorium. Si l'on généralisait, l'hélium devait se rencontrer partout, dans la Nature, à côté des corps radioactifs.

L'expérience a complètement vérifié les prévisions, et l'étude approfondie de la composition des gaz thermaux, qui a été effectuée à cette occasion, a, en outre, enrichi la Science de données nouvelles qui ont permis de formuler d'importantes et curieuses conclusions.

2. Sans parler des gaz courants (azote, anhydride carbonique, etc.) et des émanations radioactives, toutes les sources contiennent une série d'autres gaz : de l'hélium, du néon, de l'argon, du krypton, du xénon, dont elles amènent sans cesse au jour des quantités notables, et fort différentes suivant les sources.

Un fait très remarquable frappe dès l'abord : les teneurs en hélium, souvent minimes, sont parfois énormes (10,3 pour 100 à Santenay, Côte-d'Or). On ne constate d'ailleurs aucune proportionnalité, même grossière, entre la radioactivité des sources et les proportions d'hélium. Et ces observations entraînent à elles seules, presque fatalement — un raisonnement simple, basé sur le débit d'une source en hélium, d'une part, et sur la vitesse de production de l'hélium par le radium, d'autre part, en rendrait aisément compte — la conclusion qu'il n'y a qu'une faible partie de l'hélium des sources qui provienne de la destruction récente des radioéléments présents dans les terrains traversés. La presque totalité, sans aucun doute, est de l'hélium *fossile*, et d'un âge moyen évidemment moindre que celui des minéraux qui l'ont cédé à la source (millions de siècles ?), mais du même ordre.

Une autre constatation curieuse qui s'est présentée à nous est la suivante. Les gaz des sources riches en hélium ne sont pas distribués au hasard. J'ai montré, en effet, avec A. Lepape, qu'en France ils sont concentrés géographiquement de part et d'autre d'une ligne passant par Moulins et Dijon (Evaux : 1,8 pour 100; Néris : 1 pour 100; Decise : 1,1 pour 100; Bourbon-Lancy : 2,1 pour 100; Maizières : 5,8 pour 100; Santenay : 10,3 pour 100; Niederbronn : 1,7 pour 100). On ne saurait voir là un effet du hasard, et il y a tout lieu de penser qu'à la concentration de l'hélium doit correspondre une concentration parallèle en radio-éléments dans les profondeurs souterraines des mêmes régions.

3. De nos nombreuses déterminations nous avons, A. Lepape et moi, dégagé les deux lois générales suivantes : 1° *L'azote et les cinq gaz rares sont présents dans tous les « gaz spontanés » de sources thermales ;* 2° *dans ces mélanges gazeux, l'azote et les cinq gaz rares, sauf l'hélium, présentent des rapports quantitatifs mutuels approximativement constants et égaux aux mêmes rapports considérés dans l'air atmosphérique.*

Ainsi, si l'on isole l'azote *brut,* c'est-à-dire le résidu gazeux inabsorbable par les réactifs usuels de l'analyse chimique des gaz, on constate qu'il présente la même composition qualitative et quantitative (sauf les proportions d'hélium) que l'azote brut de l'air.

Nous avons été conduits, pour interpréter cette double loi, au raisonnement suivant :

Théorie astrophysique.

1. Un caractère fondamental domine toutes les propriétés de l'argon et de ses congénères (gaz rares) : ces
éléments sont chimiquement inertes, en ce sens qu'ils
n'ont jamais pu être combinés ni entre eux ni avec
aucun autre corps. Une propriété physique de ces
mêmes éléments, qui intervient aussi dans notre théorie,
est la faculté qu'ils possèdent de conserver l'état gazeux
entre de très larges limites de température et de pression et, par suite, de tendre toujours à se répartir
uniformément dans tout l'espace offert à leur expansion.

Reportons-nous, par la pensée, dans l'histoire de la
genèse du système solaire, jusqu'à la nébuleuse génératrice. Tous les corps, éléments libres ou combinaisons,
sont à l'état gazeux, et la masse, grâce à d'inévitables
tourbillons et brassages, doit être un mélange relativement homogène dans toutes ses parties. Le fragment
constitutif de la Terre se détache, et celle-ci comprend
bientôt trois régions concentriques : une masse incandescente en fusion, une écorce solide essentiellement
hétérogène, et l'atmosphère gazeuse. Les phénomènes
géologiques, lents et continus, ou brusques et violents,
se poursuivent sans interruption. Au cours de cette
incessante évolution de la Planète, tous les corps doués
d'affinités chimiques ont contracté des combinaisons
mutuelles. Seuls les gaz rares, en vertu de leur inertie
chimique, sont restés en totalité libres, et, en quelques
points ou par quelques mécanismes qu'ils se soient
concentrés ou dilués, ils n'ont pu qu'être des témoins
indifférents et respectés de tous les bouleversements

géologiques qui se sont accomplis et de toutes les métamorphoses dont la Matière a été le siège.

Considérons spécialement le krypton et l'argon. Il est clair, d'après ce qui précède, que le rapport entre les proportions de ces deux gaz devait être sensiblement le même, au début, en tous points de la nébuleuse. Si, dans la suite des temps, il est arrivé qu'il se soit altéré localement, des actions physiques ont seules pu en être la cause : occlusion, diffusion, dissolution, etc., et ce rapport n'a par conséquent dû subir, dans les divers points de la Planète, que de faibles modifications. En d'autres termes, le mélange des deux gaz doit, à ce point de vue, se comporter sensiblement comme un composé défini.

Cette théorie, comme on le voit, n'emprunte à l'Astronomie et à la Géologie que des conceptions classiques sur l'évolution des Mondes. Ayant son point de départ dans la phase astronomique de la Terre, elle est indépendante de toute hypothèse sur la genèse des eaux thermales.

2. Plusieurs conséquences découlent immédiatement de cette manière de voir :

a. Tout d'abord la suivante : Nos cinq éléments étant chimiquement inertes, c'est-à-dire assurés de rester toujours en liberté, et gazeux, c'est-à-dire en perpétuel mouvement dans tous les sens, il doit se retrouver au moins un peu de chacun d'eux dans tous les mélanges gazeux de la Nature. En fait, nos nombreuses expériences établissent que, de même qu'ils existent dans l'atmosphère, les cinq corps sont présents dans tous les mélanges de gaz qui se dégagent aux griffons des sources;

et nous montrerons plus loin, en outre, qu'ils font aussi partie constitutive des grisous et autres gaz naturels.

b. En second lieu, notre raisonnement relatif aux rapports krypton-argon doit, sauf raisons spéciales, s'appliquer aussi aux autres gaz rares. Ici également, prévisions et réalités expérimentales sont en parfait accord : les rapports krypton-xénon, par exemple, diffèrent peu les uns des autres.

c. Quant à l'hélium, s'il ne ressort de nos déterminations aucune uniformité dans les rapports entre ce gaz et un autre gaz quelconque (à Santenay, par exemple, le rapport hélium-argon est 26 000 fois plus élevé que dans l'air atmosphérique), la raison en est aisée à concevoir. Nous savons que, partout dans l'écorce terrestre, de l'hélium se produit continûment aux dépens des corps radioactifs, et les roches doivent en dégager plus ou moins suivant leur richesse radioactive, leur âge, leur structure physique, la température, la pression, etc. On ne saurait, par suite, trouver que très capricieux et irréguliers les rapports des proportions d'hélium avec celles des autres gaz dans les mélanges naturels. L'exception que nous offre l'hélium ne fait donc que confirmer la règle.

d. Reste le cas de l'azote, qui suit partout les gaz rares, dont il est le diluant constant. Au point de vue géochimique, l'azote se comporte sensiblement comme un gaz inerte, comme un gaz rare. Si donc notre théorie est fondée, il faut s'attendre à trouver pour le moins une certaine uniformité dans les rapports entre l'argon et l'azote, par exemple, dans les mélanges gazeux naturels. Ici, encore, il y a concordance entre l'hypothèse et les résultats de nos multiples dosages.

e. Si, d'ailleurs, faisant entrer en scène un gaz facile

à combiner, on considérait le rapport argon-anhydride carbonique, par exemple, on constaterait que, suivant les sources, ce rapport peut prendre toutes les valeurs possibles depuis zéro jusqu'à l'infini.

Il n'est donc pas douteux que la constance des rapports mutuels entre les proportions des gaz dans les mélanges naturels, quand elle existe, ne tienne à l'inertie chimique.

GRISOUS, GAZ DES MINES DE PÉTROLE, GAZ DES MINES DE POTASSE, GAZ VOLCANIQUES, ETC.

Si notre hypothèse est plausible, on doit s'attendre à trouver, pour les diverses catégories de gaz souterrains, des résultats analogues à ceux qui ont été obtenus dans l'étude des gaz de sources. C'est effectivement ce que nous avons vérifié : grisous, gaz des mines de pétrole, gaz des mines de potasse, gaz volcaniques, etc. contiennent tous l'azote et les cinq gaz rares; et, en outre, les proportions y sont en accord avec la loi de constance des rapports.

En ce qui concerne, d'autre part, la teneur en hélium et en radio-éléments, des observations ont été faites en tout semblables à celles qui s'appliquent aux gaz thermaux.

CONSIDÉRATIONS SUR L'AZOTE BRUT (AZOTE PLUS GAZ RARES) DES GAZ NATURELS.

1. L'étroite analogie de composition qui existe entre l'azote brut des grisous ou autres mélanges naturels riches en gaz combustibles, d'une part, et celui des gaz thermaux, d'autre part, est un fait vraiment remar-

quable, et il importe d'y insister. Partout l'azote brut a la même composition qualitative : azote, hélium, néon, argon, krypton et xénon. Partout la proportion d'azote est largement prédominante; partout également les deux gaz rares les plus abondants sont l'argon et l'hélium, devant lesquels le krypton et le xénon sont toujours, et le néon presque toujours, négligeables. Partout encore nous trouvons la constance des rapports mutuels de ces gaz, hormis l'hélium.

On n'aperçoit pas comment une telle ressemblance pourrait se concevoir en dehors d'une origine commune de tous ces azotes bruts.

Considérons, pour fixer les idées, l'azote brut des grisous et celui des gaz thermaux. Si ces deux azotes bruts avaient une origine différente, la similitude dans la composition qualitative pourrait, à la grande rigueur, se concevoir; mais comment s'expliquerait-on la constance des rapports dans tous les mélanges ? Il faut donc que l'origine des azotes bruts soit commune.

Une conséquence de cette manière de voir est que l'azote des grisous ne peut provenir de la houille. S'il en était ainsi, en effet, comme les azotes bruts doivent avoir nécessairement tous la même origine, la houille devrait être la source de tous les azotes bruts, et l'azote avec les gaz rares, dont il resterait à trouver la provenance, devrait donc passer des houilles grisouteuses dans les sources thermales. Or cela est inadmissible, attendu que les terrains houillers ne constituent qu'une minime fraction de l'écorce terrestre et qu'il y a des sources thermales dans toutes les contrées, houillères ou non. L'azote du grisou n'est donc pas issu de la houille. C'est de l'azote minéral, qui, sans aucun doute possible, vient d'ailleurs, ainsi que les gaz rares qui l'accompagnent.

On prouverait, par le même raisonnement, que l'azote des gaz de pétrole a également une origine minérale et que, comme les gaz rares, il vient aussi d'ailleurs.

On peut donc dire que chaque valeur des rapports constants, sensiblement la même dans tous les mélanges gazeux naturels, caractérise l'azote brut de ces mélanges et en est comme la marque de fabrique. L'air atmosphérique, rappelons-le, ne fait pas exception à la règle, puisque les divers rapports y présentent des valeurs voisines de celles qu'on trouve dans les mélanges souterrains.

Quant à la provenance de l'azote brut, nous la voyons, A. Lepape et moi, pour tous les mélanges naturels, dans la nébuleuse solaire. L'azote brut aurait ainsi gardé intact son cachet d'origine depuis cette lointaine époque jusqu'à nos jours.

2. L'azote brut de l'air atmosphérique, en raison de l'espace illimité ouvert à son expansion, suggère d'intéressantes réflexions. On sait que l'atmosphère externe de la Terre se raréfie à mesure que l'on s'élève. La distribution de chaque gaz en hauteur obéit, théoriquement, à une loi exponentielle, laquelle, avec des coefficients différents, est de même forme pour tous. Conformément à cette loi, la teneur de l'air en gaz légers (hydrogène, hélium) croît avec l'altitude, tandis que les gaz lourds (krypton, xénon) se concentrent dans les basses régions. D'un autre côté, ainsi que la Mécanique permet de le démontrer, toutes les molécules, qui, dans les couches extérieures de notre atmosphère, sont animées d'une vitesse d'au moins $11^{km}, 2$ par seconde et se dirigent vers l'espace, doivent échapper à l'attraction terrestre. Or, les gaz les plus légers étant ceux dont la vitesse

moyenne des molécules est la plus élevée et dont la
concentration dans ces régions est en même temps la
plus forte, on voit que les molécules susceptibles de
quitter l'atmosphère sont plus nombreuses pour ces gaz
que pour les gaz plus lourds. Il se produit donc ainsi
une distillation continue et fractionnée de gaz des
basses régions vers les hautes régions et de celles-ci vers
les espaces célestes.

On comprend qu'en vertu de cê mécanisme la teneur
de l'air en gaz lourds doit croître avec le temps. On
peut même ajouter que l'atmosphère ultime de la Terre,
nécessairement très raréfiée, devra être constituée surtout
par le gaz le plus lourd, qui est le xénon.

LES GAZ RARES AUTRES QUE L'HÉLIUM
AU REGARD DES CORPS RADIOACTIFS.

Les relations simples que nous venons de mettre en
évidence entre les proportions de quelques éléments dans
la Nature apportent à la Géophysique et à l'Astro-
physique des données inattendues — car ici, comme il
arrive généralement, l'expérience a précédé la théorie —
et il est vraisemblable qu'elles pourront servir de base
à des travaux ultérieurs d'ordre théorique ou expérimental.

Par ailleurs, elles éclairent, d'une manière aussi utile
qu'imprévue, une question toute différente. Si une étroite
parenté rattache l'hélium aux substances radioactives,
on ne connaît encore, d'une manière positive, rien
d'analogue relativement aux quatre autres gaz rares :
néon, argon, krypton, xénon, présents, comme lui, dans
l'atmosphère externe et dans l'atmosphère interne de la
Terre. Comme je l'ai dit précédemment, la grande simi-

litude de propriétés qui existe entre ces cinq éléments porterait à supposer que le néon, l'argon, le krypton et le xénon sont, peut-être, de même que l'hélium, issus également de corps radioactifs, connus ou inconnus, qui seraient plus ou moins répandus dans les profondeurs de la Terre, et qui subiraient des métamorphoses du même genre que celles du radium ou du thorium engendrant l'hélium. Cependant, pour fixer les idées, envisageons l'argon et le krypton. Il y a proportionnalité entre ces deux gaz dans les mélanges gazeux naturels; et ce fait est difficile à concilier avec l'hypothèse d'après laquelle ces gaz — ou seulement l'un d'eux — se produiraient *actuellement* par la désintégration d'autres atomes. Si l'argon et le krypton ont une telle origine, celle-ci doit sans doute remonter à une phase de l'évolution de la Matière antérieure à la formation de l'écorce terrestre. Quoi qu'il en soit, leur situation vis-à-vis des corps radioactifs apparaît comme très différente de celle de l'hélium.

Je ne saurais clore cette étude sans faire observer toute la variété et toute la portée des problèmes qu'on est conduit à envisager quand on considère la diffusion des gaz rares dans la Nature. La raison en est dans la situation toute privilégiée qu'occupent l'argon et ses congénères vis-à-vis des autres éléments. Leur complète inertie, qui les place, pour ainsi dire, en marge de la Chimie, leur permet de résister, en restant sains et saufs, à tous les bouleversements de l'Astronomie et de la Géologie: elle leur assure une éternelle inviolabilité. Grâce, en outre, à la propriété dont ils jouissent d'être difficilement liquéfiables, ils ont accès dans tous les fluides et dans toutes les atmosphères, où les cinq membres de la famille voyagent librement et toujours de compagnie, partout dilués dans un autre gaz relativement inerte, l'azote. C'est un rôle bien suggestif que celui de l'hélium dans les processus de l'évolution de la Matière, et quelle destinée exceptionnelle que celle de ces éléments dans les phénomènes de la Physique du Globe et de l'Évolution des Mondes !

On ne peut méditer ces vastes questions sans être émerveillé de l'harmonie générale qui règne dans toute la Nature. Selon la pensée de Pascal, la Science est *une*, et tout se tient dans le majestueux équilibre de l'Univers.

LA SCIENCE DANS LA VIE MODERNE
ET LES CONDITIONS GÉNÉRALES
DE LA RECHERCHE SCIENTIFIQUE EN FRANCE [1].

La Guerre mondiale, où chaque peuple a dû jeter dans la balance du destin « la totalité de ses forces, morales ou matérielles », apparaît comme la plus vaste expérience qu'ait jamais faite l'Humanité. Il y a là une somme de leçons sans précédent.

On ignore trop souvent que, parmi les causes déterminantes de la victoire de nos armes, le rôle de la Science a été primordial. Et ils sont également nombreux ceux qui ne se doutent pas que la Science peut et doit être un élément essentiel du relèvement économique et de la sécurité de la Nation. Il importe de regarder d'abord ces questions.

CE QUE FUT LE ROLE DE LA SCIENCE
PENDANT LA GUERRE.

Il est à peine besoin de rappeler que, durant toute

---

(1) Voir la *Revue des Deux-Mondes* (15 juillet et 1er août 1924), et *Chimie et Industrie* (1926).

On trouvera d'utiles renseignements sur le sujet traité dans *La Chimie et la Guerre, Science et Avenir*, 1920, chez Masson.

la Guerre, l'Industrie fut l'un des facteurs principaux de la lutte, qui exigeait une production toujours croissante de munitions, ainsi que de matières, engins et objets de toute sorte, destinés à l'armée ou aux populations civiles. Dans l'un et l'autre camp, le problème industriel était vital.

La partie engagée comportait, pour notre pays, d'effroyables difficultés, que nos ennemis tenaient même pour insurmontables. Si nous jouissions des inappréciables avantages inhérents à la maîtrise des mers, trop efficacement combattue, il est vrai, par la guerre sous-marine, en revanche, nos régions les plus industrielles, ainsi que notre laborieuse et riche alliée, la Belgique, se trouvaient au pouvoir de l'ennemi. Dans l'ensemble, notre industrie était misérable, comparée à celle de l'Allemagne. Et, sans parler de quelques branches d'extrême importance qu'il y avait à créer de toutes pièces, toutes les autres productions devaient être triplées, décuplées, centuplées. Pour cette tâche immense, nous disposions d'un effectif de techniciens considérablement inférieur à celui dont l'Allemagne avait su assurer le recrutement.

Et cependant nous pûmes tenir et, finalement, vaincre. Si notre « rétablissement militaire » sur la Marne sauva la France près de succomber, on ne saurait nier qu'il eût été vain sans notre « rétablissement industriel ». La vaillance des troupes et toute l'habileté des plus grands capitaines eussent été stériles si les techniciens ne leur eussent fourni en abondance « canons et munitions ». Qu'on se représente un moment, pour fixer les idées, quelle eût été notre situation si nous n'avions pas pu soutenir la guerre chimique, si nous n'avions pas su nous protéger contre les gaz de combat, ni en fabriquer pour pouvoir, à notre tour, passer à l'offensive. La tactique de l'ennemi eût sans doute été fort simple : une fois en possession de stocks suffisants de produits nocifs pour vagues ou pour obus, probablement vers le milieu de l'année 1916, il eût simultanément attaqué dans un grand nombre de secteurs, et les hécatombes se fussent chiffrées par centaines de milliers de cadavres.

Il y eut ce que Barrès a appelé le « miracle des laboratoires de France ».

« La Science française, a proclamé Barrès, a pris une part prépondérante à la défense et à la libération du sol national. L'homme des laboratoires a été digne de son frère martyr l'homme des tranchées. »

Comment, par quel « miracle » les productions de toutes sortes, si considérables, nécessaires à notre salut, ont-elles pu être si rapidement organisées et devenir des réalités ? Disons-le hautement et perdons jusqu'au souvenir de notre vieille manie de nous dénigrer : c'est au génie de la race, qui fait que « notre coup d'aile va le plus haut », à sa souplesse, à ses facultés de décision et d'improvisation, que sont dus tant de brillants résultats. Qu'on donne aux Français une bonne politique, ou, plutôt, qu'on fasse, en France, moins de politique, et qu'on se préoccupe davantage de mettre en valeur les richesses naturelles et, par-dessus tout, le cerveau français, et ce pays ne sera pas seulement le premier par l'ardente générosité de son cœur et la fécondité de son esprit, il jouira aussi de la grande prospérité industrielle, agricole et commerciale, il connaîtra la puissance qui impose le respect.

Le « génie scientifique », en France, fut « mieux géré »

durant la Guerre qu'il ne l'avait été dans la Paix. Les savants français eurent à leur disposition, pour coopérer à la victoire, des moyens de travail, tant en personnel qu'en matériel, qu'aucun d'eux ne connut jamais, même de très loin, avant la Guerre. Alors que la Science était bien loin d'occuper, en France,'la place qui aurait dû lui être assurée par l'importance de ses applications, en Allemagne, au contraire, elle était l'objet de tous les encouragements et de toute la sollicitude des Pouvoirs Publics et des classes dirigeantes. Il ne fallut rien de moins que la menace d'un immense péril national pour que le Pays, se tournant tout à coup vers ses savants, leur demandât de réparer de toute urgence les conséquences d'une incurie séculaire.

Il est incontestable que de tels succès, remportés dans de telles conditions, nous donnent, comme tant d'autres preuves, le sentiment de notre force. Mais qui pourrait nier la gravité du péril qu'a couru la Nation? Qui oserait soutenir qu'il ne serait pas souverainement imprudent de risquer encore semblable aventure ?

Un glorieux soldat, le colonel Fabry, faisait applaudir naguère, à la tribune du Parlement, cette boutade restée fameuse, que nous reproduirons sans aucune pensée d'amour-propre professionnel : « De bons laboratoires valent des divisions, de grands chimistes valent de grands généraux. » Formule lapidaire, qui traduit avec un relief saisissant l'importance des armements et exprime, avec éloquence, la nécessité d'une collaboration étroite et continue des maîtres de la Science avec les chefs de l'Armée pour les besoins de la Défense Nationale.

LA SCIENCE DANS LA PAIX.

Voilà pour la Guerre : la Science au milieu des armes. Mais dans la Paix, le Pays n'a-t-il pas besoin du concours des savants ? Il est trop évident que la lutte continue sous d'autres formes. Il nous faut une armature scientifique, non seulement « pour assurer notre paix », mais pour reconstituer notre pays. La puissance matérielle de la France est d'avenir immense. Sol, sous-sol, colonies, que de richesses qu'il appartient à « son esprit » de mettre en valeur ! Dans tous les domaines de la production industrielle ou agricole, la Science doit apporter l'élément décisif de la fécondité et de la prospérité, comme elle doit être le facteur essentiel du succès dans la lutte contre la maladie, la souffrance et la mort. Qu'une telle vérité apparaisse avec la force de l'évidence, c'est ce que l'on peut aisément reconnaître en considérant plus particulièrement la Chimie.

Par sa position au centre des diverses disciplines, par le caractère universel de ses applications, par la réaction directe qu'exerce l'industrie chimique sur toutes les autres industries, dont elle reçoit les matières premières et qu'elle ravitaille en produits de transformation de toute sorte, la Chimie offre à nos réflexions un domaine sans limite. Nous voyons que la production des champs, dans toute l'étendue du problème, n'est désormais qu'une application continuelle des lois et découvertes de la Chimie; que pour être sûre et rationnelle, l'alimentation a besoin, à chaque pas, de la Chimie; que la Thérapeutique et la Clinique sont redevables de leur développement actuel aux découvertes

et aux méthodes chimiques; que l'étude chimique des
ciments et des matériaux de construction, avec la découverte des explosifs, a rendu possibles des travaux qui
n'eussent pu être tentés autrefois; que les découvertes
de la Chimie profitent de mille manières aux arts
ornementaux, et que la mode elle-même, si capricieuse
en ses manifestations, a trouvé dans la Chimie d'inépuisables ressources pour la nouveauté des tissus, ainsi
que pour la variété et pour la splendeur des couleurs.

Ces progrès, comme tous ceux qui ont été accomplis
dans l'ordre matériel depuis un siècle, ont pour origine
— que de gens, soi-disant éclairés, ne s'en doutent même
pas ! — des découvertes scientifiques effectuées dans
des laboratoires de recherches. Les exemples ne se
comptent plus, en effet, de l'utilisation, plus ou moins
proche, de toute découverte de phénomène nouveau
ou de loi nouvelle dans le monde matériel où nous
vivons. L'application finale, d'ailleurs, qui seule arrive
d'ordinaire à la connaissance de la multitude, n'est,
le plus souvent, que l'aboutissement d'une longue série
de découvertes, celles-ci constituant les anneaux étroitement solidaires d'une même chaîne, quoiqu'il n'y ait
le plus souvent, entre le départ et l'arrivée, aucune
liaison apparente.

Il a été abondamment rappelé, à l'occasion du centenaire de Pasteur, que ses travaux ont eu pour point
de départ la découverte de facettes hémiédriques sur
les cristaux d'acide tartrique. Et le jeune chimiste,
obscur préparateur à l'École Normale, eût sans doute
été fort surpris, le jour où il fit cette observation, si
quelque oracle lui eût tenu le langage suivant :

« Continue, jeune homme, continue, observe, expérimente, sois hardi dans tes conceptions, aie foi en ton étoile, sois âpre dans la lutte qui t'attend, poursuis ta route. Tu feras de grandes choses, tu ouvriras des horizons nouveaux à la Chimie et à la Biologie, tu féconderas l'Agriculture et l'Industrie, tes découvertes guériront la rage et la diphtérie, tu seras le plus grand médecin et le plus grand hygiéniste de tous les temps, et tu seras béni à jamais de tous les humains. »

Lorsque Henri Becquerel, sur la suggestion de Henri Poincaré, rechercha si l'uranium, matière phosphorescente, n'émettait pas, comme les ampoules à vide de Crookes, ces radiations puissamment pénétrantes que Rœntgen venait de mettre au jour, il était loin de supposer que cette expérience toute simple, qui ne mettait en œuvre qu'une vulgaire plaque photographique recouverte de papier noir, aboutirait à la découverte de l'un des plus merveilleux phénomènes de la Nature, la Radioactivité, dont l'étude devait conduire les Curie, les Rutherford, les Ramsay, les Soddy, les Debierne, etc. à des conquêtes magnifiques, et déjà si utiles et si pleines d'espérances pour l'avenir de l'Humanité.

Lorsque J.-J. Thomson montra que des corpuscules d'une extrême ténuité et électrisés négativement, les électrons, étaient des constituants universels de toute matière, il ne se doutait pas que de leur étude sortiraient, notamment, de grands progrès dans la Télégraphie et la Téléphonie sans fils, la Radiologie, etc., et que, grâce à leur utilisation par d'habiles physiciens de l'Entente, nos armées auraient toujours, dans ce domaine, l'avantage d'une avance considérable sur l'ennemi.

Comment l'Agriculture pourrait-elle faire face, dans un avenir peu éloigné, aux exigences croissantes de cette famille humaine qui augmente sans cesse, si le chimiste n'avait déjà résolu le problème des engrais azotés artificiels ? Or les résultats obtenus dans ce domaine, grâce à la fixation de l'azote atmosphérique, ont leur origine dans l'étude physico-chimique des équilibres, qui a été poursuivie sans relâche pendant de longues années dans les laboratoires scientifiques.

Nous pourrions multiplier les exemples. Il est surabondamment prouvé que toute découverte scientifique, si exclusivement spéculatif que semble d'abord son intérêt, ne peut manquer de conduire tôt ou tard à des applications pratiques.

Et maintenant je laisserai la parole à la plus puissante association ouvrière du monde, la Fédération américaine du travail. Voici dans quels termes, singulièrement précis et décisifs, les ouvriers américains traduisent l'importance du travail des laboratoires du point de vue des conditions de la vie moderne :

« Considérant, écrivent-ils, que le développement général du bien-être résultant du progrès scientifique donne des résultats dépassant bien des fois les dépenses occasionnées par les recherches correspondantes;

» Considérant que l'augmentation de la production industrielle résultant de la recherche scientifique est un puissant facteur dans la lutte, toujours plus vive, menée par les travailleurs pour améliorer leurs conditions d'existence;

» Considérant que la Guerre a fait comprendre aux nations belligérantes l'influence prépondérante de la Science et de la Technique pour le bien-être et la puissance de chaque pays, aussi bien en temps de guerre qu'en temps de paix;

» En conséquence, la Fédération du travail, réunie en Congrès, déclare qu'il est d'un intérêt majeur pour le bien-être de la Nation d'aborder un large programme de recherches scientifiques et techniques; que le gouvernement fédéral doit employer tous les moyens en son pouvoir pour assurer la réalisation de ce programme; que l'intervention directe du Gouvernement, dans l'accomplissement de ces recherches, doit tendre à en accroître l'étendue et l'importance au moyen de subventions généreuses;

» La Fédération charge son secrétaire de transmettre cette résolution au Président des États-Unis, au Président du Sénat et au Président de la Chambre des Représentants ([1]). »

Le très haut intérêt de ce texte ne saurait nous échapper, et moins que jamais dans le moment présent, où la cherté de la vie devient si inquiétante pour la paix sociale. Il est très remarquable que les ouvriers américains aient si clairement dégagé le point essentiel du problème. Depuis plus de cinquante ans, travailleurs et employeurs sont engagés dans un grave conflit dont on n'aperçoit pas la solution si l'on persiste à s'en tenir aux doctrines de l'Économie politique et du Socialisme. On admet, de part et d'autre, que la quantité de richesses possible est limitée, d'où « l'âpre lutte des classes » pour une répartition que chacune veut à son avantage. Or, rien ne paraît plus erroné qu'une semblable conception. Il n'y a pratiquement aucune limite à la somme de richesses susceptibles d'être produites si l'on

---

([1]) Extrait de l'ordre du jour voté par la Fédération en juin 1919.

se décide résolument à mettre en œuvre des méthodes
de production scientifiques. Dès lors, se battre autour
des richesses acquises n'est qu'une stérile dépense
d'efforts. Ce qui importe essentiellement, c'est la mise
au jour de richesses nouvelles, qui apportera l'apaisement général en donnant à chacun la part de bien-être
à laquelle il a droit. Quand on l'aura partout compris,
on aura assuré, avec le bonheur général de l'individu,
l'équilibre et l'harmonie générale des collectivités.
Et ainsi sera pleinement confirmée, dans toute sa
vérité, la parole célèbre de Pasteur, toujours tourmenté par la fièvre généreuse que donne le souci de
soulager les malheurs d'autrui : « Elle serait bien belle
et bien utile à faire, la part du cœur, dans le progrès
des sciences. »

L'INDUSTRIE ET LA SCIENCE.

Avant la Guerre, une véritable cloison étanche, en
France, séparait le plus souvent les savants « purs »
(savants universitaires) et les industriels. Les hommes
de science demeuraient généralement dans leur « tour
d'ivoire », leur détachement de tout ce qui concernait
les applications pratiques étant pour eux un point
d'honneur. Collaborer avec des industriels, manieurs
d'argent, leur paraissait une déchéance; ils travaillaient
gratuitement pour l'Humanité. L'estime de leurs pairs,
les modestes et rares distinctions que confère l'État,
devaient être leur unique récompense. Les savants
tenaient à honneur de mourir pauvres. Le résultat est
que les industriels, voyant nos savants uniquement
préoccupés de travaux spéculatifs et dédaigneux de

l'application, les ont considérés comme des « êtres mystérieux, doux et innocents, vivant dans un rêve qu'ils n'avaient aucune raison de troubler ». On rencontrait bien, de-ci de-là, quelques savants qui prêtaient leur concours à des industriels, et qui allaient même jusqu'à breveter leurs inventions; mais leur carrière universitaire en devenait plus ou moins entachée, ils n'étaient plus des « purs »; et, quant à leurs brevets, on voulait bien leur pardonner ces écarts du droit chemin, à la condition qu'ils fussent improductifs, ce qui était d'ailleurs le cas général.

On a vraiment peine à croire à tant d'aberration. Comme si le savant devait, par essence, vivre en marge des autres hommes, dans la contemplation de la Nature, dont les secrets ne seraient connus que de lui seul! Comme si les applications des découvertes n'augmentaient pas indéfiniment le bien-être humain, et comme si ces applications n'étaient pas elles-mêmes la source d'autres découvertes! Et, d'un autre point de vue, la propriété industrielle d'une découverte scientifique est-elle donc moins légitime que la propriété commerciale en matière d'art ou de littérature? Et le monopole de l'application d'une découverte ne représente-t-il pas, en définitive, un accroissement de la propriété et de la fortune nationales?

Un vent nouveau a heureusement soufflé. Avec quelle satisfaction nous constatons que, grâce à l'expérience de la Guerre, il n'y a plus, entre Savants et Industriels, ce fossé néfaste qui les a trop longtemps séparés!

Les nécessités de la Défense Nationale ont établi des contacts féconds. Si ces contacts se sont déjà un peu relâchés, il importe, le relèvement du Pays l'exige,

de les resserrer à nouveau. Plus de cloison étanche,
plus de « splendide isolement ». A ce sujet, une explication franche est nécessaire. Il serait infiniment regrettable, pour l'avancement des Sciences, et, par contre-
coup, de l'Industrie, que le savant fût détourné de sa
véritable mission par un souci dominant des applications. Les préoccupations purement utilitaires doivent,
en principe, céder le pas au véritable intérêt du progrès
scientifique dans l'orientation générale ou la conduite
de ses recherches. Découvrir des vérités scientifiques,
des phénomènes de la Nature nouveaux ou des relations
nouvelles entre phénomènes déjà connus, ce qui est
l'objet propre de la recherche spéculative, source unique
d'où puisse sortir le vrai progrès, voilà, essentiellement,
sa tâche de chercheur au service de l'État qui le paye
et solde les frais de son laboratoire. Mais s'il arrive
qu'au cours de ses travaux des applications possibles
lui apparaissent, ce qui ne sera pas rare, c'est pour lui
un devoir de les signaler à qui de droit. Le cas échéant,
il appartiendra au praticien, conseillé par lui, de poursuivre les essais en vue de la réalisation industrielle de
l'invention. Là, se bornera, en l'espèce, le rôle du
savant, qui reviendra bien vite à son travail de recherche
scientifique. S'il a breveté son invention et s'il en retire
quelque profit, on ne voit pas en quoi il outrepasse ses
droits et manque à son devoir ou compromet sa dignité.
On peut d'ailleurs être assuré que la Science n'y perdra
rien : tout ou partie des bénéfices éventuels de l'invention ira à ce qui fait l'objet constant de sa passion, la
recherche scientifique. Et, au surplus, il lui sera loisible
de faire généreusement le don intégral de ses brevets,
en bonne et due forme, à son laboratoire, ou à quelque
autre auquel il s'intéresserait, ou à une œuvre quelconque
d'utilité publique.

Les idées saines, qui ont fini par se faire jour en
France, ont amené les milieux les plus éclairés et les
sphères gouvernementales, apercevant le danger, à se
préoccuper d'établir entre industriels et savants des
liens officiels et durables. Les nouvelles tendances
trouvèrent leur expression symbolique dans la création,
à l'Académie des Sciences, en pleine Guerre, d'une
section des Applications des Sciences à l'Industrie,
réservée à des chercheurs spéciaux (au nombre de six),
qui ont effectué des découvertes scientifiques et en
ont fait l'application à l'Industrie. S'il est à souhaiter
que les industriels soient mieux renseignés sur la marche
des sciences, les hommes de science ne doivent pas
être moins instruits des besoins et des difficultés des
industriels, à qui leurs conseils peuvent être hautement
utiles, et nul, assurément, ne connaît mieux ces besoins
et ces difficultés que ceux qui, par leurs travaux, se
sont fait une grande place dans l'Industrie.

Nous saluons également, avec un vif sentiment d'espérance, la création, au Ministère de l'Instruction publique,
d'un *Office national des Recherches scientifiques, industrielles et agricoles et des Inventions*, dirigé par le sénateur
Jules Breton, ancien ministre de l'Hygiène, membre de
l'Institut, qui a pour objet :

1º De provoquer, de coordonner et d'encourager les
recherches scientifiques de tout ordre qui se poursuivent
dans les établissements scientifiques ou que peuvent
entreprendre des savants en dehors de ces organisations;

2º De développer et de coordonner spécialement les
recherches scientifiques appliquées au progrès de l'Agriculture et de l'Industrie nationale, ainsi que d'assurer
les études demandées par les Services Publics et d'aider
les inventeurs.

Mentionnons encore la création, au Ministère du Commerce et de l'Industrie, d'un *Office national des Combustibles liquides* (directeur : intendant Pineau), avec un Comité scientifique consultatif du Pétrole (président : professeur Paul Sabatier, membre de l'Institut), qui a pour tâche de rechercher et de développer toutes les sources possibles, naturelles ou artificielles, de pétrole, et, plus généralement, d'étudier dans son ensemble le grand problème des combustibles liquides.

Rappelons enfin la fondation, au cours de la Guerre, de la *Société de Chimie industrielle*. Cet organisme devenu rapidement prospère (sous la présidence de Paul Kestner, à qui vient de succéder le député Dior, naguère ministre du Commerce et de l'Industrie et lui-même un grand industriel), a déjà rendu d'importants services à la Chimie et à l'Industrie.

IL FAUT ASSURER LA VIE DE LA SCIENCE.

Une remarque générale doit tout d'abord être faite ici. Quand on parle de la « misère des laboratoires », on pense surtout aux murs délabrés, au manque d'instruments et de produits, aux appareils surannés. Il est malheureusement vrai que cette idée que l'on se fait de l'état de nos laboratoires répond généralement à la réalité, et une telle situation ne saurait se prolonger sans compromettre l'avenir de la Science dans notre pays. Il est indispensable, pour le succès des recherches, que les laboratoires soient convenablement aménagés et pourvus d'un matériel suffisant.

Mais ce n'est là qu'un aspect du problème ; et, si

important soit-il, il cède le pas à la question capitale
du Personnel. Il s'agit de la population des laboratoires,
des chercheurs. Si les bons chercheurs manquent, les
laboratoires, fussent-ils bien dotés, deviennent inutiles.
Or, pour pouvoir se livrer à des recherches, ne faut-il
pas d'abord subsister ? Et qu'arrive-t-il ? Les traitements sont insuffisants, et l'on cherche ailleurs le supplément nécessaire : il faut vivre. Du moins, si l'on est
mal payé, est-on mieux considéré ? Guère mieux, en
général. Il en résulte que, hormis les cas de vocations
impérieuses ou de ceux qui, trop vieux dans la carrière,
sont condamnés à y rester, on délaisse les laboratoires
de recherches.

On voit quel est notre grand sujet d'inquiétude.
Nos laboratoires, comment les peuplerons-nous ? Pour
que l'élan ne s'arrête point, pour que nous reprenions
entièrement confiance, il faut que nous soyons assurés
de pouvoir transmettre à une génération nouvelle, avec
le flambeau confié à nos mains, l'ardeur qui nous anime.
*Recruter et former de jeunes chercheurs est le plus impé-
rieux besoin de l'heure présente.* Nous continuerons à
demander à l'État de nous y aider. Et vraiment, l'intérêt
essentiel du Pays, sa prospérité, sa sécurité, son avenir,
sont si étroitement liés à la possession d'un bon personnel
scientifique, que l'État, en dépit de ses embarras
financiers, sinon en raison même de ses embarras financiers, dont il lui faut à tout prix sortir, se doit à lui-
même de prendre la cause en mains. Qu'il crée des *bourses
nationales de recherches*, des bourses Lavoisier, des
bourses Ampère, des bourses Claude-Bernard, des
bourses Cuvier, etc. Ayant semé ainsi la richesse et la
force, sans parler du rayonnement intellectuel, il récu-
pérera des milliers de fois les sommes, d'ailleurs minimes,

que dans sa prévoyance il aura su dépenser pour la formation d'une élite scientifique.

Si d'ailleurs, d'un point de vue plus général, le devoir de l'État, aux yeux de qui la recherche scientifique doit apparaître comme l'un de ses services qui réclament le plus impérieusement sa sollicitude, est d'en assurer le bon fonctionnement et d'en favoriser le développement par la plus large dotation ([1]), on ne saurait oublier les énormes difficultés, nées de la Guerre, avec lesquelles l'État se trouve aux prises. Aussi le Pays ne peut-il qu'applaudir avec reconnaissance au don magnifique (dix millions) du baron Edmond de Rothschild, membre de l'Institut, pour une fondation ayant pour objet exclusif d'encourager la recherche scientifique ([2]). Voici que M. Léonard Rosenthal vient également de fonder une œuvre (un million) pour subventionner les travaux de quelques chercheurs de talent. Avec quelle satisfaction n'a-t-on pas appris, d'autre part, le geste de M. Henry Bernstein, donnant le produit du gala de sa pièce *Judith* à l'œuvre de nos Bulletins scientifiques ? Il n'est pas jusqu'à ceux qui font profession de cultiver la force physique qui ne s'intéressent à la Science, et un Criqui abandonnant aux laboratoires scientifiques sa

---

([1]) Nous nous félicitons vivement de voir ces idées pénétrer enfin dans la pensée de ceux qui ont la charge et la responsabilité du pouvoir. Au Ministère de l'Instruction publique, pour ne parler que de ce département dont nous relevons directement, on les a délibérément adoptées. Et l'on se souvient que, dès le début, M. Léon Bérard s'était, de toute son autorité de ministre et de toute sa force d'orateur, associé à Barrès pour la croisade de la Recherche scientifique.

([2]) Nous sommes heureux de rappeler ici que le même grand Mécène se dispose à affecter une somme trente millions à la création d'un Institut de Biologie physico-chimique (1927).

part de revenu (cent mille francs) d'un match de boxe, voilà qui montre bien, une fois de plus, que l'intelligence sait, dans les milieux les plus divers, s'allier à la générosité. Quel bel effort que celui de la *Bienvenue française* organisant à l'occasion du centenaire de Pasteur la « journée des laboratoires ! » Et l'on doit féliciter cette Société d'avoir confié à l'Académie des Sciences la charge délicate de répartir les douze millions recueillis.

Mais, de même que la condition du progrès scientifique doit être la continuité, de même l'effort, pour être réellement efficace, doit être continu. Telle sera la tâche du *Comité national pour l'aide à la Recherche scientifique*, qui a été créé avec le double caractère d'institution privée et d'organisme permanent. Il groupe, sous la présidence de M. Paul Appell, Recteur honoraire de l'Université de Paris, membre de l'Institut, des hommes de toutes les opinions, sans distinction de parti, dont la commune préoccupation est l'avenir intellectuel de la Nation, sa prospérité et sa sécurité.

Le mouvement scientifique doit être général et s'étendre à toute la Nation. Il faut que les Agriculteurs, les Industriels, les Commerçants, qui sont les premiers à profiter des bienfaits de la recherche scientifique, ne soient pas les derniers, ne fût-ce que dans leur propre intérêt, à favoriser son essor. Les Sociétés industrielles, en dehors des recherches spéciales qu'elles peuvent avoir à faire exécuter pour leurs besoins propres et à leurs frais personnels, et aussi les établissements de crédit, devraient verser au budget général de la Science une fraction — oh ! relativement bien minime — des dividendes. Il faut que les Départements et les Communes de France (un certain nombre sont déjà entrés dans cette voie) inscrivent dans leur budget annuel un crédit pour les laboratoires scientifiques. Il faut qu'une taxe soit prélevée pour la Science sur les recettes des établissements de jeu. Si des lois spéciales sont nécessaires, qu'on les fasse ! La cause est d'importance vitale pour le pays : il faut réussir (¹).

L'ORGANISATION DE LA RECHERCHE SCIENTIFIQUE.

La campagne en faveur de la culture des sciences a déjà donné des résultats remarquables. Elle doit être poursuivie, et elle le sera. Mais, par ailleurs, il y a lieu d'examiner sérieusement la question du point de vue de l'organisation proprement dite, à l'amélioration de laquelle tous les esprits éclairés peuvent collaborer.

Comment, tout d'abord, se recrute, en France, le personnel scientifique ? Comment, par quelle voie entre-t-on dans la carrière ? Comment naissent les vocations scientifiques ? Plus tard, comment se développent-elles ? Donnent-elles, dans les conditions actuelles, toute leur mesure ? Si des réformes sont nécessaires, quelles sont ces réformes ?

Observons d'abord, une fois de plus, que la Science a pour objet de découvrir des vérités nouvelles, d'où découleront, *par surcroît*, des applications utiles. Et nous rappellerons ici une distinction essentielle qu'avait fort bien marquée Maurice Barrès, à qui rien n'échappait de ces questions si délicates :

« Il existe une confusion perpétuelle dans les esprits :

(¹) Nous voyons déjà (1926), dans cet ordre d'idées, un commencement de réalisation, par l'attribution aux laboratoires scientifiques, demandée par M. le député Émile Borel, membre de l'Institut, d'une certaine somme (quelques millions), qui est prélevée sur le produit de la « taxe d'apprentissage ».

les savants apparaissent à tout le monde comme des professeurs. L'Enseignement, c'est quelque chose de très important, mais c'est quelque chose qui n'a rien à voir avec la Recherche scientifique. Je vous parle de création scientifique, d'invention. On croit toujours que la Science est quelque chose d'intéressant pour meubler l'esprit. Non, la Science n'est pas nécessairement un bagage d'idées que le professeur passe à des disciples, qui à leur tour deviendront des professeurs et passeront le stock à de nouveaux élèves. Quelque chose de plus important, de beaucoup plus important, c'est la création (¹). »

On voit ainsi qu'au regard de cette fin qu'est l'invention, l'enseignement scientifique n'apparaît que comme un moyen; mais, hâtons-nous de l'ajouter, le moyen est essentiel. La valeur d'un chercheur dépendra largement, en dehors de ses qualités natives, de sa formation préalable, c'est-à-dire de l'enseignement qu'il aura reçu. L'enseignement scientifique intéresse donc, à un haut degré, la recherche scientifique.

Nous ne traiterons cependant pas ici ce grand problème, qui, à lui seul, demanderait une longue étude. Et nous nous bornerons à examiner la situation de nos établissements ou institutions de recherches scientifiques.

Tout d'abord, nous étudierons, avec un soin particulier, le Collège de France, ce prototype des grands Instituts de libre investigation scientifique. Ce sera d'ailleurs pour nous une occasion de présenter bien des observations s'appliquant à d'autres établissements,

---

(¹) *Pour la haute intelligence française* (Plon-Nourrit, 1925).

comme ceux, notamment, de l'Université proprement
dite, de même qu'à propos des conditions de la recherche
scientifique dans les Universités, nous formulerons
maintes remarques (en particulier concernant le personnel auxiliaire, les locaux et l'outillage), qui se trouveront également applicables aux laboratoires du Collège
de France (comme aussi à ceux du Muséum).

Collège de France.

Le caractère des chaires du Collège de France est
bien connu. Chaque professeur, étranger à tout programme universitaire et libre de tout souci de préparation à des examens quelconques, y donne un enseignement original et inédit, où il expose ses vues personnelles, si hardies qu'elles puissent être, sur les grandes
questions à l'ordre du jour et sur les sujets les plus
divers. C'est ce qui faisait dire à Renan que le Collège
de France était spécialement destiné à « la science en
voie de se faire ». De la sorte, il se place en marge et
comme à l'avant-garde de l'Université.

Le Collège de France se recrute sans condition de
grades, et, par là, il lui est possible d'appeler à lui
des savants qui ne sont pas des professeurs de carrière,
mais qui se sont signalés par des découvertes personnelles,
par des travaux originaux. Il suffit qu'on soit en droit
d'attendre d'eux, dans le domaine de leurs recherches
propres, des résultats nouveaux. Nulle part la recherche
scientifique ne jouit d'une indépendance aussi large.
De plus en plus cette liberté est devenue la loi du
Collège de France, parce qu'elle est sa raison d'être.

N'étant pas enfermé dans un cycle d'études inva-
riables, le Collège de France n'a plus, en principe, de

chaires permanentes. Selon que les sciences diverses se modifient et selon que se révèlent des hommes aptes à les faire progresser, des enseignements nouveaux peuvent y être institués.

Il est entendu, d'ailleurs, que l'enseignement n'est qu'une des formes extérieures de l'activité scientifique des professeurs, laquelle se traduit aussi par des publications savantes, par des missions, par des travaux divers, qu'ils font eux-mêmes ou qu'ils dirigent. Renan allait même jusqu'à déclarer que « le véritable professeur du Collège de France est celui qui ne fait pas de cours ».

Dans les chaires de sciences de la Nature, aux leçons publiques s'adjoignent les directions données aux efforts d'investigation personnelle qui se font dans les divers laboratoires. L'enseignement y est en quelque sorte permanent, en ce sens que le professeur est en contact continu avec les élèves, dont il inspire et guide les recherches. Le laboratoire est donc ici l'organe essentiel et pour ainsi dire unique.

Une preuve de l'excellence d'une telle conception est le fait que, sur le modèle du Collège de France, dont la création remonte à François Ier (1530), se sont fondées ailleurs des institutions similaires : aux États-Unis et en Allemagne, notamment, l'Institut Rockefeller, l'Institut Carnegie et les divers Instituts de Charlottenburg.

Le Collège de France remplit-il à souhait, de nos jours, la mission supérieure pour laquelle il a été créé ? A-t-il été mis à même de s'adapter aux conditions toujours changeantes de la recherche scientifique ?

Si l'on veut, tout d'abord, que le Collège puisse appeler à lui les hommes les plus remarquables, doués pour l'investigation, il faut évidemment qu'avec la situation matérielle qui leur est faite ils puissent vivre honorablement et élever une famille. Cette condition est-elle remplie avec le traitement de quarante mille francs qu'ils reçoivent actuellement ([1]) ? Et songe-t-on qu'il s'agit ici d'hommes occupant « le sommet de la hiérarchie intellectuelle » ?

Si maintenant nous considérons les installations scientifiques, nous constatons qu'on les a laissé vieillir telles qu'elles avaient été primitivement organisées au cours des deux derniers siècles, sans se préoccuper de les modifier suivant les besoins progressivement accrus et renouvelés de la Science. De cette négligence sont résultés de graves inconvénients.

Les laboratoires du Collège de France sont insuffisants et insuffisamment dotés.

Le temps des miracles n'est plus. Tout travail scientifique sérieux nécessite aujourd'hui des locaux appropriés et un outillage complexe. Or, dans les laboratoires exigus du Collège de France, on ne peut recevoir qu'un nombre restreint de travailleurs, et l'insuffisance des crédits entraîne d'ailleurs la même conséquence. Aussi, bien des recherches, faute des ressources matérielles nécessaires, ne peuvent-elles être poursuivies, ni même entreprises. Cet état de choses est déplorable pour le Collège de France et pour la science française.

Il n'y a pas, au Collège de France, un seul laboratoire où l'on puisse admettre plus de deux ou trois travailleurs étrangers. Or, c'est en grand nombre que les étrangers demandent désormais à venir chercher en France les directions scientifiques que la plupart allaient naguère

---

([1]) 1927. On annonce une augmentation, mais combien insuffisante encore !

chercher en Allemagne, et le Collège de France ne laisse pas d'attirer beaucoup de ces travailleurs. Clientèle intellectuelle, et, par voie de conséquence, clientèle amicale et aussi clientèle économique, en partie perdues pour notre pays.

Une autre cause limite encore le nombre de travailleurs que l'on peut admettre. La plupart de ceux qui viennent dans nos laboratoires, du moins au début de leur séjour, ont besoin d'une aide fréquente. Il faut les initier à des méthodes qu'ils ignorent et leur apprendre à se critiquer eux-mêmes, il faut même les aider dans leurs expériences. A cette tâche, s'il est obligé de l'assurer, le professeur, directeur du laboratoire, passe tout son temps, et il est ainsi contraint de délaisser ses propres recherches. Il lui faut des collaborateurs rompus à l'investigation; ces collaborateurs manquent généralement

Comme conséquence d'une telle situation, les laboratoires du Collège de France sont loin de pouvoir contribuer au progrès de la Science comme ils le feraient, mieux armés. Une idée naît dans un laboratoire; on commence le travail expérimental, les premiers résultats sont favorables. Il est sage de ne pas trop en différer la publication, étant données, de nos jours, les conditions générales du travail scientifique. Mais, dès lors, la question est connue. Si le laboratoire où elle a pris naissance est bien outillé et pourvu de travailleurs bien dirigés, l'étude méthodique pourra en être entreprise et menée rapidement. Sinon, d'autres laboratoires, disposant de ressources suffisantes, s'en empareront. Les exemples d'une semblable migration des questions scientifiques ne sont pas rares. Ce qu'un Français a semé, d'autres le récoltent. Si, par chance, il arrive cependant que la migration ne se produit pas, l'étude du problème traîne durant une longue suite d'années.

Et c'est vraiment grand dommage pour la science française. Il importe, dans l'intérêt même du Pays, de ne pas laisser péricliter une illustre maison dont la gloire fait partie du patrimoine national. Il faut faire revivre le Collège de France d'une vie plus large, en le plaçant dans les conditions matérielles que requiert actuellement la vie scientifique. Les hommes qu'il possède et ceux qu'on saura y attirer feront le reste.

Quelques moyens simples remédieront utilement à la situation générale. Il faut agrandir les locaux, reconstruire la plupart des laboratoires et doubler au moins les crédits du matériel. Il faut créer, dans chaque laboratoire, un emploi de sous-directeur, comme on vient de le faire dans quelques-uns, par une innovation infiniment louable, et de nouveaux emplois dans le personnel auxiliaire (préparateurs) sont également indispensables.

Muséum d'Histoire naturelle.

Le Muséum d'Histoire naturelle n'est pas d'une conception moins heureuse que le Collège de France. Les mêmes principes de liberté président au recrutement des maîtres et à la transformation des chaires. Il n'a cessé, depuis sa fondation (sous Louis XIII), de jouer un rôle de premier plan dans le développement de la Science. Sa mission est une exploration patiente des trois règnes de la Nature : minéral, végétal, animal.

Cet immense Musée possède de magnifiques collections de minéraux, de plantes et d'animaux, sources des plus hauts enseignements et des plus savantes et pratiques « leçons de choses ». Outre les découvertes scientifiques et les doctrines célèbres qui l'ont illustré, et dont les éminents maîtres actuels perpétuent avec éclat la noble tradition, il rend des services quotidiens à l'Agriculture et à maintes industries, tant dans les Colonies que dans la Métropole. Il représente une des forces et une des plus pures gloires de la France.

La misère des services du Muséum dépasse encore celle du Collège de France. L'entretien et le développement des collections, d'ailleurs entassées dans des locaux d'une insuffisance notoire, comportent un travail considérable, que les professeurs, secondés par les « assistants » et le personnel auxiliaire, ne réussissent pas à assurer. Le personnel manque également pour les soins à donner aux animaux et pour le service des jardins. Quant aux laboratoires, c'est le délabrement presque général.

Que de temps perdu ! Que d'efforts d'intelligence créatrice gâchés !

Facultés.

Les maîtres. — L'Université semble s'être appliquée, jusqu'ici, à recruter des professeurs instruits et doués d'aptitudes pédagogiques, plutôt qu'à s'attacher des hommes doués pour l'investigation scientifique.

1º Les agrégés des Facultés de Médecine et des Facultés de Pharmacie sont désignés au concours; et, si l'on n'exige pas des maîtres de conférences des Facultés des Sciences le titre d'agrégé (des sciences physiques ou naturelles, etc.), la plupart jugent utile de le conquérir. Et l'on peut dire que l'Enseignement supérieur, en France, se recrute presque exclusivement par le concours. Si nous devons à ce mode de sélection

d'admirables professeurs, que vaut-il pour le recrutement du personnel le plus apte à l'investigation scientifique ? Il rebute nombre de jeunes gens possédant la
faculté d'invention, en leur imposant un travail purement « livresque » et des épreuves où, trop fréquemment,
la mémoire doit jouer le rôle dominant. Claude Bernard,
dont on a pu dire qu'il était « la physiologie même »,
échoua à l'agrégation, et pareille aventure advint aussi
au grand physicien Lippmann.

On sait que le système est tout autre en Allemagne.
L'étudiant en sciences passe vers l'âge de vingt et un
ans le doctorat, épreuve facile, qui le libère à jamais de
tout souci de ce genre, pour le plus grand profit de ses
recherches personnelles. Agréé bientôt comme privat-
docent, le jeune savant est rétribué par ses auditeurs,
et, vers la trentaine, il dispose déjà de grands moyens
de travail. La notoriété venue, quelque université
l'appelle au professorat.

Dans ce régime, la recherche originale est au premier plan. En France, au contraire, le souci de l'enseignement oral prime tout. N'est-il pas souhaitable que
les Universités puissent prendre part à la nomination
des jeunes maîtres ? Désireuses d'accroître leur renom
et leur influence, elles appelleraient de préférence des
hommes d'une réelle valeur personnelle, entraînés à la
recherche et déjà connus par leurs travaux. Ainsi les
chercheurs se sentiraient mieux soutenus, mieux encouragés, et ils seraient, à juste titre, plus favorisés.

D'ailleurs, nous ne saurions trop le répéter, c'est par
tous les moyens possibles que, tout en maintenant les
traditions et les garanties du corps professoral, on doit
empêcher que des vocations vraiment scientifiques, des
« forces d'invention », ne soient gaspillées ou perdues

pour la collectivité. *Il faut, à tout prix, recruter des chercheurs.* Par exemple, pour faire naître et stimuler chez les étudiants le goût de l'investigation, on pourrait développer, sous la direction des universités, les Instituts scientifiques spécialisés (chimiques, électrotechniques, agricoles, etc.), où seraient appelées les compétences techniques de la région et où l'on disposerait de tous les instruments de travail nécessaires. Il se créerait, parallèlement à l'œuvre du corps professoral et sous l'impulsion de nos universités, un mouvement général d'investigation scientifique, qui ne pourrait manquer d'avoir les plus heureux effets pour les progrès des sciences et de leurs applications. Quant aux élèves les mieux doués, ils seraient l'objet d'une sollicitude particulière, et on leur faciliterait, dans toute la mesure possible, une carrière de recherches. Et, dans le même ordre d'idées, c'est ici le lieu d'insister sur l'intérêt qu'il y aurait à permettre, par des dispenses opportunément accordées *à titre exceptionnel,* l'accès dans la carrière universitaire à des jeunes hommes qui, ayant négligé d'affronter examens et concours pour se consacrer tout entiers à la recherche scientifique, se sont déjà signalés par la publication de travaux remarquables.

2º Les agrégés et maîtres de conférences se trouvent, du point de vue de la recherche scientifique, dans une situation vraiment incroyable. A la période de leur vie où ces «grands érudits» sont en pleine vigueur et en pleine « ferveur intellectuelle » et pourraient faire les plus belles découvertes, ils sont généralement — c'est l'un des traits les plus absurdes de notre organisation universitaire — privés de tous moyens de production scientifique qui leur soient propres. Ils n'ont ni laboratoire, ni auxiliaires, ni installations à eux. Si quelque professeur leur donne l'hospitalité, c'est par pure faveur, et alors ils ont généralement à leur charge personnelle les dépenses spéciales nécessitées par leurs recherches, les crédits du laboratoire ne suffisant même pas à couvrir les frais de recherche du titulaire de la chaire. Or, c'est vers la cinquantaine qu'on est d'ordinaire nommé professeur. Jusque-là, les agrégés et maîtres de conférences demeurent, en définitive, dans la même situation que du temps où ils étaient élèves et préparaient le doctorat.

Il existe, il est vrai, une *Caisse des Recherches scientifiques* au Ministère de l'Instruction publique. Mais les subventions qu'elle distribue (aux professeurs, insuffisamment dotés par le budget régulier, comme aux autres chercheurs) sont peu nombreuses, trop parcimonieuses, et, d'ailleurs, condition fâcheuse qui est imposée, on ne les accorde qu'en vue d'un travail bien déterminé (¹).

En fait, les agrégés et maîtres de conférences éprouvent les plus grandes difficultés à poursuivre des recherches originales. Quel gaspillage de talents et d'énergies créatrices ! On peut être assuré que, si l'on donnait aux chercheurs les moyens de travail dans la période la plus féconde de leur carrière, notre production scientifique s'en trouverait largement accrue, au moins doublée, et peut-être beaucoup plus que doublée.

(¹) Nous devons ajouter que l'Académie des Sciences distribue aussi des subventions (fonds Bonaparte, fonds Loutreuil), mais en vue d'une recherche fixée d'avance. Il en est de même de quelques autres Sociétés, en tête desquelles on peut citer l'Association française pour l'Avancement des Sciences. Dans le même ordre d'idées, rappelons encore les éminents services que rend la fondation Edmond de Rotshchild.

3° Les professeurs titulaires sont généralement choisis parmi les agrégés et maîtres de conférences. Le Ministre les nomme après avoir pris l'avis des universités et d'un comité consultatif. Si, d'ordinaire, les choix sont heureux, on a eu souvent à déplorer de fâcheuses nominations. En règle générale, il faut que l'avancement soit donné aux maîtres qui ont réellement fait œuvre personnelle. On souhaite de même que l'importance des travaux des candidats, primant l'ancienneté, intervienne pour la plus grande part dans les promotions de classes du professorat.

4° Les professeurs restent en activité jusqu'à soixante-dix ans, jusqu'à soixante-quinze même, quand ils sont membres de l'Institut. Ils sont obligés de faire un cours régulier, de diriger des étudiants, d'être présents aux jurys d'examens et concours, sans parler d'autres obligations diverses, comme la participation aux conseils de Faculté et d'Université. Or, l'enseignement seul exige un grand effort, effort surtout de documentation, qu'il faut tenir à jour pour en imprégner et rajeunir les leçons. Et, dès soixante-cinq ans, la tâche devient excessive. Aussi, arrive-t-il que des professeurs fatigués cessent leur cours, dont la charge retombe sur un agrégé ou un maître de conférences. Mais celui-ci n'a ni le traitement du professeur, ni la libre disposition des moyens de travail correspondant à cet enseignement, et un tel régime est décourageant. Lorsque des professeurs trop âgés continuent néanmoins à faire, tant bien que mal, leur cours, c'est alors la recherche scientifique qui se trouve sacrifiée. Il serait aisé, semble-t-il, d'établir un état transitoire, qui concilierait tous les intérêts, y compris les prérogatives des professeurs déjà âgés, avec l'intérêt de la pro-

duction scientifique. A une limite d'âge moins tardive,
à soixante-cinq ans, on mettrait en demi-retraite, sur leur
demande, les professeurs titulaires, avec, pendant une
dizaine d'années encore, leur traitement intégral, un
laboratoire de recherches et le droit de présence et de
vote aux conseils de l'Université. Ainsi, ils pourraient
en toute tranquillité continuer l'œuvre d'investigation,
laissant aux maîtres plus jeunes, devenus titulaires, la
lourde charge de la chaire et la libre disposition des
grands moyens de travail. La recherche scientifique
gagnerait beaucoup à cette réforme.

Le personnel auxiliaire. — La question des auxiliaires
dans les laboratoires appelle maintenant toute notre
attention. L'effectif en est généralement très insuffisant.
Il n'est pas rare qu'un préparateur unique (comme aussi
un garçon unique) soit commun à deux ou plusieurs
laboratoires. Au sujet des règlements ou usages en cours
concernant le recrutement, nous nous permettrons de
formuler ici quelques avis.

Dans l'état actuel des choses, les préparateurs sont
de véritables fonctionnaires, avec traitement soumis à
retenue pour la retraite. Nous estimons qu'une telle
situation ne répond ni à l'intérêt de la Science, ni à
celui des intéressés. Si un homme est encore préparateur
à quarante ans, c'est que, sauf exception, ses travaux
personnels, quand il en a fait, n'ont pas été jugés assez
originaux, en comparaison de ceux des compétiteurs,
pour lui valoir de l'avancement, et alors il est généralement condamné à végéter le reste de sa vie dans ces
modestes fonctions. S'il eût quitté à temps l'Université,
il eût sans doute parcouru une carrière intéressante dans
l'Industrie ou dans quelque administration employant

des chimistes (douanes, laboratoires municipaux, etc.).
Un préparateur devrait être nommé à titre temporaire
(comme le sont, dans les Facultés de Médecine, les
aides d'anatomie et les prosecteurs), pour un ou deux ans,
avec faculté de prolongation sur la proposition du professeur. Si, après quelques années, il n'a pas fait
preuve d'originalité dans la recherche, il devrait quitter
l'Université, alors que, jeune encore, il a l'avenir
devant lui pour se créer ailleurs une situation. En un
mot, un poste de préparateur, qui laisse toujours beaucoup de loisirs, devrait être considéré comme une sorte
de bourse de recherches, permettant à un jeune homme
de faire ses preuves quant à ses aptitudes à la recherche
originale. Et ici les maîtres, dans leur appréciation,
auraient à s'inspirer uniquement de l'intérêt général,
à l'exclusion de toute autre considération. Le cas
échéant, d'ailleurs, leur devoir serait d'aider le jeune
homme, dans toute la mesure du possible, à trouver,
hors de l'Université, une situation où il pourrait utiliser
ses connaissances scientifiques. Ce n'est qu'en récompense de réels mérites, et en attendant son passage dans
un autre poste de l'Enseignement, qu'un préparateur
pourrait, sur la proposition du professeur motivée par
un rapport sur les travaux, être titularisé, mais, autant
que possible, sous un autre titre.

Il va de soi que si les vues que nous venons d'exposer
entraient dans la pratique, comme semblent l'indiquer
quelques créations récentes d'emplois de préparateurs
temporaires, il conviendrait de respecter toutes les
situations acquises. Il y a, au surplus, des préparateurs
qui, par leur talent, sont bien au-dessus de leur situation, soit que les soucis matériels de l'existence les aient
contraints de trop disperser leurs efforts, soit que leur

ambition se résume dans la libre disposition d'un laboratoire où ils pourront s'adonner à la recherche scientifique, ce qu'on ne saurait vraiment leur refuser s'ils ont les aptitudes voulues.

N'est-il pas évident, par ailleurs, qu'étant donnée la diminution numérique de nos étudiants, il y a lieu de s'attacher, plus que jamais, à « distinguer et à fortifier les aptitudes originales ». Il faut considérer les jeunes talents comme un « bien national », précieux entre tous; il faut leur donner des facilités de toutes sortes (situations d'attente, bourses, etc.), pour qu'ils puissent prendre tout leur développement. Efforçons-nous, par tous les moyens possibles, d'attirer et de retenir une forte élite de travailleurs. Les postes de préparateurs temporaires (au Collège de France ou au Muséum comme dans les Facultés), s'ils sont convenablement rétribués, seront utilement offerts aux étudiants les mieux doués, qui pourront ainsi faire la preuve de leurs facultés d'invention. Les plus distingués deviendront généralement des chefs de travaux, et, plus tard, des maîtres de conférences et des professeurs. Mais il en est aussi qui entreront dans l'Industrie, où ils seront des techniciens de premier ordre. Peu importe d'ailleurs que le chercheur de talent reste dans les cadres de la Science pure ou aille dans ceux de la Science appliquée : l'Industrie accueillera avec empressement les préparateurs qui lui seront désignés par ces fonctions provisoires réservées à l'élite. L'Université aura, de toute manière, « créé une force et mis debout un individu utile à la Nation ».

Nous espérons fermement que l'État ne tardera pas à créer des *bourses nationales de recherches*. En attendant, on dispose aujourd'hui de différentes sortes de bourses, et déjà elles rendent de réels services. Les plus importantes sont dues à des fondations privées : telles les bourses Commercy, spécialement affectées à la Faculté des Sciences de Paris. Il y a, depuis quelques années, dans les laboratoires de la Sorbonne, du Collège de France, du Muséum, du Conservatoire des Arts et Métiers, grâce à la fondation Edmond de Rothschild, des « stagiaires », anciens élèves de l'Université ou des grandes Écoles, qui ont été signalés par leurs maîtres comme étant des esprits originaux et qui, pour la plupart, après quelques années ainsi consacrées entièrement à des travaux d'initiation à l'investigation scientifique, seront des chercheurs d'une réelle valeur, dont le talent apportera un grand surcroît de force à la Physique et à la Chimie de notre pays.

Dans le même ordre d'idées, nous notons avec une réelle satisfaction une heureuse innovation due à quelques industriels. Ceux-ci subventionnent, dans divers laboratoires, des jeunes gens distingués qui, après un stage de deux ou trois années, rentreront à leur service, où ils seront à même d'utiliser immédiatement un talent déjà éprouvé. Il fau[t louer] sans réserve les industriels, encore rares, qui [ont cette] conception clairvoyante de leurs véritabl[es intér]êts, en même temps que de ceux de l'avenir économique et de la force de la Nation elle-même. Nous ne doutons pas, d'ailleurs, qu'en vertu de dispositions d'esprit aussi favorables, ils ne soient, jusqu'au bout, logiques avec eux-mêmes. Si un jeune homme se présente à eux après un séjour de quelques années dans un laboratoire de recherches, où il se sera fait remarquer par des travaux originaux, ils l'accueilleront avec une faveur particulière, et ils lui offriront d'emblée, et en dehors de toute considération d'ancienneté, une situation en rapport avec sa véritable capacité de production.

Un mot, enfin, sur la question des indispensables auxiliaires que sont les garçons de laboratoires. Ces emplois sont d'ordinaire réservés aux anciens soldats. On ne saurait qu'approuver cet usage, sous la réserve, toutefois, que les nominations ne seraient définitives qu'après un essai d'une durée suffisante, permettant de juger les aptitudes. Si celles-ci n'étaient pas reconnues adéquates aux exigences du laboratoire, l'intéressé devrait passer dans un autre service.

Remarquons, pour terminer, que certains laboratoires, et en particulier ceux de mécanique et de physique, ne peuvent se passer d'un mécanicien. Le recrutement de ces ouvriers spécialisés est difficile ; on ne peut l'assurer qu'en attachant à la situation un traitement convenable.

Les locaux, l'outillage, les crédits de laboratoire. — L'Institut de Chimie de la Faculté des Sciences de Paris, qui fut si longtemps un assemblage informe de bâtiments tombant de vétusté, a été enfin reconstruit. Malgré les grandes dépenses effectuées, on assure que l'installation est fort loin de donner satisfaction. Nous en ignorons la raison véritable, n'ayant été, ni de près ni de loin, mêlé à la question. Nous n'en profiterons pas moins de l'occasion pour signaler une cause qui souvent amène, dans ces sortes d'entreprises, de déplorables résultats.

On a l'habitude, en France, de laisser trop de liberté aux architectes, souvent plus soucieux du beau que de l'utile, et moins préoccupés de réaliser des aménagements appropriés à l'objet que d'édifier des monuments artistiques. Les crédits alloués étant dépassés, et souvent de beaucoup, on achève les travaux tant bien que mal, avec de maigres crédits supplémentaires, et l'essentiel se trouve sacrifié à la façade. Quand donc comprendra-t-on qu'un laboratoire moderne doit être une construction provisoire, et qu'il faudra le démolir dans vingt ans, sous la pression des besoins nouveaux nés de l'évolution des Sciences et, par suite, des méthodes de travail scientifique ? Si l'on adoptait ce principe, au lieu de palais où des millions s'engouffrent en pure perte pour la Science et où celle-ci est comme jugulée et étouffée, on construirait des bâtiments modestes et en matériaux peu dispendieux, pourvus d'un aménagement intérieur répondant aux besoins actuels ou très prochains, et l'on disposerait alors des crédits indispensables pour l'outillage des laboratoires, ce facteur essentiel qui est généralement oublié dans les prévisions, et sans lequel pourtant toutes les autres dépenses sont vaines.

Les locaux et l'outillage sont d'une insuffisance notoire dans nombre d'établissements. Et la modicité des crédits de laboratoire est parfois humiliante pour le professeur.

D'ailleurs, les crédits de chaque laboratoire devraient être proportionnés à sa production scientifique. Or, celle-ci dépend essentiellement de l'homme qui le dirige. Une juste répartition se traduirait souvent par des différences notables dans le même établissement, d'où sans doute des froissements inévitables; mais il n'y a point de réforme possible si les questions de personnes entrent en ligne de compte : l'intérêt général doit tout primer.

On sait que les crédits sont annuels et qu'on est tenu de les employer en totalité dans l'année, sous peine de voir reverser, dans la Caisse générale de l'État, les

sommes qui, par suite de circonstances spéciales, ont
pu n'être pas dépensées. Ce règlement est absurde et
déplorable, et, au surplus, parfaitement inopérant.
Il n'y a, en fait, jamais de reversement, parce que,
le cas échéant, on achète n'importe quoi, dont on aura
peut-être besoin quelque jour, ou jamais, plutôt que
de laisser l'argent retourner au fonds commun. Ne
serait-il pas rationnel de permettre le report des reliquats
éventuels à l'année suivante, où l'on aura peut-être
de fortes dépenses à engager ? On ne voit pas quelle
objection sérieuse pourrait être faite à ce vœu, dont la
réalisation supprimerait toute dépense inutile, tout en
facilitant la gestion financière du laboratoire.

École pratique des Hautes Études.

Cette institution remonte à Victor Duruy. Elle a
évolué peu à peu dans son esprit et ses méthodes, à
mesure qu'apparaissaient des besoins nouveaux. Voici,
pour ce qui est des sciences expérimentales, un aperçu
de son organisation actuelle.

Les laboratoires « peuvent être soit des annexes à des
laboratoires existant dans les divers établissements
scientifiques publics, soit des laboratoires d'organisations libres ou privées offrant des garanties de durée,
d'installation et de fonctionnement ». Ils sont agrégés
à l'institution par le seul fait de la nomination de leurs
Chefs comme directeurs d'études à l'École des Hautes
Études. Le personnel peut comprendre des directeurs
adjoints, des maîtres et chargés de conférences, des
chefs de travaux et des préparateurs On y forme des
élèves pour la recherche expérimentale. Le laboratoire
peut recevoir une subvention fixe sur le budget de

l'État. Il cesse de compter à l'École des Hautes Études dès que son Directeur cesse d'en faire partie.

L'École des Hautes Études constitue donc un des organismes les plus souples qu'on puisse imaginer. La liberté de donner la direction d'un laboratoire à n'importe quel chercheur qualifié, soit dans un établissement de l'État relevant du Ministère de l'Instruction publique, soit dans un service de tout autre Ministère, soit même dans un établissement privé, et cela sans obligation de grades quelconques; la latitude de recruter le personnel partout où se trouvent des hommes ayant la vocation de la recherche scientifique; la possibilité de trouver dans le budget de l'École des traitements ou des compléments de traitements pour les chercheurs; la liberté de faire varier les budgets des laboratoires suivant la nature et l'importance des travaux : tout cela constitue l'organisation générale la mieux adaptée à la recherche scientifique que nous possédions.

Une large initiative est laissée à l'assemblée des Directeurs. Il est à souhaiter que, contrairement à des abus invétérés, l'on se montre plus circonspect dans les nominations et dans les attributions de subventions et que l'on apprécie plus équitablement les travaux.

Le budget de l'École des Hautes Études devrait être très largement accru, de telle sorte que dans ses cadres pussent prendre place tous les laboratoires vraiment actifs où l'on s'occupe de recherches désintéressées.

Établissements officiels divers.

En dehors des institutions dont nous venons de parler, on fait un peu partout, en principe, de la recherche scientifique.

Des travaux de premier ordre ont été exécutés, à l'École Polytechnique, dans le domaine de la Physique et de la Chimie. Pourtant l'insuffisance de ses laboratoires est bien connue. Le grand talent des maîtres y suppléait dans une certaine mesure.

Comme l'École Polytechnique, l'École Normale supérieure est une grande et illustre École. Il y a, entre l'une et l'autre, des affinités, mais aussi des différences de tendances. Si le mode de recrutement et la qualité de l'élève (section des Sciences de l'École Normale, s'entend) sont sensiblement identiques, l'enseignement qu'on donne à l'École Normale n'est pas, comme celui de l'École Polytechnique, le même pour tous les élèves. On y prépare à trois sortes d'agrégations : mathématiques, physique et chimie, histoire naturelle. Les sciences expérimentales y occupent donc une place importante. Et il n'est pas surprenant que l'École Normale, avec un tel recrutement et un tel enseignement, produise des physiciens, des chimistes et des naturalistes se signalant par des découvertes remarquables.

De bons travaux sont également exécutés à l'École Nationale supérieure des Mines, à l'École Centrale des Arts et Manufactures, au Conservatoire national des Arts et Métiers, à l'Institut Agronomique, à l'École de Physique et de Chimie de la Ville de Paris, à l'École supérieure de Chimie de Mulhouse, etc. Mais il est rare que les laboratoires y soient convenablement outillés, ce qui n'est pas fait pour y attirer les chercheurs.

Il n'est pas jusqu'aux établissements d'enseignement secondaire où parfois le professeur ne se livre à la recherche scientifique, malgré la modicité des moyens dont il dispose, l'outillage étant exclusivement destiné à l'enseignement. Nous pensons que, le cas échéant, le chercheur doit y être encouragé. Si un professeur de lycée produit un bon travail, il faut lui fournir les moyens de le poursuivre. Et si, dans la suite, il fait preuve d'une réelle originalité, il y aura lieu de lui faciliter, s'il le désire, l'accès dans les Facultés. On peut d'ailleurs être certain, en tout état de cause, que cet expérimentateur fera au lycée un cours vivant, qui pourra susciter des vocations scientifiques, et, pour cette raison encore, il faut l'encourager. On ne doit jamais oublier que l'enseignement scientifique n'est pas une fin, mais un moyen.

Établissements libres.

Institut Pasteur. — Nous avons affaire ici à un établissement indépendant de l'État et entièrement libre, qui a réalisé un véritable idéal.

La gloire de Pasteur y a fait affluer dons et legs, et une direction très éclairée et parfaitement éclectique a su y attacher des hommes de valeur, venus des horizons les plus divers, à qui on ne demandait que d'avoir fait leurs preuves dans la recherche scientifique. Tous les moyens de travail désirables sont mis à leur disposition : locaux spéciaux et bien aménagés, excellent outillage, assistants et aides divers, larges crédits (¹). Les résultats sont ce qu'on pouvait attendre de la perfection d'un tel organisme. On ne peut que se louer, pour le bon renom de la science française, de l'importance des travaux qui en sont sortis.

(¹) Du moins en était-il ainsi jusqu'à ses dernières années. Les ressources de l'Institut Pasteur auraient sensiblement diminué depuis la Guerre.

Institut catholique. — On sait que ces établissements sont exclusivement entretenus par la générosité privée. La plupart ne disposent que de médiocres ressources, et les laboratoires de recherches y sont forcément sacrifiés. Cependant, on y poursuit d'intéressants travaux, et il en est même sorti de célèbres. C'est ici, en particulier, que le *Comité national pour l'Aide à la Recherche scientifique* subventionnera utilement des chercheurs de talent.

Les Sociétés scientifiques. Les Publications scientifiques.

Le rôle que jouent les Sociétés scientifiques dans l'évolution des sciences expérimentales, par les discussions fécondes qui s'y engagent, est capital. Ce sont de « véritables foyers où s'élabore la Science ». De constitutions d'ailleurs fort dissemblables, elles réunissent, dans leur ensemble, tous les chercheurs et expérimentateurs, et elles représentent le travail scientifique français sous tous ses aspects.

Outre l'intérêt essentiel de la discussion scientifique, ce sont d'ordinaire les Sociétés scientifiques qui, pour chaque discipline, assument la charge de publier, dans leurs Bulletins, les travaux originaux de leurs membres, ainsi que les résumés des travaux ayant paru dans les autres recueils, tant étrangers que français. Il y a là encore une tâche d'utilité primordiale, grâce à laquelle la pensée scientifique de tous les chercheurs se répand dans les laboratoires, où elle apporte une documentation dont aucun expérimentateur ne saurait aujourd'hui se passer.

On voit ainsi qu'il y a un intérêt national évident à encourager et à soutenir les Sociétés scientifiques. C'est

ce qu'a fort heureusement compris notre Parlement.
L'État subventionne aujourd'hui nos principales publications scientifiques. Aussi nos Sociétés scientifiques,
qui, au lendemain de la Guerre, étaient mourantes,
sont-elles actuellement plus vivantes que jamais. Et
c'est avec une ardeur et une foi nouvelles qu'elles se
sont remises au travail.

CONCLUSIONS GÉNÉRALES.

Nous avons essayé dans cette étude de mettre en
évidence l'importance fondamentale de la Science pour
l'avenir des États comme pour le bien-être des individus.
Si son rôle est à ce point décisif, qui voudrait s'en
désintéresser ? Qui pourrait assister indifférent à ses
efforts et à ses découvertes ? Malheur aux nations qui
seront réfractaires aux progrès des Sciences? Faibles
devant des voisins puissants, elles devront se résigner
à une humiliante vassalité.

Une telle destinée peut-elle être celle de la France ?
La France a été une initiatrice admirable de progrès
scientifique, et elle n'a jamais cessé de briller au firma-
ment de la Science par l'éclat et la portée de ses conquêtes.
Mais trop souvent elle a semé sans le souci de récolter,
abandonnant à d'autres les profits matériels, à la manière
des grands seigneurs. Elle a trop vécu en dilettante.
Il faut évoluer. La France, autant par son génie scientifique que par son génie militaire et son héroïsme
patriotique, vient d'échapper à la mort, sauvant la
Civilisation en se sauvant elle-même. Elle doit aujour-
d'hui, non seulement à son histoire et à l'Humanité, à
sa prospérité, indispensable à l'équilibre du Monde,
mais aussi à sa sécurité et à son existence même, de

consacrer une part de plus en plus grande de son intelligence, de son activité et de sa fortune, à l'étude des sciences et au développement de leurs applications, qui, seules, lui donneront la force nécessaire pour rester la France, avec son prestige sans rival et son incomparable force de rayonnement. L'influence, les diplomates ne s'y trompent point, n'est qu'un vain mot sans la puissance. Seule, la Papauté a jusqu'ici pu faire entendre utilement sa voix comme force exclusivement spirituelle. Hormis cette auguste exception, et en attendant que se réalisent tous les espoirs fondés sur la Société des Nations, une nation est écoutée en proportion de sa force. Si la France, encore une fois imprévoyante ou insouciante, fermait les yeux à l'évidence, si elle détournait son regard de la nécessité vitale où elle se trouve de s'imprégner profondément de science pour devenir forte et être toujours respectée, elle signerait son arrêt de mort, en tant que grande nation, dans un avenir qui ne dépasserait probablement pas quelques décades.

LA MAISON DE LA CHIMIE (¹).

La Chimie, science des transformations profondes de la Matière, et, par là, science même de la Vie et perpétuelle génératrice d'Énergie et de forces naturelles, « la Chimie est au fond de tout, et rien ne lui échappe ». Vérité aussi certaine que généralement méconnue.

Un aéroplane traverse le ciel. Sur les milliers de spectateurs qui l'observent et chantent les légitimes louanges de l'ingénieur, combien s'en trouve-t-il qui soupçonnent les mérites du chimiste ? Et cependant, chacun des organes de l'appareil volant a exigé des études chimiques du caractère le plus approfondi, depuis celles qui concernent le métal dont est fait le moteur jusqu'aux vernis et enduits qui confèrent aux ailes l'imperméabilité et la rigidité indispensables. Que si, en l'occurrence, la part contributive du chimiste, pourtant essentielle, échappe entièrement au Public, c'est surtout, sans doute, parce que le Public est uniquement impressionné par le mouvement des hélices ; mais c'est aussi parce que le chimiste, homme

---

(¹) Allocution prononcée le 5 mai 1927, au nom du Comité National de Chimie, dans le grand amphithéâtre de la Sorbonne, à la séance solennelle d'ouverture de la souscription internationale pour *La Maison de la Chimie*, sous la présidence de M. Paul Painlevé, Membre de l'Institut, ancien Président du Conseil des Ministres.

modeste, poursuit sa tâche dans la solitude et le mystère du petit et obscur laboratoire de l'usine, loin de tout ce qui extériorise le mérite; et c'est encore parce que, le voulût-il, il trouverait difficilement des interlocuteurs capables de comprendre ses recherches et de s'y intéresser. Quoi qu'il en soit, c'est l'évidence même que fort peu de gens se doutent que la Chimie soit pour quelque chose dans la conquête de l'air par le plus lourd que l'air. Et nous pouvons ajouter, sans sortir du domaine particulièrement suggestif de la Mécanique, que l'ignorance générale n'est pas moindre relativement à ce que lui doit l'automobilisme.

Pour peu que l'on veuille porter ailleurs le regard et la réflexion, les exemples se présenteront innombrables à l'appui de cette affirmation que les applications de la Chimie offrent un incontestable caractère d'universalité. C'est un fait que la production du sol, dans toute l'étendue du problème, n'est désormais qu'une application continuelle des lois et découvertes de la Chimie; que, pour être sûre et rationnelle, l'alimentation a besoin, à chaque pas, de la Chimie; que tous les problèmes concernant l'Hygiène publique ont désormais un auxiliaire constant dans la Chimie; que la Thérapeutique et la Clinique sont redevables de leur développement actuel aux découvertes et aux méthodes chimiques; que l'étude chimique des ciments et des matériaux de construction, avec la découverte des explosifs, a rendu possibles des travaux qui n'eussent pu être tentés autrefois; que les découvertes de la Chimie profitent de mille manières aux arts ornementaux, et que la mode elle-même, si capricieuse en ses manifestations, a trouvé dans la Chimie d'inépuisables ressources pour la nouveauté des tissus, ainsi que la variété et la splendeur des couleurs. C'est un fait que la Société moderne est constituée de telle sorte que l'air que nous respirons, l'eau qui nous désaltère, notre nourriture quotidienne, les objets ménagers, l'éclairage, le chauffage, nos vêtements, les précautions contre les maladies et leurs traitements, tout exige inéluctablement l'intervention du chimiste. C'est un fait, en un mot, qu'une profonde infiltration de la Chimie pénètre aujourd'hui la vie entière des individus et des collectivités.

Toutes ces applications de la Chimie ont grandement contribué, depuis un siècle, à l'amélioration continue du bien-être de l'Humanité. Toutes, comme aussi celles, et combien importantes, dont nous sommes redevables aux autres disciplines scientifiques, ont eu pour point de départ des expériences de laboratoire. Au premier rang des travaux dont elles ont été l'aboutissement se classe l'œuvre géniale de Marcelin Berthelot. Pour ne parler ici que de la Synthèse chimique, dont il fut le grand pionnier, il serait difficile d'exagérer, du point de vue de la Philosophie naturelle et des répercussions de tous ordres, la portée de la conquête qu'enregistra l'histoire de l'esprit humain le jour où, par un véritable bouleversement de la Science, fut établie l'unité des forces qui agissent dans le monde minéral et chez les êtres vivants. Cette vérité fondamentale, qui règne en souveraine sur toute la Nature, fut le résultat des reconstitutions intégrales, à partir des gaz de l'air et de l'eau, d'une série de substances : hydrocarbures, alcools, acides, parmi les plus simples de la Chimie organique.

Sur la grande voie nouvelle frayée par Berthelot se sont engagés, à sa suite, tous les chimistes de l'Univers. Et grâce, par ailleurs, au perfectionnement ininterrompu

de cet admirable instrument de travail et de ce guide
sûr pour la recherche qu'est la Théorie Atomique, la
Synthèse chimique n'a pas cessé, depuis un demi-siècle,
d'enrichir la Science et d'étonner le Monde par l'infinie
variété des découvertes. C'est par dizaines de milliers
qu'il faut compter aujourd'hui les substances nouvelles,
semblables ou supérieures aux produits naturels, que la
Synthèse chimique tire chaque année du néant pour
l'amélioration de la condition humaine : couleurs de la
houille, dont l'éclat l'emporte sur celui des couleurs
minérales ou végétales; parfums identiques ou analogues
aux principes odorants de la vanille et du musc, aux
parfums délicats de la violette et du muguet; et, par-
dessus tout, cette interminable série d'analgésiques,
d'anesthésiques, d'hypnotiques, d'antiseptiques, de spécifiques de toutes sortes, gloire de la Pharmacopée
actuelle, armes de plus en plus puissantes contre la
maladie, la souffrance et la mort.

La Recherche Scientifique est le grand levier dont
l'homme dispose pour dompter la Nature et l'asservir
à ses fins. Aussi le Comité National de Chimie, qui a
pour mission, au nom de l'Académie des Sciences, de
favoriser par tous les moyens possibles les recherches
chimiques, applaudit-il hautement au mouvement mon-
dial d'opinion qui s'est produit, pour glorifier Marcelin
Berthelot à l'occasion du centième anniversaire de sa
naissance, en faveur de l'édification à Paris d'une *Maison
de la Chimie*, d'un organe central de coordination des
efforts des savants et des industriels qui, sous une
latitude quelconque, travaillent au progrès de la Science
que les travaux de l'illustre chimiste ont auréolée d'une
si vive lumière et au développement de ses applications.

Honorer un savant tel que Marcelin Berthelot, c'est,

selon la magnifique expression de Raymond Poincaré, « honorer, sous des espèces mortelles, l'immortelle beauté de la Science elle-même ».

Pieuse gardienne d'une telle mémoire, temple de la Science éternelle, la Maison de la Chimie sera un vivant symbole de la solidarité reconnaissante des générations successives devant les grands esprits dont le génie bienfaisant rayonne sur tous les Pays et sur tous les Temps.

FIN.

TABLE DES MATIÈRES.

PARIS. — IMPRIMERIE GAUTHIER-VILLARS ET Cie,

Quai des Grands-Augustins, 55.

79888-27

GAUTHIER-VILLARS & Cie

Imprimeurs-Éditeurs

55, Quai des Grands-Augustins, PARIS (6e)

Tél. LITTRÉ 50-14 et 50-15.   R. C. Seine 22520

Envoi dans toute l'Union postale contre mandat-poste ou valeur sur Paris
Frais de port en sus. (Chèques postaux : Paris **29823**.)

Notions fondamentales

de

Chimie organique

||||||||||||||||||||||||||||||||||||||||||||||||||||||||||||||||||||||||||||||||||||||||||||||||||||||||||||||||||||||||||||||||||

PAR

Charles MOUREU

Membre de l'Institut et de l'Académie de Médecine
Professeur au Collège de France

Huitième édition, revue et corrigée. In-8 (23-14), de VIII-554 pages; 1925.   50 fr.

MOUREU-DISCOURS

GAUTHIER-VILLARS & Cie

Imprimeurs-Éditeurs

55, Quai des Grands-Augustins, PARIS (6e)

Tél. : LITTRÉ 50-14 et 50-15   R. C. Seine 22.520

Envoi dans toute l'Union postale contre mandat-poste ou valeur sur Paris.
Frais de port en sus. (Chèques postaux : Paris **29.328**.)

La
Théorie atomique

PAR

Sir J.-J. THOMSON
Membre de la Société Royale de Londres
Professeur de Physique expérimentale à l'Université de Cambridge

TRADUIT DE L'ANGLAIS

Par M. Charles MOUREU
Membre de l'Institut, Professeur au Collège de France

Nouveau tirage

Un volume in-16 (19 × 12) de VI-58 pages (1919); broché. . . . .   **5 fr.**

GAUTHIER-VILLARS & Cie

Imprimeurs-Éditeurs

55, Quai des Grands-Augustins, PARIS (6e)

Tél. : LITTRÉ 50-14 et 50-15.   R. C. Seine 22520

Envoi dans toute l'Union postale contre mandat-poste ou valeur sur Paris
Frais de port en sus (Chèques postaux : Paris 29 323).

Histoire de la Chimie

PAR

Maurice DELACRE

Membre de l'Académie royale de Belgique
Professeur à l'Université de Gand

Ouvrage couronné par l'Institut de France (Prix Binoux)

Un volume in-8 carré (225 × 140) de XVI-632 pages, avec 14 figures dans le texte; 1920. Broché ·· .. .. · .. .. ·· ..   **50 fr.**

Édition sur hollande .. . . ·· .. ..   **70 fr.**